高等职业学校电类专业教材

电工基础

（第三版）

朱 强 主编

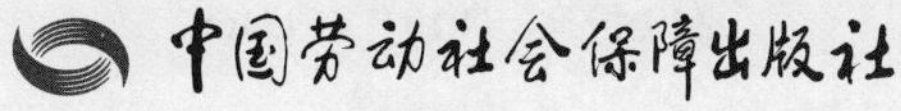

简介

本书为高等职业学校电类专业教材，主要内容包括直流电路、磁场与电磁感应、交流电路三个模块。本书由朱强任主编，彭聪、陈磊政、邱韶华、李龙、张鑫参加编写，林尔付任主审。

图书在版编目(CIP)数据

电工基础 / 朱强主编．--3 版．--北京：中国劳动社会保障出版社，2024．--(高等职业学校电类专业教材)．--ISBN 978-7-5167-6688-0

Ⅰ．TM1

中国国家版本馆 CIP 数据核字第 20248799WE 号

中国劳动社会保障出版社出版发行

（北京市惠新东街 1 号　邮政编码：100029）

*

北京市鑫霸印务有限公司印刷装订　　新华书店经销

787 毫米×1092 毫米　16 开本　14.5 印张　317 千字

2024 年 12 月第 3 版　　2025 年 5 月第 2 次印刷

定价：29.00 元

营销中心电话：400-606-6496

出版社网址：https://www.class.com.cn

https://jg.class.com.cn

前言

为了更好地适应高等职业学校电类专业教学要求，全面提升教学质量，我们组织有关学校的一线教师和行业、企业专家，充分调研企业生产和学校教学情况，广泛听取各职业院校对教材使用情况的反馈意见，对高等职业学校电类专业基础课教材和电气自动化技术专业教材进行了修订，并做了适当的补充开发。

本次教材修订（新编）工作的重点主要体现在以下几个方面。

更新教材内容

以《电工》（2018 年版）等国家职业技能标准为依据，根据电类专业毕业生所从事职业的实际需要和教学实际情况的变化，合理确定学生应具备的能力与知识结构，适当调整部分教材的内容及其深度、难度；根据相关工种及专业领域的最新发展，在教材中充实“四新”内容，更新设备型号和软件版本；根据最新的国家标准、行业标准编写教材，保证教材的科学性和规范性。

创新教材形式

在专业课教材中融入工学一体化课改理念，以代表性工作任务为载体，按照工作过程设计和安排教学活动，实现理论与实践的统一，使学生在贴近生产实际的具体情境中学习，从而提高在工作过程中分析问题和解决问题的综合职业能力。

在部分专业课中，配套开发学生用书，按照“资讯、计划、决策、实施、检查、评价”六个步骤进行教学设计，通过引导问题和课堂活动设计体现，贯彻以学生为中心、以能力为本位的教学理念，引导学生自主学习。

增强表现效果

尽可能使用图片、实物照片和表格等形式将知识点生动地展示出来，达到提高学生学习兴趣、提升教学效果的目的，并在《数字电子技术》（第三版）等教材中采用双色印刷方式，在《机械基础（非机械类）》（第二版）等教材中采用彩色印刷方式，使内容更加清晰明了，进一步增强表现效果。

提升教学服务

为方便教师教学和学生学习，在传统纸质资源基础上，充分利用信息技术，构建“1+3”的教学资源体系，即 1 本学生用书或习题册，加上视频动画资源、电子课件、习题册参考答案 3 种互联网资源。其中，视频动画资源主要为针对重点、难点内容制作的微视频或演示动画；电子课件依据教材内容制作，为教师教学提供帮助；习题册参考答案则针对教材配套习题册编写，为教师指导学生练习提供方便。

视频动画资源、电子课件和习题册参考答案均可通过技工教育网（https://jg.class.com.cn）在线观看或下载使用。

编者

2024 年 10 月

目录

模块一　直流电路

课题一　电路及电路中的物理量

任务 1　连接直流照明电路

学习目标

1. 掌握电路的组成及各部分的作用。
2. 熟悉常用电气元件的图形符号和文字符号。
3. 能连接简单的直流照明电路。
4. 能识读和绘制简单电路图。

工作任务

图 1-1-1a 所示是生活中常见的手电筒，其主要元件之间的连接关系可以等效地用图 1-1-1b 来描述。这种描述方式比较烦琐，在实际应用中，常将各种元件抽象为相应的图形符号，绘制成电路图来表示。

a)

开关

电池

灯泡

导线

b)

图 1-1-1　手电筒照明电路

本任务的内容是连接一个简单的直流照明电路，认识电路中各元件的作用，并将所连接的直流照明电路绘制成电路图。

相关知识

一、电路的概念

图 1-1-1b 所示电路由灯泡、开关、电池和导线组成，导线将电池、灯泡和开关连接起来。当合上开关时，电路导通，电流就会流过灯泡，使灯泡亮起来；当断开开关时，电路被切断，则灯泡不亮。在电工学中，这种电流流通的路径称为**电路**。实际中，任何一个完整的电路都是由**电源、负载、开关**和**导线**四部分组成的。

1. 电源

电源是产生电能的装置，它的作用是把其他形式的能量转换成电能，如图 1-1-1b 中的电池。常用的电源还有发电机、蓄电池等。

2. 负载

负载是消耗电能的装置，它的作用是把电能转换成其他形式的能量，所以负载又称为用电器，如图 1-1-1b 中的灯泡，它把电能转换成光能和热能。常用的负载还有电动机、电热水器等，电动机把电能转换成机械能，电热水器把电能转换成热能。

3. 开关

开关是控制装置，开关在电路中起接通或断开电路的作用。图 1-1-1b 中的单刀单掷开关就是一种最简单的开关。

4. 导线

导线起连接作用，可以通过导线把电源、负载和开关连接起来，组成一个完整的电路。

二、电路图中的符号

为了方便且直观地描述电路，电气元件通常采用国家统一规定的图形符号和文字符号来表示。一般情况下，电池的图形符号为“—|⊢—”，其长画端表示正极，短画端表示负极，电池的文字符号为 GB；开关的图形符号为“—⁄—”，文字符号为 S；灯泡的图形符号为“—⊗—”，文字符号为 HL；导线一般用细实线绘制。常用电气元件的图形符号和文字符号见附表 1。

任务实施

一、任务准备

实施本任务所需要的实验工具及材料见表 1-1-1。

表 1-1-1　实验工具及材料

序号	名称	型号规格	数量	单位	备注
1	电工常用工具		1	套	
2	电池盒	一号	1	个	
3	电池	一号，1.5 V	1	节	
4	单刀单掷开关		1	个	
5	灯泡	0.3 A/1.5 V	1	只	
6	灯座		1	个	
7	导线		若干	m	

二、连接单控照明电路

1. 按照图 1-1-1b 准备并检查所需工具及材料，确保良好。
2. 用导线依次连接电路。
3. 检查电路连接的正确性。
4. 将电池安装到电池盒内。
5. 操作开关，检验电路工作情况。

安装完成的单控照明电路实物图如图 1-1-2 所示。

图 1-1-2　单控照明电路实物图

连接电路时，应使开关处于断开的状态。电路连接过程中，为了保证接线的正确性，可以从原理图中某一点出发，依次用导线连接各个元件。如从电池正极出发，将第一根导线的一端连接到电池盒的红色接线桩（正极），另一端连接到开关的红色接线桩；将第二根导线的一端连接到开关的黑色接线桩，另一端连接到灯座的红色接线桩；将第三根导线的一端连接到灯座的黑色接线桩，另一端连接到电池盒的黑色接线桩（负极）。

电池的正极是有凸出金属体的一端，应放入电池盒有红色接线桩的一边（或标有“+”的一端）。

三、绘制电路图

用图形符号描述电路连接情况的图称为电路原理图，简称电路图。单控照明电路图的绘制步骤如下。

1. 绘制电源、灯泡、开关等主要元件。
2. 绘制导线。

绘制完成的单控照明电路图如图 1-1-3 所示。

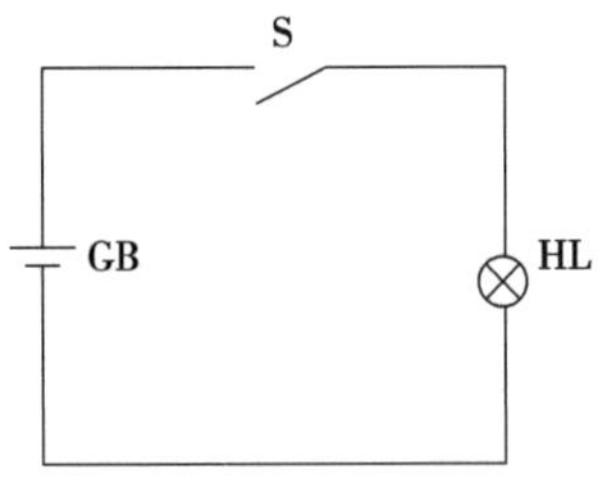

图 1-1-3　单控照明电路图

电路原理图的绘制应当做到以下几点：

（1）规范使用电气元件的图形符号和文字符号。

（2）元件图形符号布局合理。

（3）图线均匀、横平竖直，图面干净、整体美观大方。

四、整理现场

1. 断开开关，拆除电路中的导线。
2. 整理实验器材与工具，清洁实验环境。

知识延伸

各类设备中的电路复杂多变，归纳起来电路的主要功能有两类：一类是**进行能量的转换、传输和分配**。例如，供电电路（图 1-1-4）可将发电机发出的电能经输电线传输到各个用电设备，再由用电设备转换成热能、光能、机械能等。另一类是**实现信息的传递和处理**。例如，计算机电路、电视机电路、扩音机电路（图 1-1-5）等。

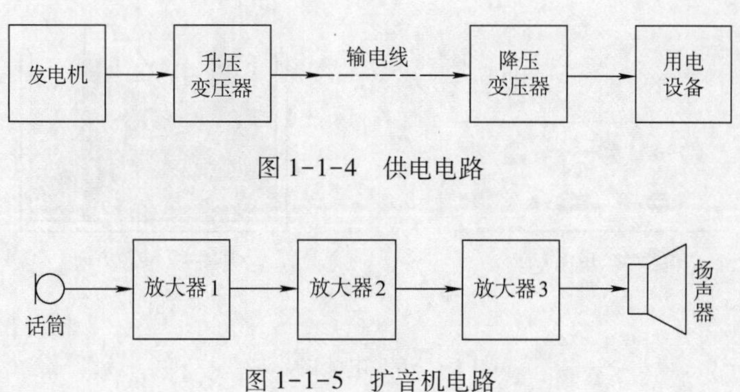

图 1-1-4　供电电路

图 1-1-5　扩音机电路

任务 2　使用电流表测量电流

学习目标

1. 掌握电流的概念以及电流大小和方向的规定。
2. 掌握电流表的使用方法。
3. 能测量电路中的电流。

工作任务

在照明电路中，若合上开关，则会有电流流过灯泡，此时灯泡被点亮，其亮度取决于电路中电流的大小。那么，如何测量电路中电流的大小呢？

本任务的内容是学会电流表的使用方法，连接一个双控照明电路，并用电流表测量双控照明电路中电流的大小。

相关知识

一、电流的形成

当电路形成闭合通路时，在电源（或外电场）的驱使作用下，电荷定向移动形成**电流**，如图 1-1-6 所示。移动的电荷又称**载流子**，载流子是多种多样的，如金属导体中的自由电子、电解液中的离子等。

二、电流的方向

习惯上，规定正电荷移动的方向为电流的方向，在电源内部由电源负极流向正极，在

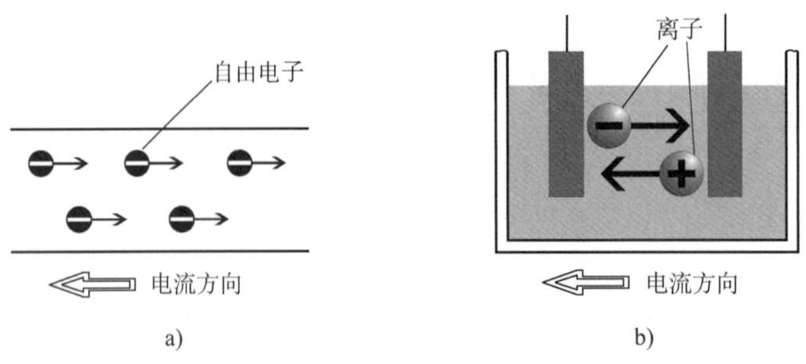

a)　　b)

图 1-1-6　电流的形成

a）金属中的电流　b）电解液中的电流

电源外部由电源正极流向负极。因此，在金属导体中实际自由电子的运动方向，与电流方向相反。

根据电流的大小和方向随时间变化的情况，可以把电流分为直流电流和交流电流两大类。若电流的大小和方向均恒定不变，则称其为**稳恒直流电流**（图 1-1-7a）；若电流的方向恒定不变但大小随时间变化，则称其为**脉动直流电流**（图 1-1-7b）。稳恒直流电流和脉动直流电流统称为**直流电流**，简称**直流**。在电路中，用 DC 表示直流。若电流的大小和方向都随时间变化，则称其为**交流电流**（图 1-1-7c），简称**交流**。在电路中，用 AC 表示交流。例如，图 1-1-3 所示电路由直流电源（电池）供电，是直流电路；电风扇由交流电源供电，是交流电路。

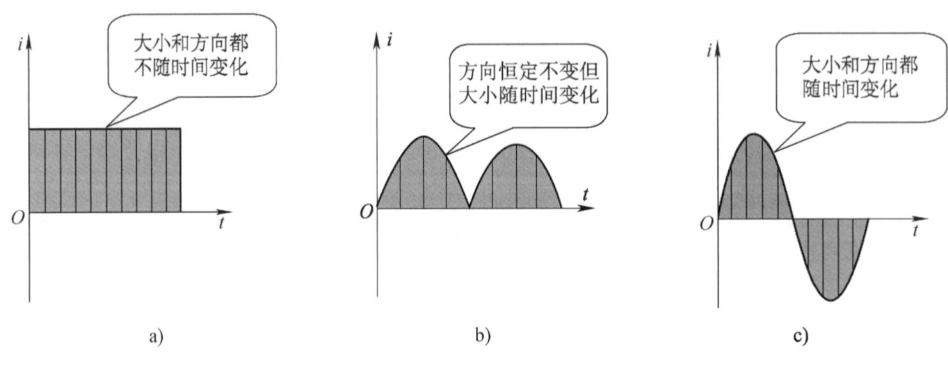

a)　　b)　　c)

图 1-1-7　直流电流和交流电流

a）稳恒直流电流　b）脉动直流电流　c）交流电流

三、电流的大小

在单位时间内，通过导体横截面上的电荷量越多，就表示流过该导体的电流越强。若在时间 t 内通过导体横截面的电荷量是 Q，则电流 I 可用下式表示：

$$I=\frac{Q}{t}$$

式中，I、Q、t 的单位分别为安培（A）、库仑（C）、秒（s）。电流的单位除安培（简称安）外，常用的还有毫安（mA）和微安（μA）。它们之间的换算关系为

$$1\ \text{A} = 1\ 000\ \text{mA}$$

$$1\ \text{mA} = 1\ 000\ \mu\text{A}$$

四、双控照明电路

为了方便人们的生活，在楼梯或卧室照明中经常可以见到两个开关控制一盏照明灯的情况，其中任意一个开关都可以点亮或熄灭灯泡。该电路的实物接线图如图 1-1-8a 所示，由于该电路所用的是两个单刀双掷开关，因此称为双控照明电路。双控照明电路原理图如图 1-1-8b 所示。

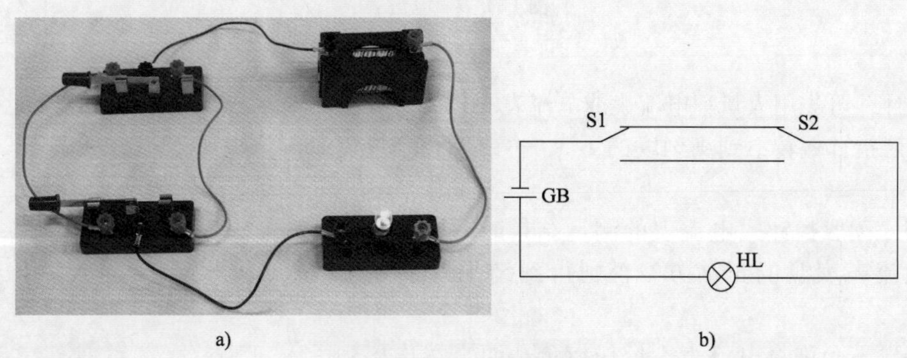

图 1-1-8　双控照明电路

a）实物接线图　b）电路原理图

五、电流表及其使用方法

1. 电流表

电流表是用来测量交、直流电路中电流大小的仪表，如图 1-1-9 所示。电流表按显示方式可分为数字式电流表和指针式电流表，按测量电流的性质可分为交流电流表和直流电流表，按使用方式可分为固定式电流表和便携式电流表。

2. 电流表的使用方法

在用电流表测量电路中的电流时应注意以下几点：

（1）对交、直流电流应分别使用交流电流表和直流电流表测量。

（2）电流表必须串接在被测量的电路中。

（3）指针式直流电流表表壳接线柱上标有表明极性的记号，应使直流电流从“0.6 A”“3 A”等代表正极的一端流入电流表，否则指针会反转，这样既会影响正常测量，也容易损坏电流表。

（4）合理选择电流表的量程，一般被测电流的数值在电流表量程的一半以上时，读数较为准确。因此，在测量之前应先估计被测电流的大小，以便选择适当量程的电流表。若

a)

b)

图 1-1-9 电流表

a）数字式交流电流表 b）指针式直流电流表

无法估计，可先用大量程电流表或电流表的最大量程挡测量，若指针偏转不到满刻度的 1/3，再改用较小量程挡去测量。

（5）读取指针式电流表的测量结果时，应使眼睛处于电流表表盘的正前方，否则得到结果的误差会较大。

（6）不允许将电流表不经任何负载而直接连接到电源的两极，因为电流表内阻很小，这样会造成电源短路而损坏电流表（图 1-1-10）。

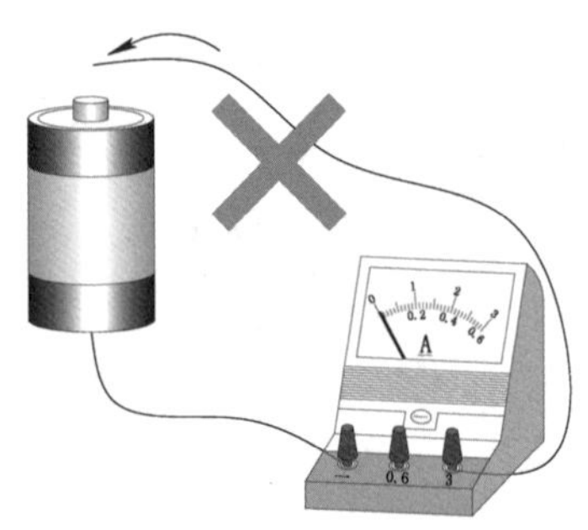

图 1-1-10 切不可将电流表直接连接到电源的两极

任务实施

一、任务准备

实施本任务所需要的实验设备、工具及材料见表 1-1-2。

表 1-1-2 实验设备、工具及材料

序号	名称	型号规格	数量	单位	备注
1	电工常用工具		1	套	
2	电流表	J0407 或自定	1	块	
3	电池盒	一号	1	个	
4	电池	一号，1.5 V	1	节	
5	单刀双掷开关		2	个	
6	灯泡	0.3 A/1.5 V	1	个	

续表

序号	名称	型号规格	数量	单位	备注
7	灯座		1	个	
8	导线		若干	m	

二、连接双控照明电路

1. 按照图 1-1-8 准备并检查所需设备、工具及材料，确保良好。
2. 用导线依次连接电路。
3. 检查电路连接的正确性。
4. 将电池安装到电池盒内。
5. 操作单刀双掷开关，检验两个开关是否均可控制灯泡的亮灭。

单刀双掷开关的工作位置只有两个，且总是接通一侧的电路。单刀双掷开关置于中间悬空位置时为非工作状态。

三、测量电流

将直流电流表按图 1-1-11 所示接入双控照明电路中，接通开关使灯泡点亮，测得电路工作电流值为________。由于电池新旧程度的差异以及电流表的精度影响，得到的测量结果可能会略有不同，属正常现象。

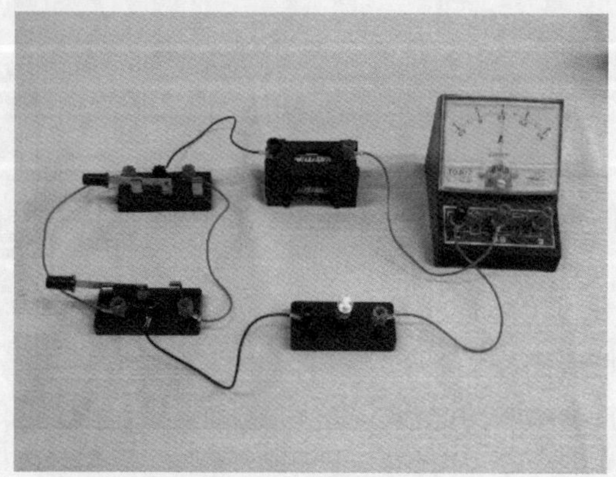

图 1-1-11　用直流电流表测量电流

四、整理现场

1. 断开开关，拆除电路中的导线。

2. 整理实验器材与工具，清洁实验环境。

任务3　使用电压表测量电动势、电压及电位

学习目标

1. 掌握电动势、电压及电位的概念。
2. 掌握电压表的使用方法。
3. 能连接双控照明电路并测量电源电动势及电路中的电压和电位。

工作任务

在照明电路中，若合上开关，则会有电流流过灯泡，此时灯泡被点亮，究竟是什么在驱动电流不断地在电路中流动？当电流流过灯泡时，灯泡两端会产生电压。应如何测量电路中电压的大小？

本任务的内容是学会电压表的使用方法，并用电压表测量电池的电动势和双控照明电路中的电压和电位。

相关知识

一、电源电动势

在图1-1-12所示装置中，水泵不断地将水从 b 处抽送到 a 处（因为水泵具有把水送到高处的能力），水又持续地通过水管由 a 处向 b 处流动，从而推动水车转动。这时 a 处比 b 处水位高，使 a、b 之间（也就是水车的两端）形成了水位差（水压）。

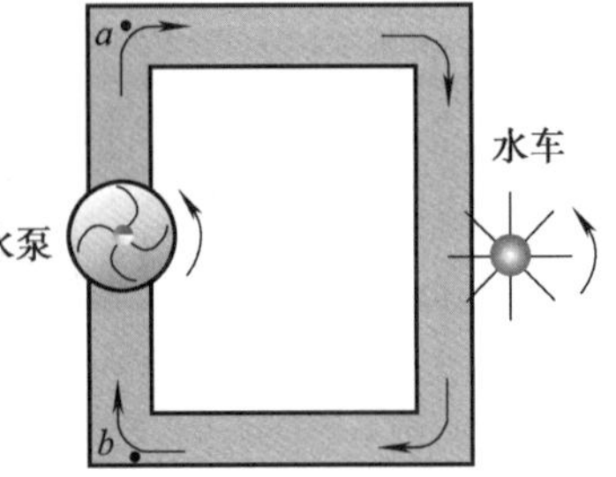

图1-1-12　水压与水流

电路与水路的情况类似，在图1-1-13所示电路中，用电源代替了水泵，用灯泡代替了水车，用电流代替了水流，同样电路中也会有持续不断的电流。也就是说，电源具有驱使电荷不断运动的能力，当电路形成闭合通路时，会形成持续不断的电流，从而使灯泡发光。这时，在灯泡两端便形成了电压。

电源驱使电荷运动的能力称为**电动势**，用 E 表示。电动势的单位是伏特，简称伏，用符号V表示。规定电动势的方向为在电源内部由负极指向正极，如图1-1-14所示。

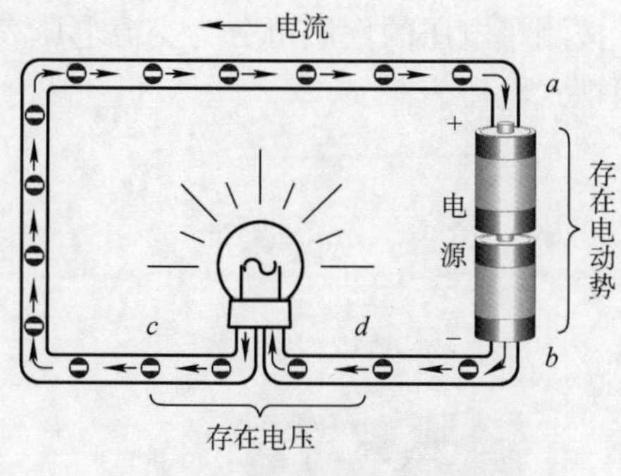

图 1-1-13　电压与电流

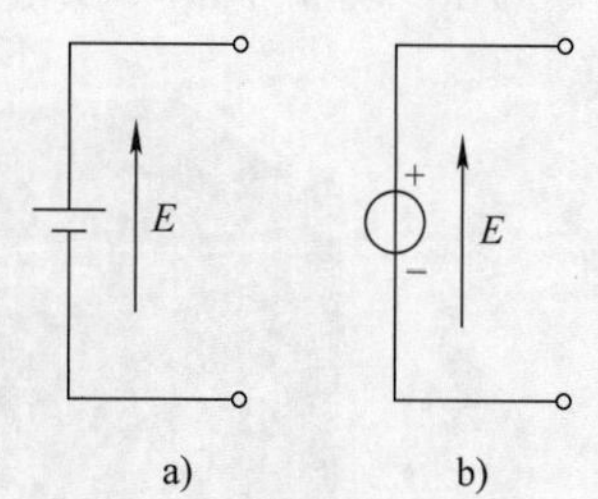

图 1-1-14　直流电动势的两种符号

二、电压

电压与电流的关系和水压与水流的关系有相似之处。在图 1-1-12 所示装置中，由于水泵的作用，水在管道中不断流动，从而推动水车旋转。

在图 1-1-13 所示电路中，当电路连通后，电源电动势驱使电荷运动，形成了电流，从而使灯泡点亮。当电流在电路中流动时，总会受到来自灯泡和导线的阻力，而电源产生的电场力会克服这种阻力做功。电场力移动单位正电荷从 a 点到 b 点所做的功，称为 a、b 两点间的**电压**，用 U_{ab} 表示。电压的单位是伏特，简称伏，用符号 V 表示。常用的电压单位除了伏特以外，还有千伏（kV）和毫伏（mV）。它们之间的换算关系为

$$1\ \text{kV}=1\ 000\ \text{V}$$

$$1\ \text{V}=1\ 000\ \text{mV}$$

电压与电流一样也有方向问题，电压的实际方向为正电荷在电场中受力的方向，且与电路中电流的方向一致。

三、电位

在电路中选定一点作为参考点，则电路中某一点与参考点之间的电压称为该点的电位。电位的单位也是 V。为了简便起见，本书仍用 U 表示电位，如 a、b 点的电位可分别记为 U_a、U_b。

原则上参考点可以任意选择，但为了便于分析计算，在供电电路中，常以大地作为参考点，其电路符号为“⏚”；在电子电路中，常以多条支路汇集的公共点或金属底板、机壳等作为参考点，其电路符号为“⊥”或“⊥”。高于参考点的电位取正，低于参考点的电位取负。

电路中任意两点之间的电位差就等于这两点之间的电压，即 $U_{ab}=U_a-U_b$，故**电压**又称**电位差**。电路中某点的电位与参考点的选择有关，但两点间的电位差与参考点的选择无关。

四、电压表及其使用方法

1. 电压表

电压表是用来测量交、直流电路中电压大小的仪表，如图 1-1-15 所示。电压表按显

示方式可分为数字式电压表和指针式电压表，按测量电压的性质可分为交流电压表和直流电压表，按使用方式可分为固定式电压表和便携式电压表。

a)

b)

图 1-1-15　电压表

a）数字式直流电压表　b）指针式直流电压表

2. 电压表的使用方法

在用电压表测量电路中的电压时应注意以下几点：

（1）对交、直流电路应分别使用交流电压表和直流电压表测量。

（2）电压表必须并接在被测电路的两端。

（3）指针式直流电压表表壳接线柱上标有表明极性的记号，应与被测两点的电位相一致，即“3 V”“15 V”等代表正极的一端接高电位，“-”端接低电位，不能接错，否则指针会反转，容易损坏电压表。

（4）每块电压表都有一定的测量范围，其量程的选择方法与电流表相同。

（5）读取指针式电压表的测量结果时，应使眼睛处于电压表表盘的正前方，否则得到结果的误差会较大。

任务实施

一、任务准备

实施本任务所需要的实验设备、工具及材料见表 1-1-3。

表 1-1-3　实验设备、工具及材料

序号	名称	型号规格	数量	单位	备注
1	电工常用工具		1	套	
2	电压表	J0408 或自定	1	块	
3	电池盒	一号	1	个	
4	电池	一号，1.5 V	1	节	

续表

序号	名称	型号规格	数量	单位	备注
5	单刀双掷开关		2	个	
6	灯泡	0.3 A/1.5 V	1	个	
7	灯座		1	个	
8	导线		若干	m	

二、测量电池的电动势

按照图 1-1-16 所示，将电压表直接接到电池两端，此时电压表的测量结果就是电池的电动势。也就是说，电源电动势在数值上等于电源没有接入闭合电路时，两极间用电压表测得的数值。此时，得到的电池电动势为________。

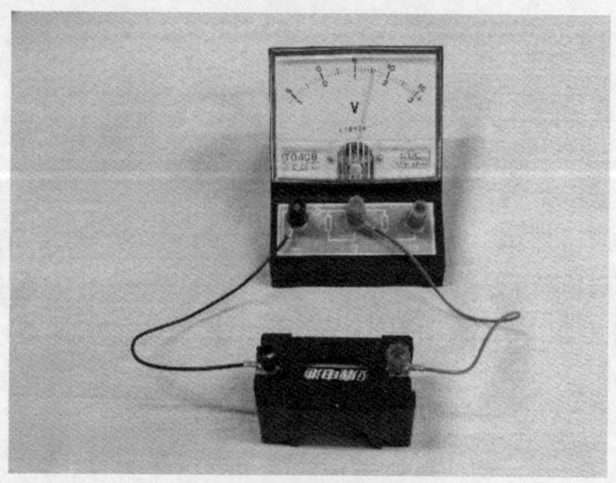

图 1-1-16　测量电池的电动势

三、连接双控照明电路并测量电压和电位

1. 按照图 1-1-17 准备并检查所需设备、工具及材料，确保良好。

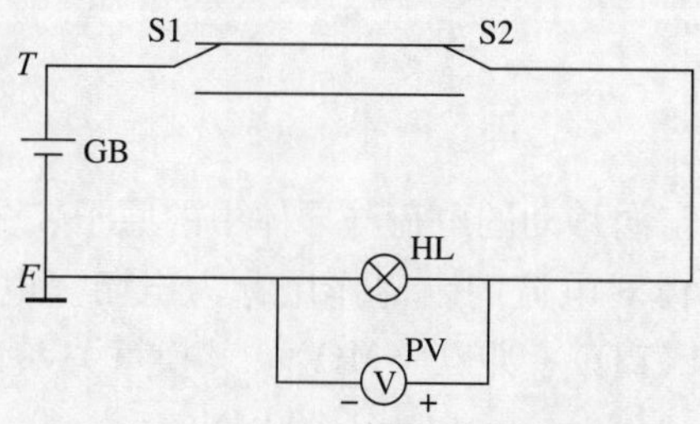

图 1-1-17　电压和电位的测量

2. 用导线依次连接各元件和直流电压表。
3. 检查电路连接的正确性。

4. 将电池安装到电池盒内。

5. 操作单刀双掷开关，检验两个开关是否均可控制灯泡的亮灭。

此时，直流电压表测得灯泡点亮时两端的电压值为________。

在图 1-1-17 中，如果将电池的负极（F 点）设定为参考点，那么直流电压表测得的值就是 T 点的电位值，U_T = ________。如果将电池的正极（T 点）设定为参考点，那么 U_F = ________。

四、整理现场

1. 断开开关，拆除电路中的导线。
2. 整理实验器材与工具，清洁实验环境。

任务 4　使用万用表测量电阻、电流及电压

学习目标

1. 理解电阻和电阻率的概念。
2. 掌握万用表的基本使用方法。
3. 能用万用表测量电阻、电流和电压。

工作任务

电路中的灯泡有阻碍电流流动的作用，不同规格的灯泡对电流的阻碍作用也不相同。

本任务的内容是学习万用表的基本使用方法，并用万用表测量灯泡电阻以及由一个开关控制两只灯泡电路中的电流和电压。

相关知识

一、电阻

当电流通过导体时，做定向移动的电荷与导体中的原子、分子以及其他导电粒子不断碰撞从而产生阻力，这种导体对电流的阻碍作用称为**电阻**。电阻用 R 表示，单位为欧姆（Ω），常用的单位还有千欧（kΩ）、兆欧（MΩ）。其换算关系为

$$1\ \text{k}\Omega = 1\ 000\ \Omega$$

$$1\ \text{M}\Omega = 1\ 000\ \text{k}\Omega$$

在各种电路中，经常要用到具有一定电阻的元件——电阻器，电阻器也简称电阻。

二、电阻率

实验证明，导体的电阻与导体的长度 l 成正比，与导体的横截面积 S 成反比，并与导体的材料性质有关。其可用下式表示：

$$R = \rho \frac{l}{S}$$

其中，ρ 为导体的**电阻率**，它由导体的材料性质决定，表示导体导电能力的强弱。电阻率是指长 1 m、横截面积为 1 m^2 的某种材料在常温（20 ℃）时的电阻，单位为 Ω · m。

各种材料的导电能力相差很大，一般按导电能力不同分为导体、绝缘体、半导体和超导体四类。**导体**是导电能力很强的材料，电阻率一般在 1×10^{-6} Ω · m 以下，如铜、铝、银等；**绝缘体**是导电能力很差的材料，电阻率为 $1\times10^{6}\sim1\times10^{18}$ Ω · m，如橡胶、塑料、云母等；**半导体**是导电能力介于导体和绝缘体之间的材料，电阻率为 $1\times10^{-6}\sim1\times10^{6}$ Ω · m，如硅、锗等；**超导体**是指在一定条件下电阻率会变为趋向于零的材料。

材料的电阻率会随温度的变化而变化。一般来说，纯金属的电阻率随温度升高而增大；电解液、半导体和绝缘体的电阻率则随温度升高而减小；而有些合金（如锰铜合金和镍铜合金）的电阻率几乎不受温度变化的影响。

三、万用表

万用表是一种多用途、多量程的电工测量仪表。常用的万用表有指针式和数字式两大类，如图 1-1-18 所示。数字式万用表读数直观，而指针式万用表能方便快速地观察近似值或被测数值的变化情况。本任务中主要介绍和使用数字式万用表。

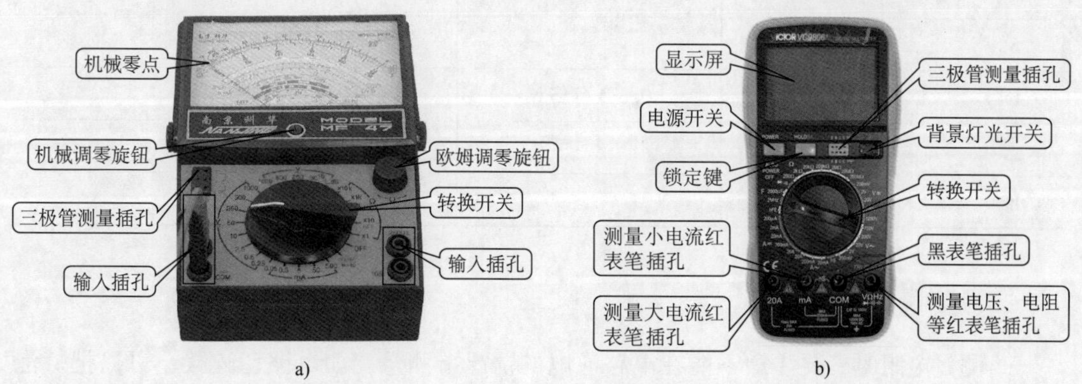

图 1-1-18 万用表

a）指针式 b）数字式

使用数字式万用表时，应注意以下几点：

1. 使用前，必须仔细阅读使用说明书，了解转换开关的功能。

2. 使用万用表测量时，应注意两支测量表笔的正、负极性。红表笔为正极性，黑表笔为负极性。

3. 转换开关各位置上注明的数值为该量程挡的最大测量值。量程挡的选择依据是使被测量值小于但接近该挡最大测量值。

4. 在无法估计被测量大小时，应先选择较大的量程挡测量。在测量时，若显示屏始终显示数字“1”，其他位均消失，则说明该量程挡的最大测量值小于被测量，此时应重新选择更高的量程挡测量。

5. 禁止在测量时更换量程挡。

6. 不能在电路带电情况下测量电阻，否则会损坏万用表。

7. 测量完毕，应关闭万用表电源开关，以延长内部电池的使用寿命。

任务实施

一、任务准备

实施本任务所需要的实验设备、工具及材料见表 1-1-4。

表 1-1-4　实验设备、工具及材料

序号	名称	型号规格	数量	单位	备注
1	电工常用工具		1	套	
2	万用表	DT-9205B 或自定	2	块	
3	电池盒	一号	1	个	
4	电池	一号，1.5 V	1	节	
5	单刀双掷开关		2	个	
6	灯泡	0.3 A/1.5 V	2	个	
7	灯座		2	个	
8	导线		若干	m	

二、测量灯泡的电阻

1. 测量电阻时，要注意不能在电路通电的情况下测量，如电路已连接，可以把灯泡从灯座中旋下测量。测量前，要确认黑表笔插在标有“COM”的插孔中，红表笔插在标有“VΩ”的插孔中（测量电压和电阻）。

2. 测量电阻时，不必关心表笔的正负极性。如果不能估计电阻的大概值，可以先选择任一电阻量程挡进行估测。例如，选择参数挡为电阻挡（标“Ω”字样的范围内），量程挡为“2k”挡（使万用表转换开关指向“2k”位置）。

3. 打开万用表的电源开关。一只手拿灯泡，另一只手像拿筷子一样拿起两支表笔，使两支表笔的金属部分分别接触灯泡尾部的金属体和螺旋金属部分（图 1-1-19）。

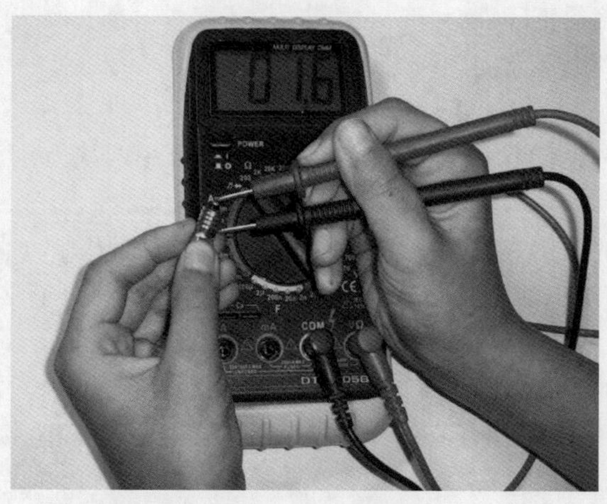

图 1-1-19　测量灯泡电阻

4. 观察万用表的显示值，若此时显示“.002”（0.002 kΩ），则可以判断出量程挡选择较大，应改用 200 Ω 的量程挡，重新测量结果为________。

（1）测量时，手指不可同时接触两支表笔的金属部分，以免接入人体电阻，引起测量误差。

（2）本任务测量的是灯泡内部灯丝的冷态电阻。灯丝是由金属钨制成的，而钨的电阻率随温度升高而增大，因此，灯丝的电阻也会随着灯丝温度的升高而增大。

三、测量电流和电压

用万用表测量图 1-1-20a 所示电路的工作电流和灯泡 HL1 上的电压，其实验电路如图 1-1-20b 所示。

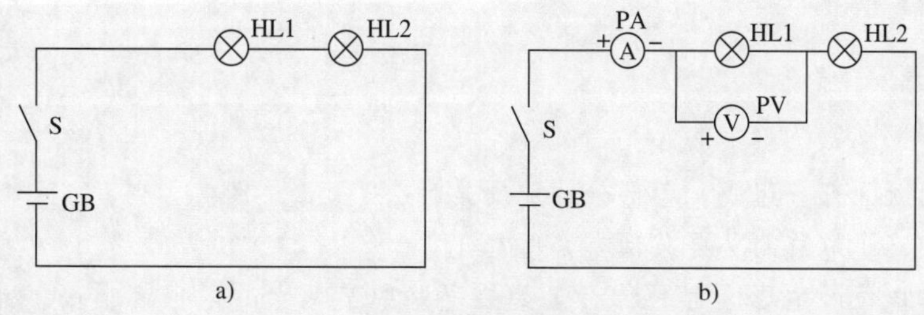

图 1-1-20　一个开关控制两只灯泡的电路

1. 连接电路

（1）按照图 1-1-20b 准备并检查所需设备及器材，确保良好。

（2）用导线依次连接电路。

（3）检查电路连接的正确性。

（4）将电池安装到电池盒内。

2. 万用表的使用

为了掌握万用表的基本使用方法，实际测量时，可用两块万用表代替图 1-1-20b 中的电流表和电压表。

（1）代替电流表的万用表红表笔插到标有“mA”的插孔中（测量小电流），参数挡选择标有“A ⎓”的直流电流挡，量程挡置于 200 mA 挡。红表笔接开关侧，黑表笔接灯泡侧。

（2）代替电压表的万用表红表笔插到标有“VΩ”的插孔中（测量电压和电阻），参数挡选择标有“V ⎓”的直流电压挡，量程挡置于 2 V 挡。红表笔接电流表侧，黑表笔接两只灯泡的连接侧。

3. 测量电路中的电流和电压

（1）操作开关，检验电路工作情况。

（2）接通开关，点亮灯泡，得到测量结果如下：

电路中的电流为________，电路中 HL1 两端的电压为________。

使用万用表测量电流和电压时，如果显示的数值带有负号，则说明此时电路中实际电流或电压的方向与假设的方向相反。通常假设的方向是从红表笔指向黑表笔。此时，只要交换红、黑表笔的位置，得到的测量结果就成为正值了。

另外，测量电压的显示值为负值，也说明黑表笔的测量点电位比红表笔的测量点电位高。

四、整理现场

1. 断开开关，拆除电路中的导线。
2. 整理实验器材与工具，清洁实验环境。

思考与练习

1. 电路由哪几部分组成？各部分的作用是什么？

2. 电路中产生电流的必要条件有哪些？

3. 电压和电位的主要区别是什么？如果电路中某两点的电位都很高，能否说明这两点之间的电压也很高，为什么？

4. 在图 1-1-21 所示电路中，若以 O 点为参考点，则 $U_A=10$ V，$U_B=5$ V，$U_C=-5$ V，试求 U_{AB}、U_{BC}、U_{AC}、U_{CA}。

5. 电路如图 1-1-22 所示，试求：

（1）A、B 两点的电位及 A、B 两点间的电压。

（2）以 B 点为参考点时 A、B 两点间的电压。

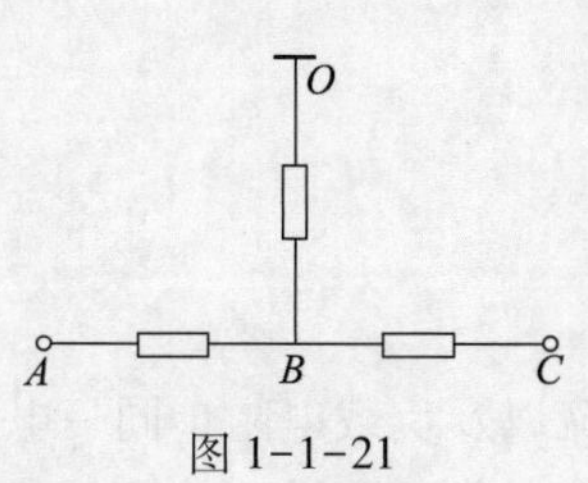

图 1-1-21

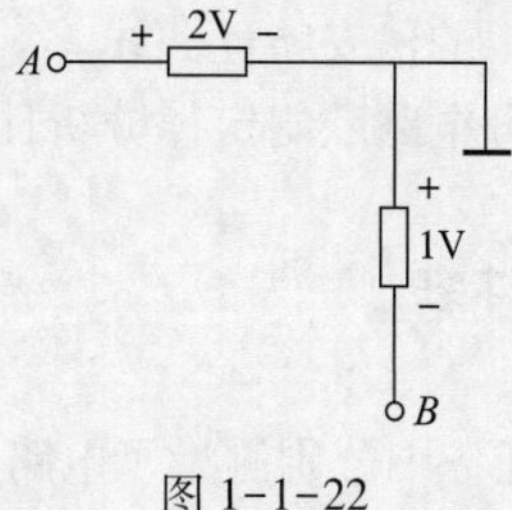

图 1-1-22

6. 在实验室中，按图 1-1-23 连接电源，用万用表测量电源的总电动势。

图 1-1-23

7. 在图 1-1-24 中，R1 和 R2 是材料相同、厚度相同、表面均为正方形的导体，但 R2 的尺寸比 R1 小很多。通过两导体的电流方向如图 1-1-24 所示，试分析 R1、R2 的阻值大小关系。

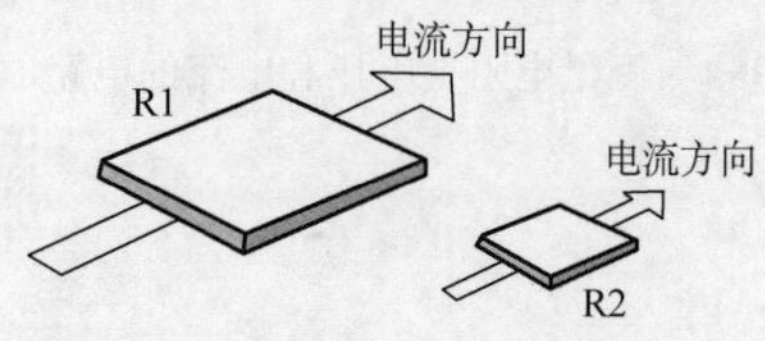

图 1-1-24

8. 在实验室中用万用表测量数只电阻的阻值并记录测量数据。

课题二　欧姆定律

任务 1　探究部分电路欧姆定律

学习目标

1. 掌握电路中各电量的测量方法。

2. 掌握部分电路欧姆定律及其公式。
3. 了解电阻的伏安特性曲线。
4. 能用部分电路欧姆定律分析计算简单直流电路。

工作任务

在前面的任务中分别测量了电路中的电压、电流以及负载电阻，同一电路中的这些电量之间是否有一定的联系呢？如果它们之间有关系，又是什么样的关系？

本任务的内容是通过对图 1-2-1 所示电路中电阻上电压和电流的测量，总结归纳出部分电路欧姆定律及其公式。

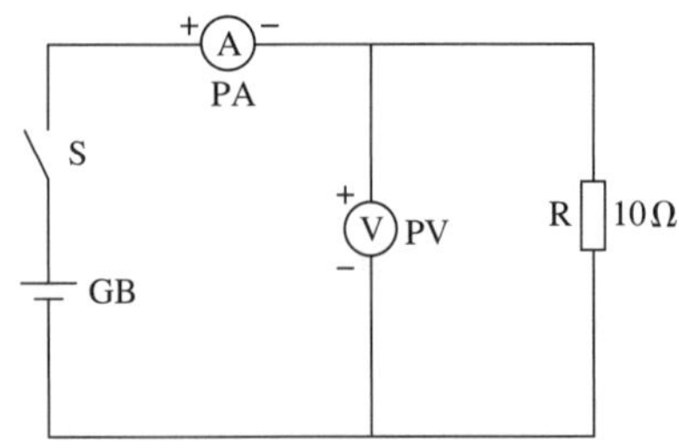

图 1-2-1　测量电阻上电压和电流的电路原理图

任务实施

一、任务准备

实施本任务所需要的实验设备、工具及材料见表 1-2-1。

表 1-2-1　实验设备、工具及材料

序号	名称	型号规格	数量	单位	备注
1	电工常用工具		1	套	
2	电流表	J0407 或自定	1	块	或万用表 1 块
3	电压表	J0408 或自定	1	块	或万用表 1 块
4	电池盒	一号	2	个	
5	电池	一号，1.5 V	2	节	
6	单刀单掷开关		1	个	
7	色环电阻	10 Ω/3 W，1%	1	个	
8	导线		若干	m	

二、连接电路并测量相关电量

1. 连接电路

（1）按照图 1-2-1 准备并检查所需设备及器材（电源采用两节电池），确保良好。

（2）用导线依次连接电路。

（3）检查电路连接的正确性。

（4）将电池安装到电池盒内。

电路中两节电池串接在一起时，应当是一节电池的正极和另一节电池的负极连接在一起，不可接错；由于电压表中流过的电流非常小，可以忽略不计，此时电流表的测量值即流过电阻的电流。这种电路也被称为电流表前置接法。

2. 测量电路中的电流和电压

图 1-2-1 中的电流表和电压表可以用两块万用表代替，代替电流表的万用表量程应置于直流 2 A 挡，代替电压表的万用表量程应置于直流 20 V 挡。

接通开关，得到测量结果如下：电流值 I_1 = ________，电压值 U_1 = ________。

3. 减少电池，继续测量

断开开关，将电路中的电池调整为一节，然后接通开关再进行一次测量，得到的测量结果如下：电流值 I_2 = ________，电压值 U_2 = ________。

三、分析测量结果并整理现场

1. 通过上面的测量可以发现 I_1 与 U_1、I_2 与 U_2 的关系分别是____________________。

2. 断开开关，拆除电路中的导线。

3. 整理实验器材与工具，清洁实验环境。

知识延伸

一、部分电路欧姆定律

只含有负载电阻而不包含电源的一段电路称为**部分电路**，如图 1-2-2a 中点画线框内所示。

通过对上面实验测量数据的分析，可以得到**部分电路欧姆定律**的内容：导体中的电流与导体两端的电压成正比，与导体的电阻成反比。其公式为

$$I = \frac{U}{R}$$

在图 1-2-2a 中用带有箭头的线段标明了电流和电压的方向，通常称其为**参考方向**。

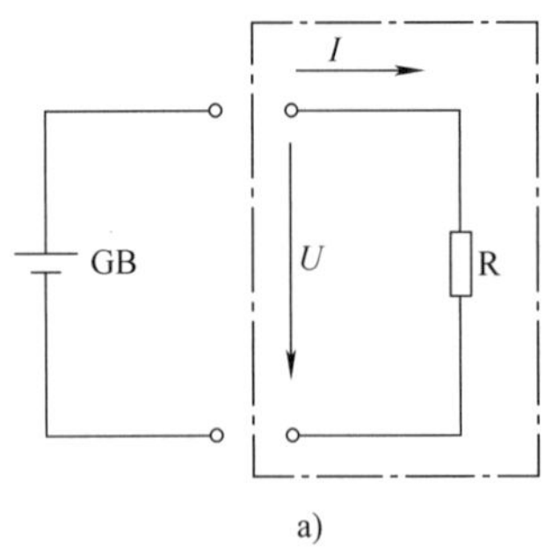

a)

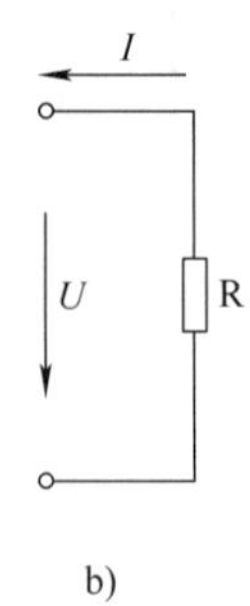

b)

图 1-2-2　部分电路

a）电压和电流方向相同　b）电压和电流方向相反

在图 1-2-2b 所示电路中，改变了电流 I 的参考方向，则部分电路欧姆定律的表达式应相应改为

$$I=-\frac{U}{R}$$

式中的负号表示电流实际方向与确定的参考方向相反。

如果实验电路中的电阻 R 已知，根据部分电路欧姆定律公式 $I=\frac{U}{R}$，只要测量出电阻两端的电压 U，便可计算出流过电阻的电流大小 I；同样，如果测量出流过电阻的电流大小 I，便可计算出电阻两端的电压 U。

二、电阻的伏安特性曲线

通过对上面实验数据的进一步分析，可以发现当电阻两端电压不同时，流过电阻的电流也不同，但是电压和电流的比值 U/I 保持不变。如果以电压为横坐标，电流为纵坐标，在温度一定的条件下，通过电阻的电流随电压变化而变化的关系曲线，称为**伏安特性曲线**。伏安特性曲线是直线的电阻元件，称为**线性电阻**（图 1-2-3a）。线性电阻的阻值可以认为是不变的常数，常见的电阻大多是线性电阻，例如上面实验所用的色环电阻就是线性电阻。

伏安特性曲线不是直线的电阻，称为**非线性电阻**（图 1-2-3b）。在电子电路中将会用到多种非线性元件，如二极管、三极管等。

在上一课题中测量过灯泡的电阻，也测量过被点亮之后灯泡两端的电压和流过的电流。把这些数据进行对照会发现灯泡的电阻是随着它的工作状态不同而不同的。纯金属的电阻会随着温度的升高而增大。由于灯泡的灯丝是由钨丝制成的，因此在工作时会达到 1 800 ℃左右的白炽状态，这时电阻会达到室温下的近 10 倍。应当指出的是，灯丝是非线性电阻，它的阻值会在温度改变时随之改变。

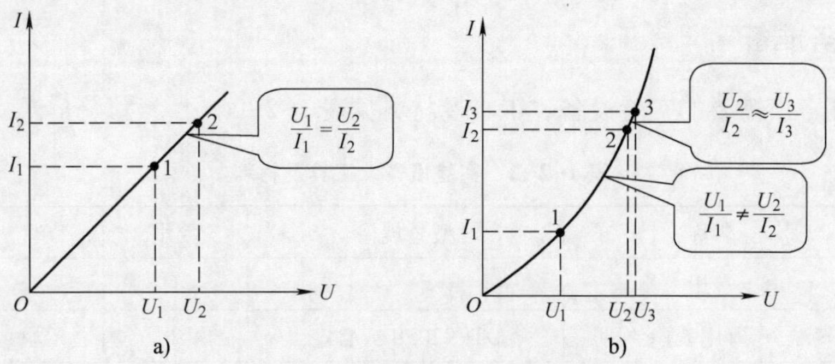

图 1-2-3　电阻的伏安特性曲线

a）线性电阻的伏安特性曲线　b）非线性电阻的伏安特性曲线

任务 2　探究全电路欧姆定律

学习目标

1. 掌握含有电源的电路中各电量的测量方法。
2. 了解电源的外特性曲线。
3. 掌握全电路欧姆定律及其公式。
4. 能用全电路欧姆定律分析计算简单直流电路。

工作任务

在前面的任务中测量分析了电路中电阻上电压、电流以及电阻之间的关系，一个完整的电路还应当包含电源部分，那么含有电源的电路中电源两端电压、电流以及电阻之间的关系又是什么样的呢？

本任务的内容是通过对图 1-2-4 所示电路的测量，明确电源两端电压随电路电流变化而变化的情况，进而总结归纳出电源的外特性、全电路欧姆定律及其公式。

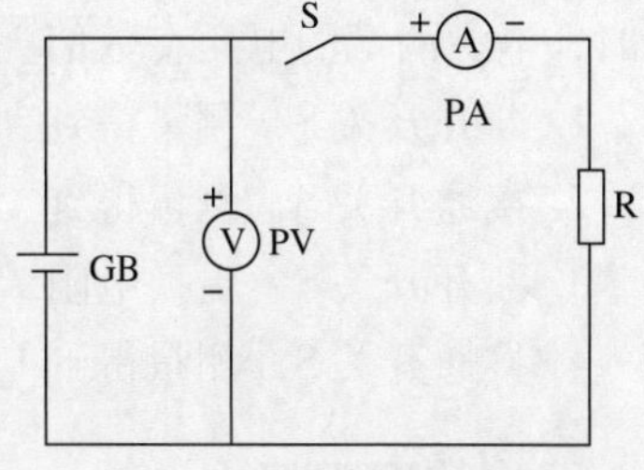

图 1-2-4　电源外特性测量电路

任务实施

一、任务准备

实施本任务所需要的实验设备、工具及材料见表 1-2-2。

表 1-2-2 实验设备、工具及材料

序号	名称	型号规格	数量	单位	备注
1	电工常用工具		1	套	
2	万用表	DT-9205B 或自定	2	块	
3	电池盒	一号	1	个	
4	电池	一号，1.5 V	1	节	
5	单刀单掷开关		1	个	
6	色环电阻	10 Ω/3 W，1%	1	个	
7	色环电阻	15 Ω/3 W，1%	1	个	
8	导线		若干	m	

二、连接电路

1. 按照图 1-2-4 准备并检查所需设备和器材，确保良好。
2. 用导线依次连接电路，电阻 R 选择阻值为 15 Ω 的色环电阻。
3. 检查电路连接的正确性。
4. 将电池安装到电池盒内。

三、测量电路中各电量

通过前面的学习可知，电压表上的指示值为电源两端的电压 U。当开关 S 处于断开状态时，电源两端的电压在数值上等于电池的电动势 E。

1. 断开开关 S，测量得到：I=________；$U=E$=________。
2. 接通开关 S，测量得到：I=________；U=________。
3. 断开开关 S，更换电阻 $R=10\ \Omega$。
4. 接通开关 S，测量得到：I=________；U=________。

四、整理现场

1. 断开开关，拆除电路中的导线。
2. 整理实验器材与工具，清洁实验环境。

知识延伸

分析上面的实验数据可以得到如下结论：电源两端的电压 U 随着电流 I 的增大而降低。这是因为实际电源相当于一个没有电阻的理想电源（电动势为 E）和一个电阻（阻值为 r）串接，如图 1-2-5 所示。

一、全电路欧姆定律

电源电动势基本恒定不变，电路中的电流是电源电动势克服电源内电阻和负载电阻的阻碍作用而产生的（实际电流表也有一定的电阻，但数值一般较小，可忽略不计）。

将电路中的电池用其等效电路表示，可以把上面的实验电路等效为图 1-2-6 所示电路。这种含有电源的闭合电路称为**全电路**。电源内部的电路称为**内电路**（点画线框内）。电源内部的电阻称为**内电阻**，简称内阻。电源外部的电路称为**外电路**。外电路中的电阻称为**外电阻**，也称为负载电阻。内电路与外电路合称为全电路。

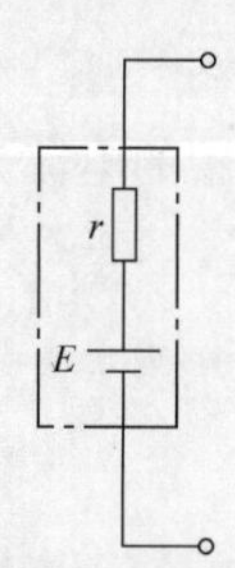

图 1-2-5 实际电源的等效电路

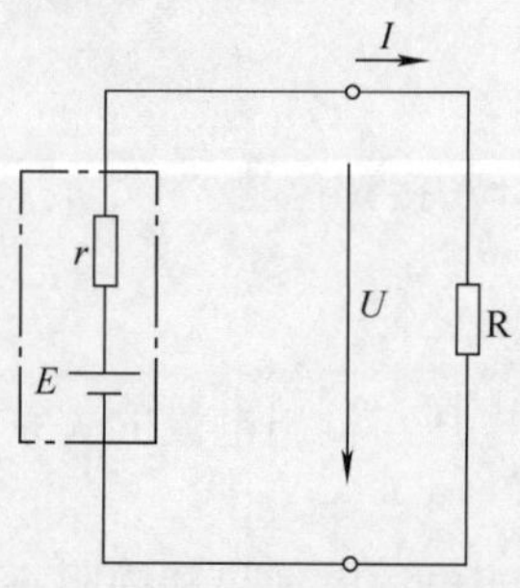

图 1-2-6 简单的全电路

分析全电路要用到全电路欧姆定律。**全电路欧姆定律**的内容如下：闭合电路中的电流与电源的电动势成正比，与电路的总电阻（内电阻与外电阻之和）成反比，其计算公式为

$$I=\frac{E}{R+r}$$

由上式可得

$$E=IR+Ir=U_{外}+U_{内}$$

式中，$U_{内}$为内电路的电压降。$U_{外}$为外电路的电压降，也是电源两端的电压，简称为电源端电压。这样，全电路欧姆定律又可表述为电源电动势等于 $U_{外}$和 $U_{内}$之和。

二、电源的外特性

根据全电路欧姆定律 $E=U_{外}+U_{内}$，若将 $U_{外}$ 记为电源端电压 U，考虑到 $U_{内}=Ir$，则

$$U=E-Ir$$

可见，当电源电动势 E 和内阻 r 一定时，电源端电压 U 将随负载电流 I 的变化而变化。通常把电源端电压随负载电流变化的关系特性称为**电源的外特性**，并将其关系特性曲

线称为**电源的外特性曲线**，如图 1-2-7 所示。由电源外特性曲线可见，电源内阻越大，直线越倾斜；直线与纵轴交点的纵坐标表示电源电动势的大小（$I=0$ 时，$U=E$）。

三、电路的工作状态

图 1-2-8 所示电路存在三种不同的工作状态，可以应用全电路欧姆定律分析电路中电源端电压与输出电流之间的关系。

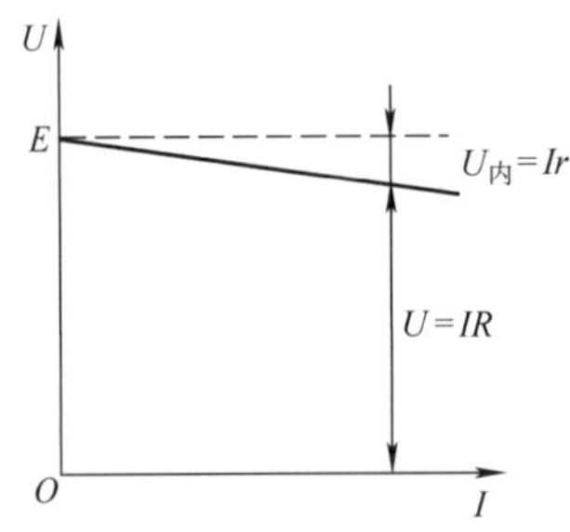

图 1-2-7　电源的外特性曲线

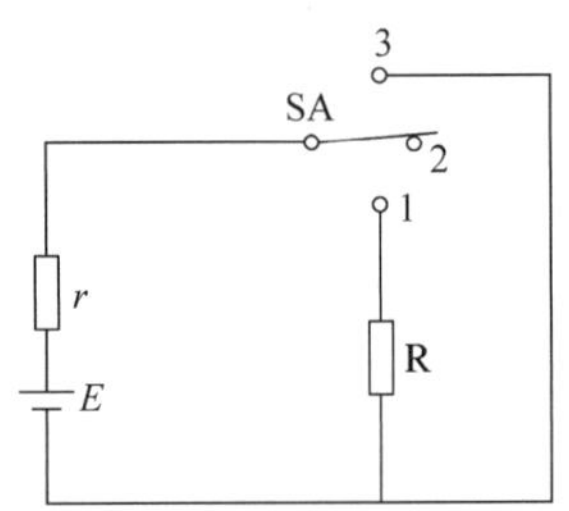

图 1-2-8　电路的三种工作状态

1. 通路

当开关 SA 接到位置“1”时，电路处于**通路**状态，电路中的电流为

$$I=\frac{E}{R+r}$$

电源端电压与输出电流的关系为

$$U=E-U_{内}=E-Ir$$

可见，当电源电动势和内阻一定时，电源端电压随输出电流的增大而下降。通常把通过大电流的负载称为**大负载**，把通过小电流的负载称为**小负载**。也就是说，当电源的内阻一定时，若电路接大负载，则电源端电压较低；若电路接小负载，则电源端电压较高。

2. 开路（断路）

当开关 SA 接到位置“2”时，电路处于**开路**状态，相当于负载电阻 $R\to\infty$ 或电路中某处连接导线断开。此时，电路中电流为零，内阻压降也为零，$U_{外}=E-Ir=E$，即电源的开路电压等于电源的电动势。

3. 短路

当开关 SA 接到位置“3”时，相当于电源两极被导线直接相连，电路处于**短路**状态。电路中短路电流 $I_{短}=E/r$。由于电源内阻一般都很小，所以短路电流极大。此时，电源对外输出电压 $U=0$。电源短路是严重的故障状态，必须避免发生。

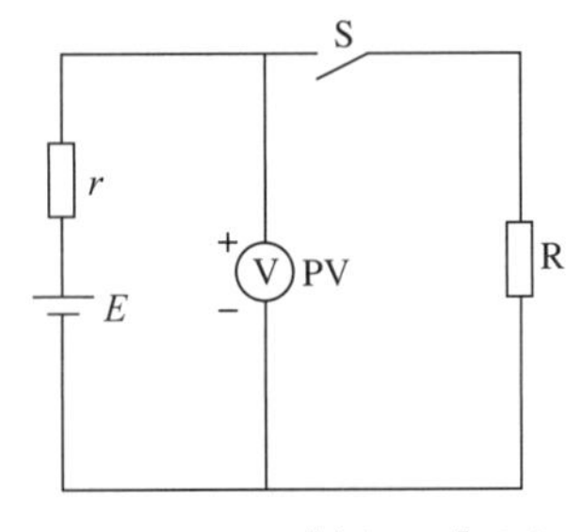

图 1-2-9　【例 1-1】图

【例 1-1】 图 1-2-9 是测量电源电动势 E 和内阻 r 的电路。已知 $R=24\ \Omega$。当开关 S 合上时，电压表的读数为 48 V；当开关 S 断开时，电压表的读数为 50 V。求电源电动势 E 和内阻 r。

解：(1) 当开关 S 断开时，电路处于开路状态。

电路电流：

$$I=0$$

电压表读数：

$$U=E=50\ \text{V}$$

(2) 当开关 S 接通时，电路处于通路状态。

电路电流：

$$I=\frac{U}{R}=\frac{48}{24}\ \text{A}=2\ \text{A}$$

电压表读数：

$$U=E-Ir=48\ \text{V}$$

因此

$$r=\frac{E-U}{I}=\frac{50-48}{2}\ \Omega=1\ \Omega$$

思考与练习

1. 图 1-2-10 给出了流过三个电阻的电流随电阻两端电压变化的曲线，由曲线可知________的阻值最大，________的阻值最小。

2. 已知电池的开路电压为 1.5 V，当接上 9 Ω 的负载电阻时，其端电压为 1.35 V，求电池的内阻 r。

3. 电路如图 1-2-11 所示，已知电源电动势 $E=220$ V，内阻 $r=10\ \Omega$，负载 $R=100\ \Omega$，求：

(1) 电路电流。

(2) 电源端电压。

(3) 负载上的电压降。

(4) 电源内阻上的电压降。

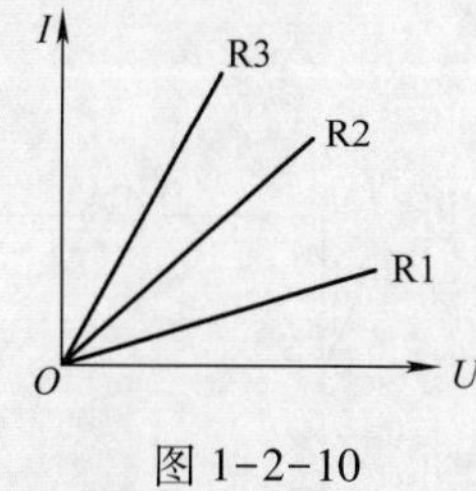

图 1-2-10

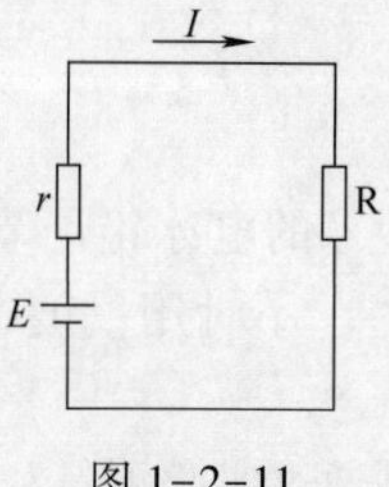

图 1-2-11

4. 在图 1-2-12 所示电路中，已知 $E=6$ V，$r=0.5\ \Omega$，$R=5.5\ \Omega$。求开关 S 分别置于 1、2、3 位置时，电压表和电流表的读数。

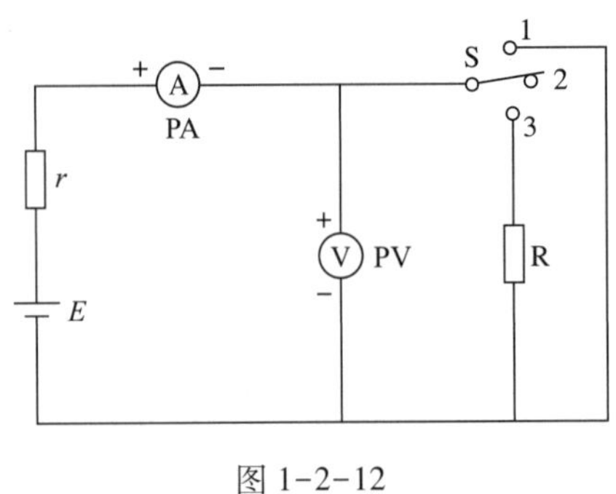

图 1-2-12

课题三　电功率和电功

任务 1　探究影响灯泡亮度的因素

学习目标

1. 能通过对调光电路的测量和分析，明确影响灯泡亮度的因素。
2. 掌握电功率和电功的概念及其计算公式。
3. 掌握焦耳定律及其公式。
4. 能计算电路中的电功率、电功和电阻的发热量。
5. 能正确识读电气负载额定参数并理解其含义。

工作任务

人们经常说某型号的电冰箱是节能产品，耗电量小，某品牌的空调“一小时用一度电”。这些描述涉及电功率和电功的概念。

本任务的内容是通过实验测量和分析图 1-3-1 所示调光电路中灯泡亮度与电压和电流的关系，学习有关电功率和电功的知识。

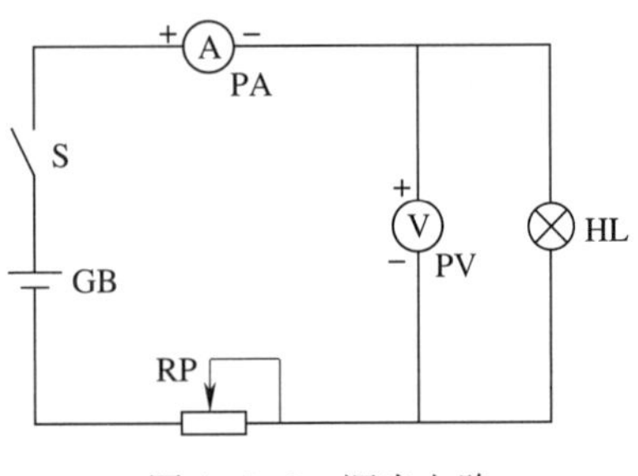

图 1-3-1　调光电路

任务实施

一、任务准备

实施本任务所需要的实验设备、工具及材料见表 1-3-1。

表 1-3-1 实验设备、工具及材料

序号	名称	型号规格	数量	单位	备注
1	电工常用工具		1	套	
2	万用表	DT-9205B 或自定	2	块	或电流表、电压表各一块
3	电池盒	一号	2	个	
4	电池	一号，1.5 V	2	节	
5	单刀单掷开关		1	个	
6	滑动变阻器	20 Ω/1 A	1	个	
7	灯泡	0.3 A/1.5 V	1	只	
8	灯座		1	个	
9	导线		若干	m	

二、连接调光电路并测量相关电量

1. 连接电路

（1）按照图 1-3-1 准备并检查所需设备及器材，确保良好。

（2）用导线依次连接电路。

（3）检查电路连接的正确性。

（4）将电池安装到电池盒内。

图 1-3-1 中的电流表和电压表可用两块万用表代替，代替电流表的万用表量程应置于直流 2 A 挡，代替电压表的万用表量程应置于直流 20 V 挡。

2. 测量电路中的电流和电压

（1）将滑动变阻器滑片调节在中间位置，接通开关，此时灯泡微微发亮。得到测量结果如下：电流值 I_1 = ________；电压值 U_1 = ________。

（2）慢慢调节滑动变阻器，使滑片处于滑动变阻器左端的$\frac{1}{3}$处，灯泡逐渐由微微发亮变得明亮一些。得到测量结果如下：电流值 $I_2=$________；电压值 $U_2=$________。

（3）继续调节滑动变阻器，使滑片处于最左端，这时灯泡变得非常明亮。得到测量结果如下：电流值 $I_3=$________；电压值 $U_3=$________。

三、分析测量结果并整理现场

1. 通过上面的实验和测量数据总结电压、电流和灯泡亮度之间的关系：________________________________。

2. 断开开关，拆除电路中的导线。

3. 整理实验器材与工具，清洁实验环境。

知识延伸

一、电功率

由前面的知识可知，实验中的灯泡能发光是因为电池提供了电能。电流在流过灯丝时，电能转化为热能和光能，且电能转化为热能和光能的速度越快，灯泡就越亮，电池也就会在更短的时间内被耗尽。同样，在图 1-3-2 中搬运工将重物搬到高处，这是人力做功，消耗的是体能，搬运速度越快，体能也就消耗越快；使用电动葫芦同样也能把重物搬到高处，这是电流做功，消耗的是电能。

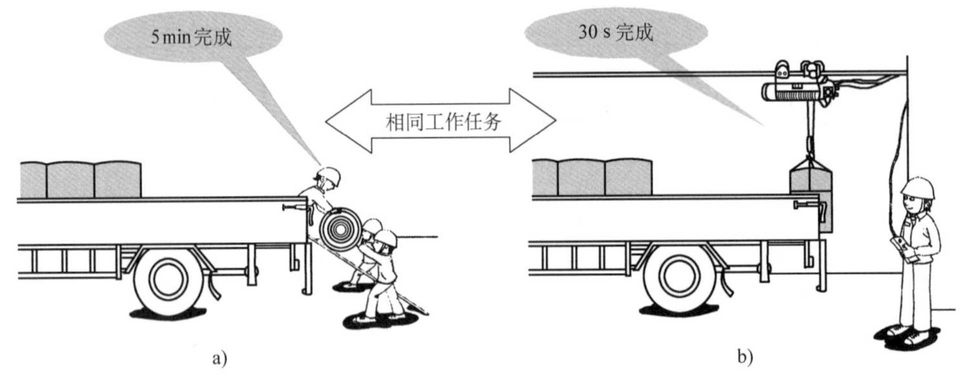

图 1-3-2　人力做功和电流做功

a）搬运工搬物消耗的是体能　b）电动葫芦搬物消耗的是电能

单位时间内电流所做的功称为**电功率**，它表示电流做功的快慢（或是消耗电能的快慢），用字母 P 表示，单位为瓦（W）。通过上面的实验可知灯泡的亮度与流过它的电流 I 的大小以及灯泡两端的电压 U 的高低相关，单位时间内电流在灯泡上所做的功应为电流和电压的乘积，即

$$P=UI=I^2R=\frac{U^2}{R}$$

常用的电功率单位除了瓦以外，还有兆瓦（MW）、千瓦（kW）和毫瓦（mW），它们

之间的换算关系为

$$1\ \mathrm{MW} = 1\ 000\ \mathrm{kW}$$

$$1\ \mathrm{kW} = 1\ 000\ \mathrm{W}$$

$$1\ \mathrm{W} = 1\ 000\ \mathrm{mW}$$

【例 1-2】 现有一标有“220 V/40 W”的白炽灯泡，求它正常工作时的电流值。

解：$I=\dfrac{P}{U}=\dfrac{40}{220}\ \mathrm{A}\approx 0.18\ \mathrm{A}$

二、电功

电功率只表示消耗电能的快慢，而消耗电能的多少不仅取决于电功率的大小，还与工作的时间长短有关。电功表示的是负载在一段时间内所消耗电能的总量，即

$$W = Pt = UIt$$

式中，W 是电功，单位是焦耳（J）；P 是功率，单位是瓦（W）；t 是时间，单位是秒（s）。在实际工作中，电功的单位常用**千瓦时**（kW · h）来表示，也就是平常所说的“**度**”。

$$1\ 度 = 1\ \mathrm{kW \cdot h} = 3.6 \times 10^{6}\ \mathrm{J}$$

电功的大小用电能表（图 1-3-3）来测量。

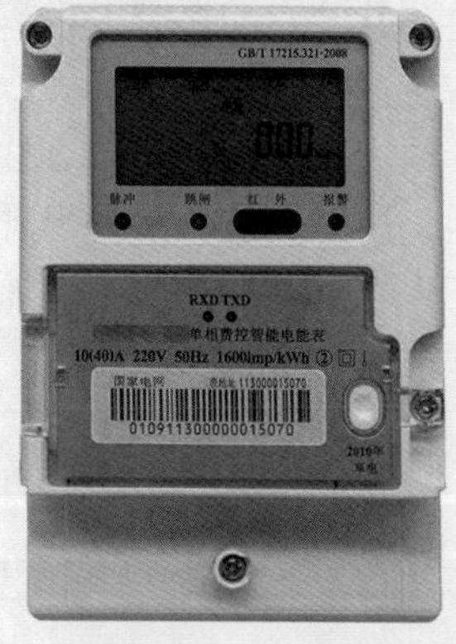

图 1-3-3　电能表

【例 1-3】 若一台功率为 2 kW 的电暖气，每天工作 8 h，则一个月（按 30 天算）要用多少度电？

解：电暖气每天的用电量为

$$W_1 = Pt = 2\ \mathrm{kW} \times 8\ \mathrm{h} = 16\ \mathrm{kW \cdot h} = 16\ 度$$

电暖气一个月的用电量为

$$W = 30W_1 = 30\times 16\ 度 = 480\ 度$$

三、电流的热效应

通过前面的实验和生活经验可知，灯泡点亮后除了发光，还会发热。电流通过电阻时使电阻发热的现象称为**电流的热效应**。换句话说，电流的热效应就是电能转换为热能的现象。

电流通过电阻后所产生的热量与电流的平方、电阻的大小及通电的时间成正比，这就是**焦耳定律**。电能转换为热能的关系可用下式表示：

$$Q = I^2Rt$$

式中，Q 是电阻上产生的热量，单位是 J；I 是导体中通过的电流，单位是 A；R 是导体的电阻，单位是 Ω；t 是电流通过导体的时间，单位是 s。

【例 1-4】 已知一台电热水器接在电压为 220 V 的电源上，通过电热水器的电流为 5 A。试求通电 1 h 所产生的热量。

解： 电热水器通电 1 h 产生的热量为

$$Q = I^2Rt = UIt = 220\times5\times60\times60\ \text{J} = 3\ 960\ 000\ \text{J} = 3.96\times10^6\ \text{J}$$

四、负载的额定参数

为保证电气元件和电气设备能够长期安全地工作，实际中都应限制它们的最高工作温度。电气元件和电气设备的工作温度主要取决于发热量，而发热量又与电流、电压或功率有关。因此，通常把电气元件和电气设备能长期安全工作所允许的最大电流、最大电压和最大功率分别称为额定电流、额定电压和额定功率，并将它们标在显著的位置。如灯泡上标有“220 V/40 W”，电阻上标有“100 Ω/2 W”等，这就是它们的额定值。电气设备如电动机、电热水器的额定值通常标在其外壳的铭牌上，故其额定值也称**铭牌数据**。

电气设备或电气元件在额定功率下的工作状态称为**额定工作状态**，也称**满载**；低于额定功率的工作状态称为**轻载**；高于额定功率的工作状态称为**过载**或**超载**。过载会使发热量过大，时间长了可能会烧坏用电器，所以一般不允许出现长时间的过载。

【例 1-5】 额定值为 100 Ω/1 W 的电阻，两端允许加的最大直流电压为多少？此时流过电阻的直流电流是多少？

解： 根据 $P=\frac{U^2}{R}$ 可得，电阻两端允许加的最大直流电压为

$$U = \sqrt{PR} = \sqrt{1\times100}\ \text{V} = 10\ \text{V}$$

此时，流过电阻的直流电流为

$$I = \frac{P}{U} = \frac{1}{10}\ \text{A} = 0.1\ \text{A}$$

图 1-3-4 所示为某电热水器的部分铭牌数据。通过铭牌上的数据可以知道这台电热水器的额定电压是交流 220 V，在此电压下工作时它的电功率为 2 kW（额定功率），通过计算可以得到它的额定电流是 9.09 A。

型号	C-20	额定功率	2000W
额定电压	AC 220V	额定频率	50Hz

图 1-3-4　某电热水器的部分铭牌数据

值得注意的是，由于实际电网的电压并不是稳定不变的，因此当电源电压发生改变

时，用电器的功率往往随之发生变化。例如，当电源电压低于 220 V 时，上述电热水器的实际电功率也会低于 2 kW。

任务 2　仿真验证最大功率传输条件

学习目标

1. 熟悉 EWB 仿真软件的工作界面和基本操作。
2. 熟悉 EWB 仿真软件常用元器件库和常用元器件参数设置方法。
3. 掌握常用虚拟仪表的使用方法。
4. 掌握最大功率传输条件。
5. 能用 EWB 仿真软件验证最大功率传输条件。

工作任务

在前面的学习过程中，在实验室内使用真实的元器件和仪表完成了许多实验。随着信息技术的发展，为了经济高效地验证电路原理等，常借助 EWB 等仿真软件在虚拟环境中选择实验器材和实验仪表，并在计算机上完成实验电路的连接，用虚拟仪表测量所需的各种实验数据。

本任务的内容是在熟悉 EWB 仿真软件的工作界面、基本操作的基础上，对电路进行仿真，并验证最大功率传输条件。

相关知识

一、负载获得最大功率的条件

图 1-3-5 所示电路中，由于电源内阻的存在，电源提供的总功率 $P_{总}$ 分成电源内阻上消耗的功率 $P_{内}$ 和负载 RP 上消耗的功率 $P_{外}$ 两部分，并且 $P_{总} = P_{内} + P_{外}$。

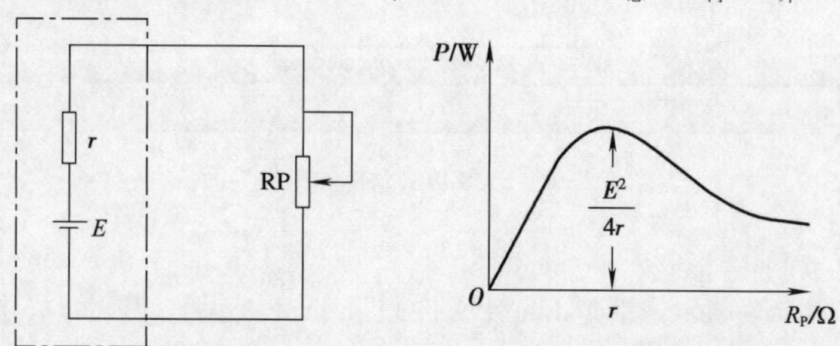

图 1-3-5　负载获得最大功率的条件

如果期望在 RP 上得到最大功率，RP 的阻值应当调整到多少呢？假设当 RP 调整为 R 时可以获得最大功率。根据以前学过的知识，可推导如下：

$$P = I^2R = \left(\frac{E}{R+r}\right)^2 \times R = \frac{E^2R}{R^2+2Rr+r^2} = \frac{E^2R}{R^2-2Rr+r^2+4Rr}$$

$$= \frac{E^2R}{(R-r)^2+4Rr} = \frac{E^2}{\frac{(R-r)^2}{R}+4r}$$

在上式中，一般认为电源电动势 E 和电源内阻 r 是不随负载 RP 的阻值变化而变化的，因此只有当上式中的分母最小时，即只有当 $R=r$ 时，负载才能得到最大的功率。可见，负载获得最大功率的条件是负载电阻等于电源内阻，即 $R=r$。此时，负载获得的最大功率为

$$P_{\rm m} = \frac{E^2}{4R} = \frac{E^2}{4r}$$

当负载获得最大功率时，负载和电源内阻上消耗的功率相等，电源提供的功率有 50% 消耗在其内阻上，显然这种情况下电能的利用率也只有 50%。电源内阻和负载电阻相等，即 $R=r$，也被称为**阻抗匹配**。

二、EWB 仿真软件的工作界面

EWB 仿真软件的工作界面如图 1-3-6 所示。其由菜单栏、工具栏、元器件栏、电路工作区、仿真电源开关和暂停/恢复开关等组成。

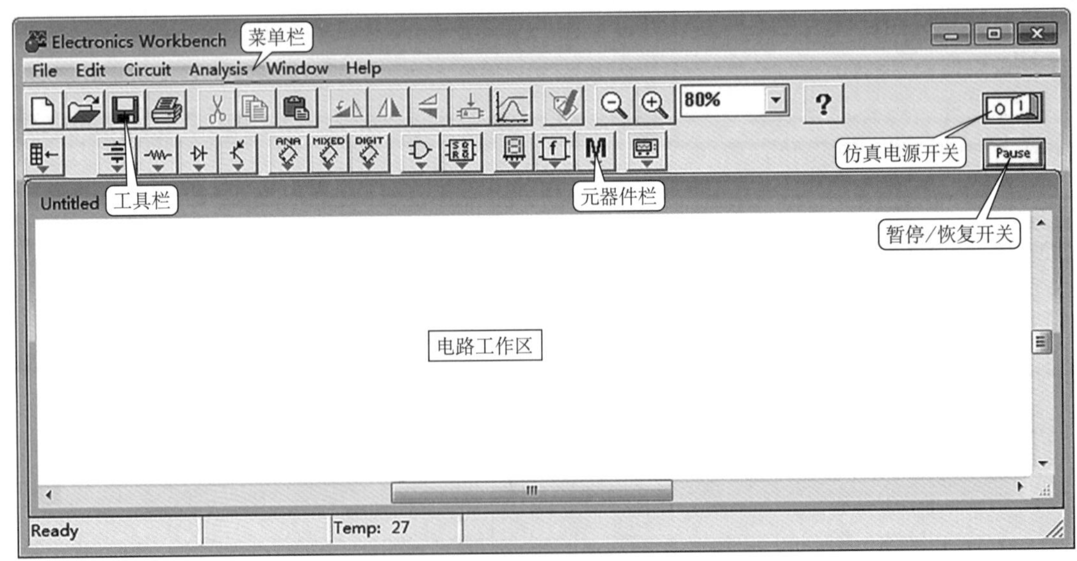

图 1-3-6　EWB 仿真软件的工作界面

1. 菜单栏

菜单栏中有六个菜单，分别是 File（文件）、Edit（编辑）、Circuit（电路）、Analysis（分析）、Window（窗口）、Help（帮助）。每个菜单的下拉菜单中都包含若干条命令。

2. 工具栏

工具栏提供基本功能的快捷按钮，如图 1-3-7 所示。

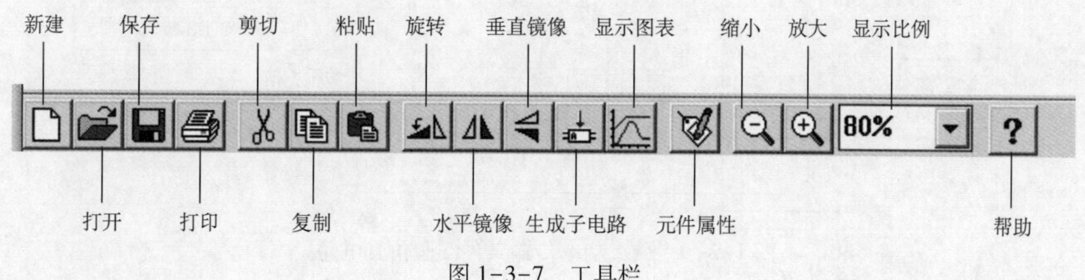

图 1-3-7　工具栏

3. 元器件栏

元器件栏中不同的按钮可以打开不同的元器件库，如图 1-3-8 所示。EWB 仿真软件提供的元器件库有自定义库、电源库、基本元件库、二极管库、晶体管库、模拟集成电路库、混合集成电路库、数字集成电路库、逻辑门电路库、数字器件库、指示器件库、控制器件库、其他器件库和仪器库。

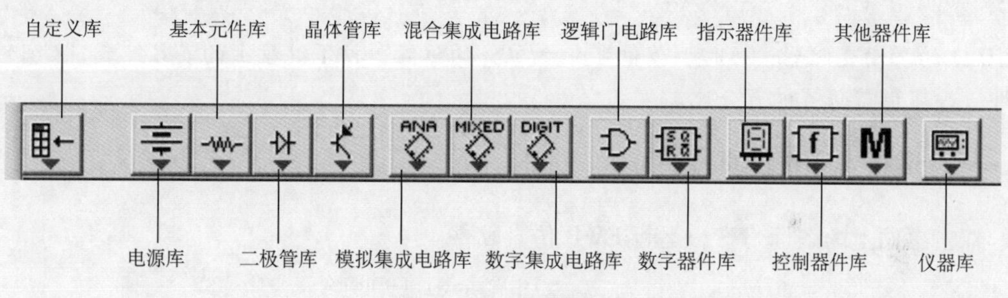

图 1-3-8　元器件栏

4. 电路工作区

电路工作区是工作界面的中心区域，它就像实验室的工作平台。可以将元器件栏中的各种元器件和测试仪器仪表移到工作区，在工作区中搭接设计电路。当连接好测试仪器仪表后，单击仿真电源开关，就可以对电路进行仿真测试。打开测试仪器仪表，可以观察测试结果；再次单击仿真电源开关，则可以停止对电路的仿真测试。

5. 仿真电源开关

仿真电源开关用于启动和关闭电子电路的仿真运行。

6. 暂停/恢复开关

暂停/恢复开关用于仿真运行过程中的暂停和恢复操作。

任务实施

在 EWB 仿真软件中搭建图 1-3-9 所示最大功率传输条件实验仿真电路，并对电路进行仿真分析。

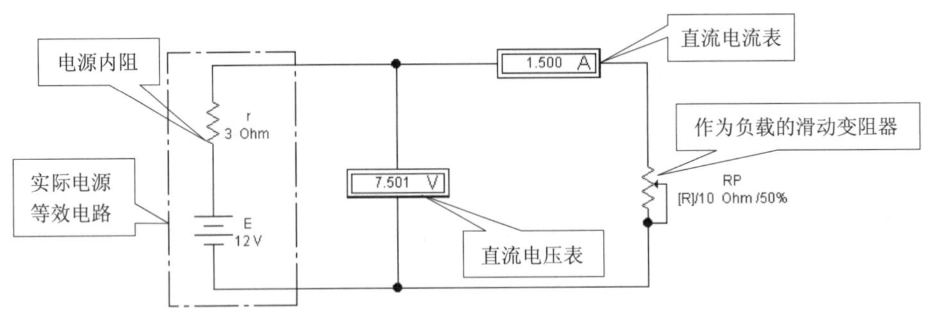

图 1-3-9　最大功率传输条件实验仿真电路

在 EWB 仿真软件中，电阻和滑动变阻器等元器件的图形符号以及电阻单位等与国家标准有所不同。例如，“1 k Ohm”表示阻值为 1 kΩ 的电阻；“[R]/10 Ohm /50%”表示阻值为 10 Ω 的滑动变阻器，此时调节位置处于 50%的位置，按下键盘上的“R”或“Ctrl+R”键即可改变调节位置的百分比。

一、运行 EWB 仿真软件

双击桌面上的图标，运行 EWB 仿真软件。

二、放置元器件

单击元器件栏中的电源库按钮，打开电源库（图 1-3-10），在库中用鼠标选择电池后拖至电路工作区中。单击元器件栏中的基本元件库按钮，打开基本元件库（图 1-3-11），在库中选择所需的电阻、滑动变阻器等元件，用鼠标拖至电路工作区中。单击元器件栏中的指示器件库按钮，打开指示器件库（图 1-3-12），在库中选择电压表和电流表后用鼠标拖至电路工作区中。放置好的元器件如图 1-3-13 所示。

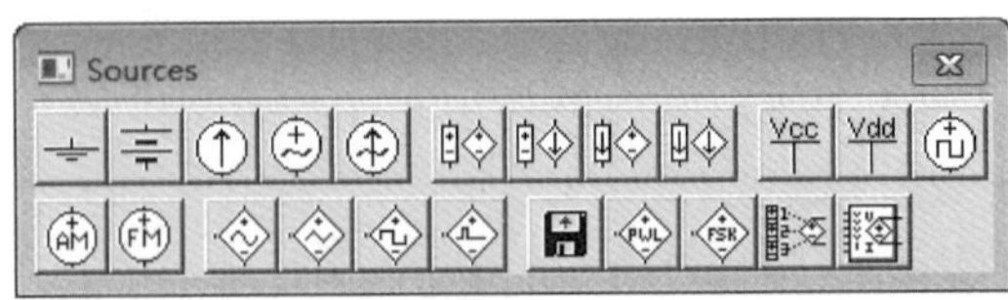

图 1-3-10　电源库

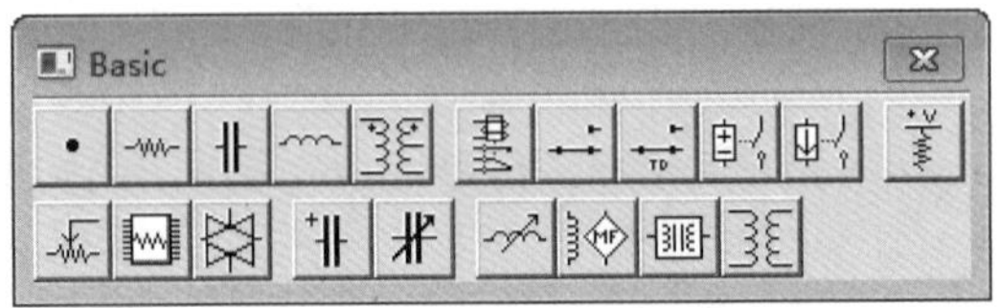

图 1-3-11　基本元件库

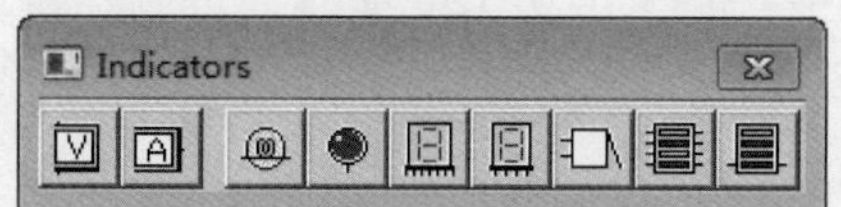

图 1-3-12 指示器件库

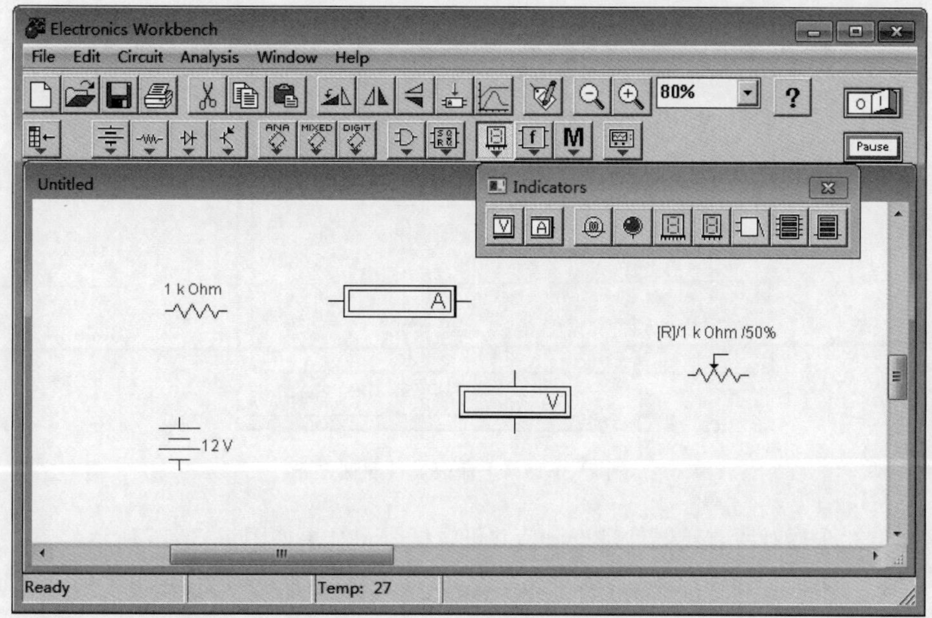

图 1-3-13 放置好的元器件

三、对元器件进行赋值并设置标号

逐一对放置到电路工作区的元器件进行赋值（确定元器件的额定值以及类型等）。用鼠标双击电路工作区中的电阻，在打开的电阻属性对话框（图 1-3-14）中对电阻进行赋值和设置标号等操作。

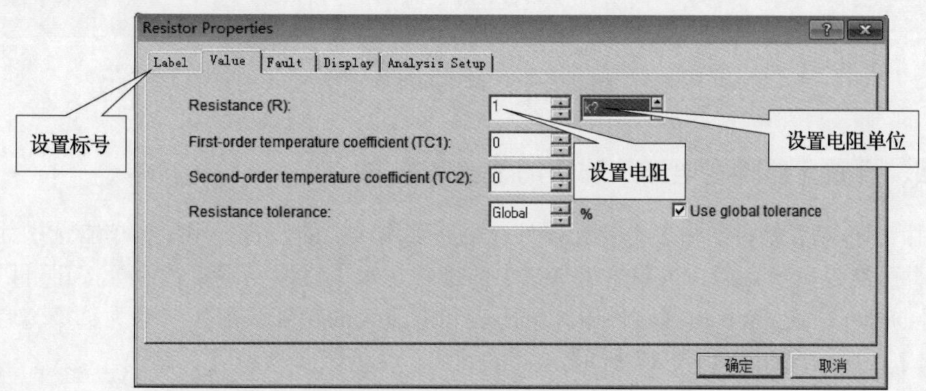

图 1-3-14 电阻属性对话框

双击电路工作区中电流表，打开电流表属性对话框，如图 1-3-15 所示，可以在此对话框内设置电流表的相关属性。

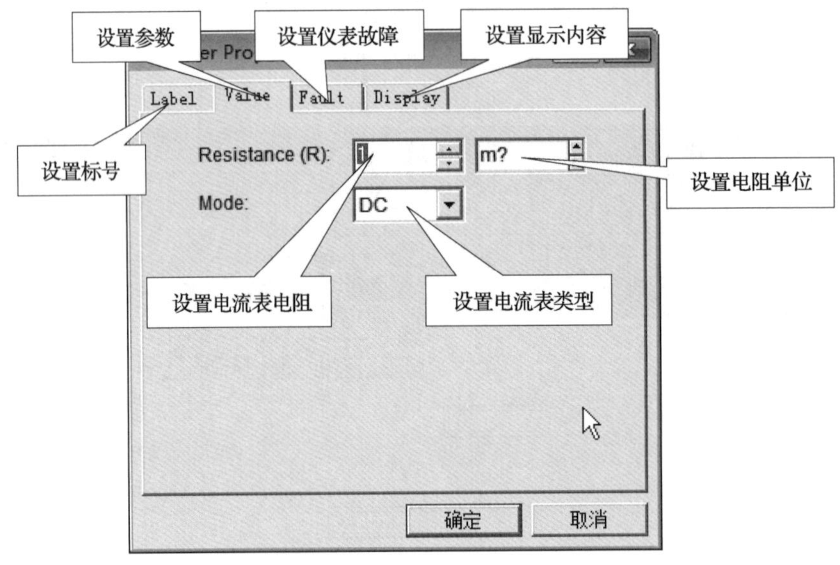

图 1-3-15　电流表属性对话框

按照上述步骤对所有元器件进行赋值并设置标号，结果如图 1-3-16 所示。

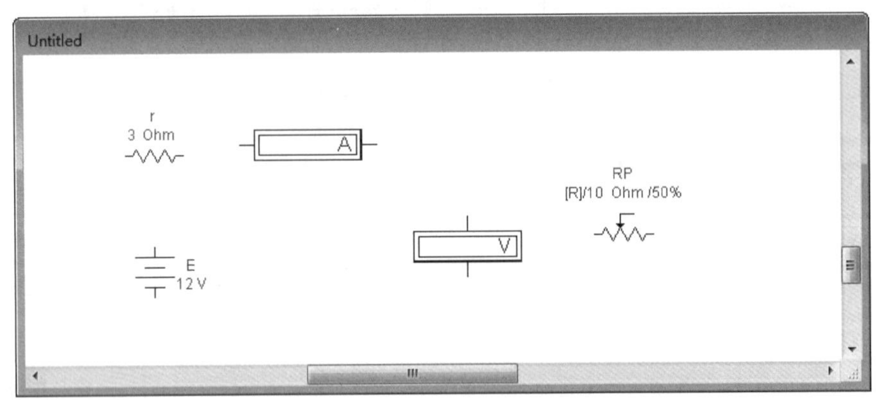

图 1-3-16　赋值并设置标号

四、调整元器件在电路工作区的位置和方向

用鼠标拖动元器件，可以调整元器件在电路工作区中的位置；用鼠标单击选中元器件（元器件呈红色显示）后，再单击工具栏中的旋转、水平镜像、垂直镜像等按钮可以调整元器件的方向。在 EWB 仿真软件中，电压表和电流表的轮廓线加粗一侧为负极。调整后的电路工作区情况如图 1-3-17 所示。

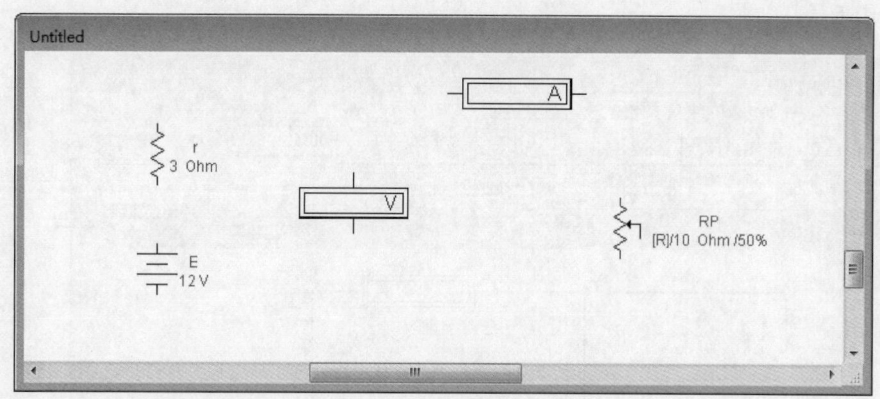

图 1-3-17　调整后的电路工作区情况

五、连接电路

当将光标指向某元器件的连接点时，在连接点处会出现一个小黑点，按住鼠标左键，移动鼠标会带出一条连线，使光标指向另一个元器件的连接点，在该连接点处会出现另一个小黑点，此时松开鼠标，这两个元器件对应的连接点就会连接在一起。如果从一个元器件的端点开始进行连线，在接近另外一条连线时松开鼠标，那么新的连线会与已有的连线连接到一起。

当光标指向连线时，按住鼠标左键，移动鼠标，可以调整连线的位置；当光标指向连线的一个端点并出现小黑点时，按住鼠标左键，移动鼠标，可以删除该连线；在元器件或导线上单击鼠标右键，然后在弹出的菜单中选择“Delete”，可以将其删除。

连线后的电路工作区情况如图 1-3-18 所示。

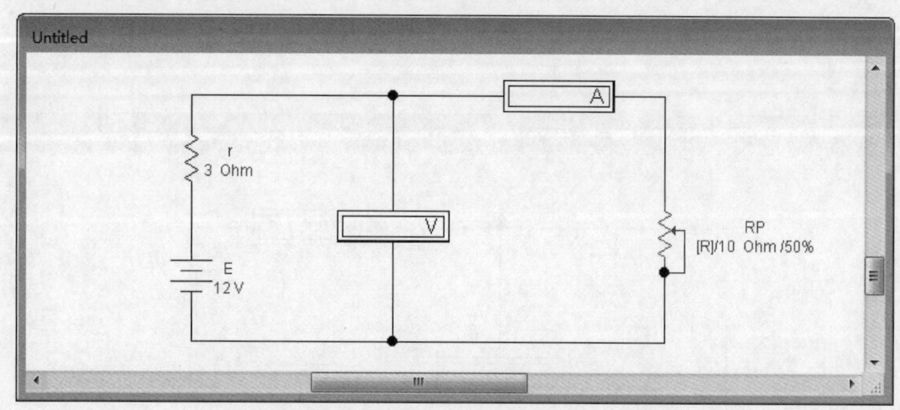

图 1-3-18　连线后的电路工作区情况

六、运行电路并观察仿真结果

单击仿真电源开关，电路开始运行。此时，可以看到电路中所接仪表的指示值，如

图 1-3-19 所示。

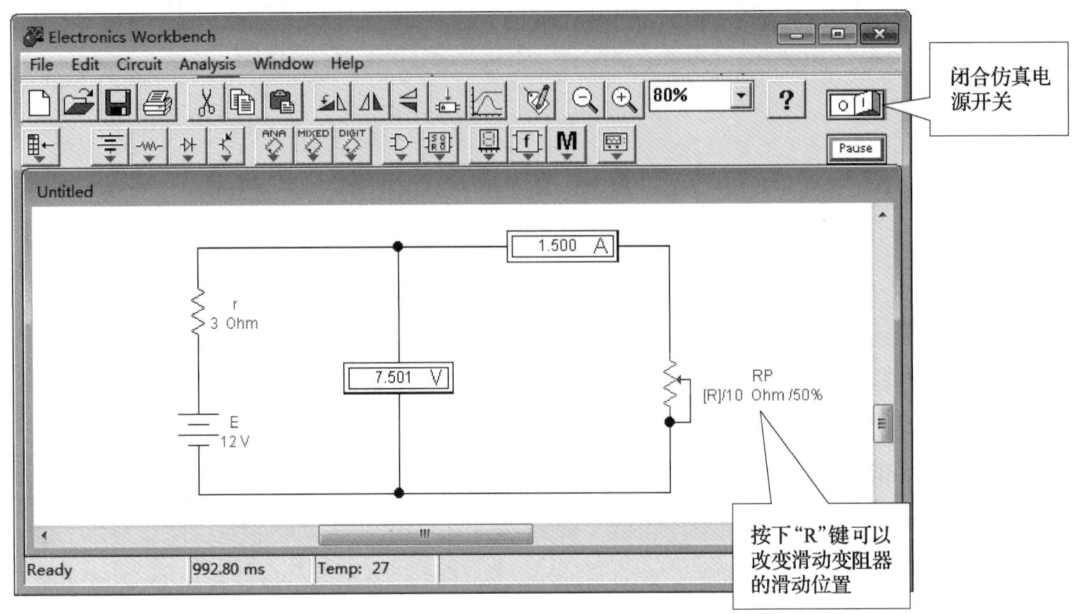

图 1-3-19　观察仿真结果

七、改变滑动变阻器的滑动位置并计算负载上的功率

按下键盘上的“R”或“Ctrl+R”键可以改变滑动变阻器调节位置的百分比，每次调节的变化范围为±5%。调节滑动变阻器位置，并根据电压表和电流表的指示值计算当前负载上的功率。在整个调节过程中，当指示 30%位置时，负载电阻为 3 Ω，电流表指示 2 A，电压表指示 6 V，负载上的功率最大，达到 12 W。此时，电路工作区情况如图 1-3-20 所示。

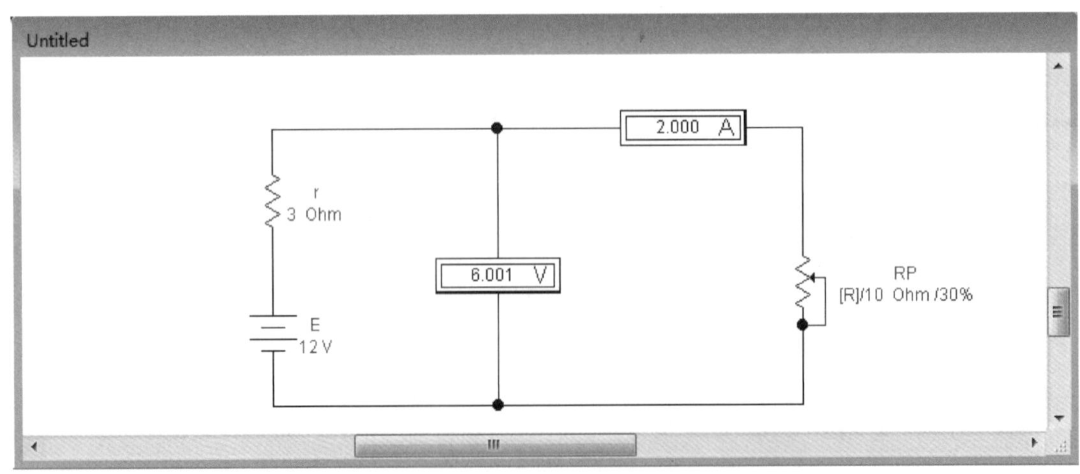

图 1-3-20　负载上功率最大时的电路工作区情况

八、保存仿真电路文件

单击“File”菜单中的“Save As...”选项，则可以把建立的仿真电路文件保存到指定的文件夹中，如图 1-3-21 所示。

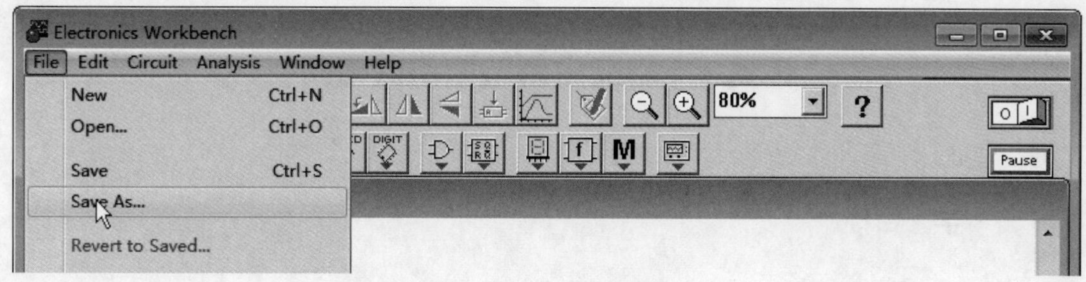

图 1-3-21 保存仿真电路文件

思考与练习

1. 一只 220 V/40 W 的灯泡，正常发光时通过的电流为多少？灯丝的电阻为多大？如果把它接到 110 V 的电源上，它实际消耗的功率是变大还是变小？

2. 某蓄电池的电动势为 12 V，内阻为 1 Ω，外接 9 Ω 的负载电阻，求该蓄电池产生的功率、内部损耗的功率和负载取用的功率。

3. 图 1-3-22 所示为电饭锅电路原理图，R1 是一个普通电阻，R2 是加热用的电阻丝。电饭锅工作时有两种状态：一种是锅内水烧开前的加热状态；另一种是水烧开后的保温状态。试回答下列问题。

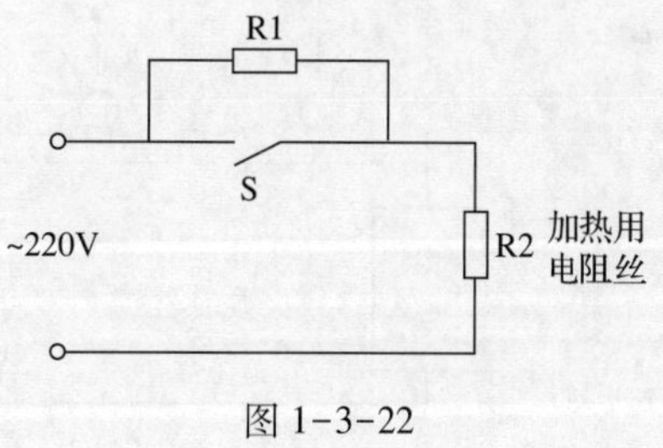

图 1-3-22

(1) 当自动开关 S 接通或断开时，电饭锅分别处于哪种状态？说明理由。

(2) 如果 $R_1:R_2=1:1$，则加热状态下的功率为保温状态时的多少倍？

4. 下列说法对吗？为什么？

(1) 只有当电源的内阻为零时，电源端电压才可能等于电源电动势。

(2) 当电路开路时，电源电动势的大小就等于电源端电压。

(3) 在通路状态下，若负载电阻变大，则端电压将下降。

(4) 在短路状态下，内电路的电压降等于零。

(5) 把 220 V/40 W 的灯泡接在 110 V 电压上时，功率还是 40 W。

(6) 在电源电压一定的情况下，电阻大的负载就是大负载。

5. 用 EWB 仿真软件验证全电路欧姆定律。

6. 在实验室中完成最大功率传输条件的实物实验并与仿真实验结果相对照。

课题四　电阻的连接

任务 1　测量分析电阻串联电路

学习目标

1. 能连接、测量和分析电阻串联电路。
2. 掌握电阻串联电路中的电流、电压和总电阻的关系。
3. 掌握电阻串联电路的应用。

工作任务

有一种装饰用的小彩灯电路（图 1-4-1），它是将许多灯泡依次连接在电路里。所有灯泡只能一起亮，只要其中有一只灯泡熄灭，灯泡就全部熄灭。像这样把多个元件逐个顺次连接起来就组成了串联电路。

图 1-4-1　串联而成的装饰小彩灯电路

本任务的内容是连接并测量电阻串联电路的电流、电压和电阻，分析实验数据从而得到电阻串联电路中的电流、电压和总电阻之间的关系。

任务实施

一、任务准备

实施本任务所需要的实验设备、工具及材料见表 1-4-1。

表 1-4-1 实验设备、工具及材料

序号	名称	型号规格	数量	单位	备注
1	电工常用工具		1	套	
2	万用表	DT-9205B 或自定	3	块	或电流表、电压表各 3 块
3	直流稳压电源	1 A/5 V	1	台	
4	单刀单掷开关		1	个	
5	色环电阻	10 Ω/3 W，1%	1	个	
6	色环电阻	15 Ω/3 W，1%	1	个	
7	色环电阻	20 Ω/3 W，1%	1	个	
8	导线		若干	m	

二、测量电阻串联电路的电流

两个或两个以上电阻顺次首尾连接，组成的无分支电路称为电阻**串联电路**。图 1-4-2a 所示为电阻串联电路，图 1-4-2b 所示电路是图 1-4-2a 的等效电路。

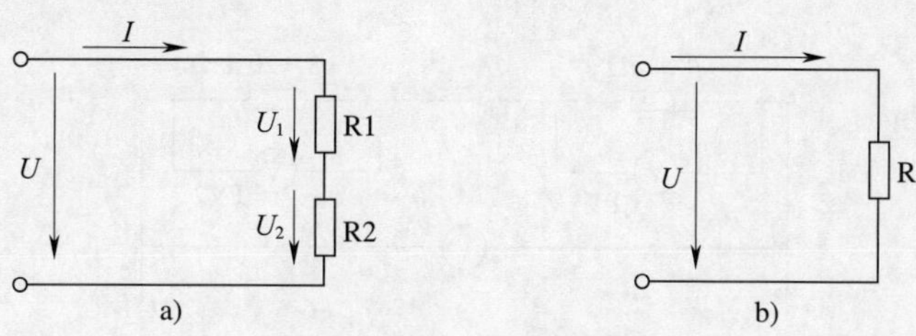

图 1-4-2 电阻的串联
a）电阻串联电路 b）等效电路

1. 连接电路

（1）按照图 1-4-3 准备并检查所需设备及器材，确保良好。

（2）用导线依次连接电路。

（3）检查电路连接的正确性。

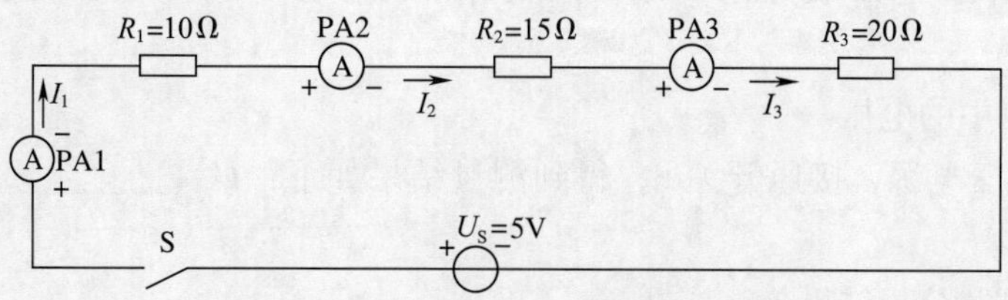

图 1-4-3 测量电阻串联电路的电流

图 1-4-3 中的电流表可以用万用表代替，代替电流表的万用表量程应置于直流 200 mA 挡。

2. 测量电路中的电流

打开直流稳压电源，接通开关 S，得到测量结果如下：I_1 = ________，I_2 = ________，I_3 = ________。

3. 结束测量并分析结果

（1）断开开关，关闭直流稳压电源，拆除电路中的导线。

（2）通过实验测量数据可知 I_1、I_2、I_3 之间的关系为________________。

三、测量电阻串联电路的电压

1. 连接电路

（1）按照图 1-4-4 准备并检查所需设备及器材，确保良好。

（2）用导线依次连接电路。

（3）检查电路连接的正确性。

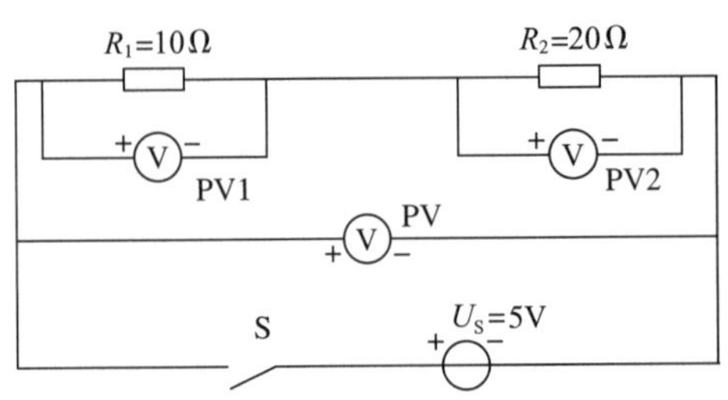

图 1-4-4　测量电阻串联电路的电压

图 1-4-4 中的电压表可以用万用表代替，代替电压表的万用表量程应置于直流 20 V 挡。

2. 测量电路中的电压

打开直流稳压电源，接通开关 S，得到测量结果如下：U = ________，U_1 = ________，U_2 = ________。

3. 结束测量并分析结果

（1）断开开关，关闭直流稳压电源，拆除电路中的导线。

（2）通过实验测量数据可知 U、U_1、U_2 之间的关系为________________。

四、测量电阻串联电路的电阻

1. 连接电路

（1）按照图 1-4-5 准备并检查所需设备及器材，确保良好。

（2）用导线依次连接电路。

（3）检查电路连接的正确性。

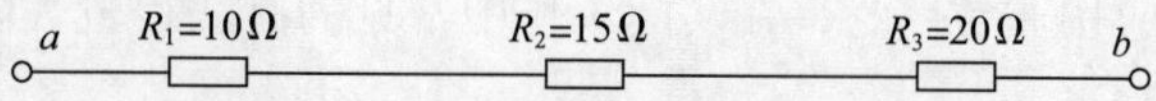

a　$R_1=10\Omega$　$R_2=15\Omega$　$R_3=20\Omega$　b

图 1-4-5　测量电阻串联电路的电阻

2. 测量串联电路的电阻

用万用表测量电路中各电阻阻值以及 a、b 点间的总电阻，得到测量结果如下：$R_1=$ ________，$R_2=$ ________，$R_3=$ ________，总电阻 $R=$ ________。

在测量过程中，手指不要同时接触两支表笔的导电部位，以免引入人体电阻，影响测量结果的准确度。

3. 分析测量结果并整理现场

（1）通过分析测量结果可知，R_1、R_2、R_3 与串联后的总电阻 R 的关系为 ________________________________。

（2）拆除电路中的导线。

（3）整理实验器材与工具，清洁实验环境。

知识延伸

一、电阻串联电路的特点

通过对上面实验所得数据的进一步分析，可以归纳出电阻串联电路的特点：

1. 电阻串联电路中各处电流都相等，即

$$I = I_1 = I_2 = I_3 = \cdots = I_n$$

2. 电阻串联电路两端的总电压等于各个电阻两端电压之和，即

$$U = U_1 + U_2 + U_3 + \cdots + U_n$$

3. 电阻串联电路的总电阻（等效电阻）等于各串联电阻之和，即

$$R = R_1 + R_2 + R_3 + \cdots + R_n$$

4. 电阻串联电路中各电阻上分配的电压与它的阻值成正比，即

$$U_n = IR_n$$

因为电阻串联电路中，流过每个电阻的电流都相等，所以阻值越大的电阻分得的电压越大，阻值越小的电阻分得的电压越小。

$$U_n = \frac{R_n}{R}U$$

上式称为分压公式，其中$\frac{R_n}{R}$称为分压比。

二、电阻串联电路的应用

电阻串联电路的应用非常广泛，在实际工作中常见的有获得较大阻值的电阻、分压作用以及限流作用等。

1. 电阻串联可以获得较大阻值的电阻

在维修工作中发现一个 330 Ω 电阻损坏，但是现场没有这种规格的电阻，只有 110 Ω 和 220 Ω 电阻若干，此时将 110 Ω 和 220 Ω 电阻各一个进行串联即可得到 330 Ω 电阻。

2. 电阻串联具有分压作用

电阻流过电流要产生电压降，承担了电路一部分电压，利用该原理可以做成电阻分压器，如图 1-4-6 所示；也可以给只能测量小电流的表头串联一个适当阻值的电阻，得到一定量程的电压表，如图 1-4-7 所示。

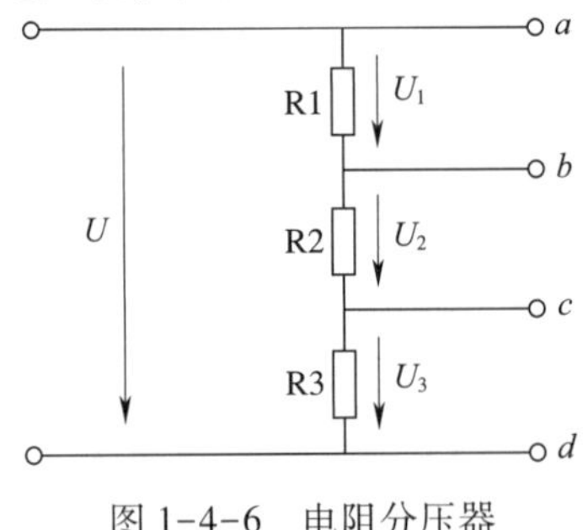

图 1-4-6　电阻分压器

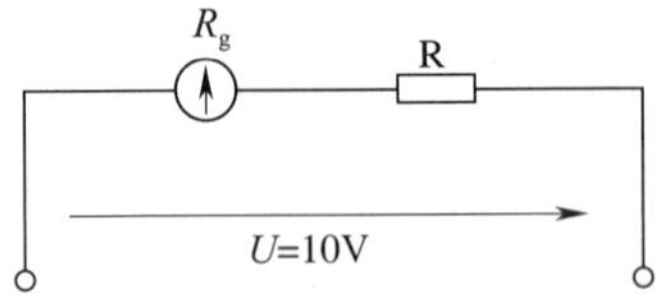

图 1-4-7　扩大电压表量程

3. 电阻串联具有限流作用

如果在电路中串联一个电阻，那么电路的等效电阻就要增大，在电源电压不变的情况下，电路中的电流会减小，所以串联电阻可以起到限流作用。

【例 1-6】 在图 1-4-6 所示电路中，$U = 300$ V，$R_1 = 150$ kΩ，$R_2 = 100$ kΩ，$R_3 = 50$ kΩ，求电压 U_{cd}、U_{bd}。

解： 分析可知，这是一个由 R1、R2、R3 三个电阻组成的串联电路，利用串联电阻的分压公式可以求出不同电阻两端的电压。

（1）求 U_{cd}。

$$U_{cd} = U_{R3} = \frac{R_3}{R}U = \frac{R_3}{R_1 + R_2 + R_3}U = \frac{50}{150 + 100 + 50} \times 300\ \text{V} = 50\ \text{V}$$

（2）求 U_{bd}。可将 R2 和 R3 视为一个电阻。

$$U_{bd} = U_{R2} + U_{R3} = \frac{R_2 + R_3}{R}U = \frac{R_2 + R_3}{R_1 + R_2 + R_3}U = \frac{100 + 50}{150 + 100 + 50} \times 300\ \text{V} = 150\ \text{V}$$

【例 1-7】 现有一个表头，它的满刻度电流（允许通过的最大电流）I_g 为 50 μA，内

阻 R_g 为 3 kΩ，若要改装成量程（即测量范围）为 10 V 的电压表使用，如图 1-4-7 所示，应该串联多大的分压电阻？

解：表头两端的最大允许电压为

$$U_g = I_g R_g = 50 \times 10^{-6} \times 3 \times 10^3 \text{ V} = 0.15 \text{ V}$$

串联分压电阻上的电压为

$$U_R = U - U_g = 10 \text{ V} - 0.15 \text{ V} = 9.85 \text{ V}$$

分压电阻为

$$R = \frac{U_R}{I_g} = \frac{9.85 \text{ V}}{50 \times 10^{-6} \text{ A}} = 197 \text{ k}\Omega$$

因此，表头要串联 197 kΩ 电阻，才能测量 10 V 以下电压。

任务 2　测量分析电阻并联电路

学习目标

1. 能连接、测量和分析电阻并联电路。
2. 掌握电阻并联电路中的电流、电压和总电阻的关系。
3. 掌握电阻并联电路的应用。

工作任务

家庭中使用的电灯、电风扇、电视机、电冰箱、洗衣机等家用电器，都是并列地连接在电路中，并各自安装一个开关，它们可以分别控制，互不影响，如图 1-4-8 所示。像这样把多个元件并列地连接起来，由同一电压供电，就组成了**并联电路**。

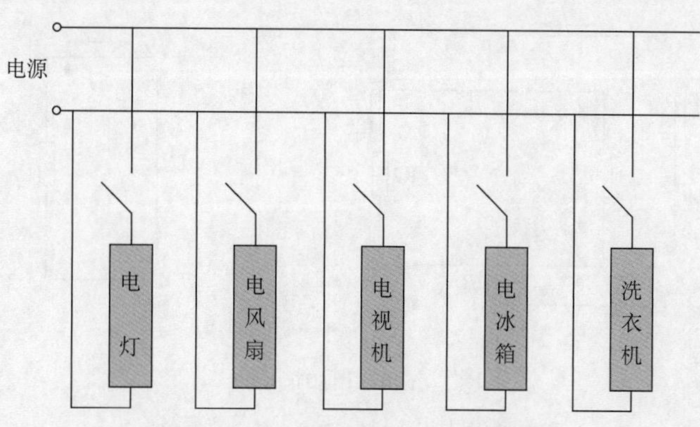

图 1-4-8　家用电器的连接方式

本任务的内容是连接并测量电阻并联电路的电流、电压和电阻，通过分析实验数据得到电阻并联电路中的电流、电压和总电阻之间的关系。

任务实施

一、任务准备

实施本任务所需要的实验设备、工具及材料见表1-4-2。

表1-4-2　实验设备、工具及材料

序号	名称	型号规格	数量	单位	备注
1	电工常用工具		1	套	
2	万用表	DT-9205B或自定	3	块	或电流表、电压表各3块
3	直流稳压电源	1 A/5 V	1	台	
4	单刀单掷开关		1	个	
5	色环电阻	100 Ω/3 W，1%	1	个	
6	色环电阻	300 Ω/3 W，1%	1	个	
7	导线		若干	m	

二、测量电阻并联电路的电流

两个或两个以上电阻的一端连接在电路中的一个点上，另一端连接在另一个点上，这种连接方式称为电阻的并联。图1-4-9a所示为两个电阻的并联电路，图1-4-9b所示为该电路的等效电路。

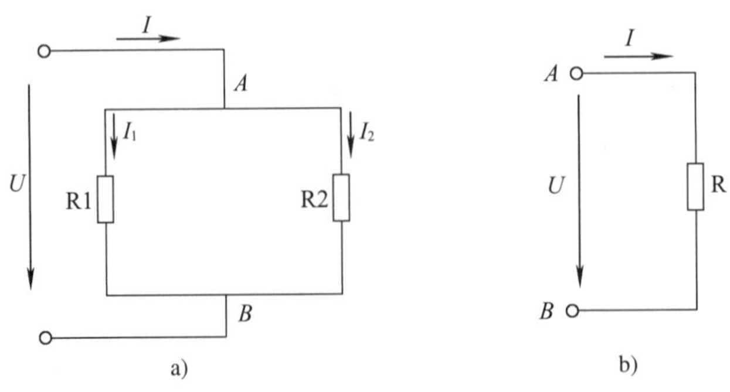

图1-4-9　电阻的并联

a）两个电阻的并联电路　b）等效电路

1. 连接电路

（1）按照图 1-4-10 准备并检查所需设备及器材，确保良好。

（2）用导线依次连接电路。

（3）检查电路连接的正确性。

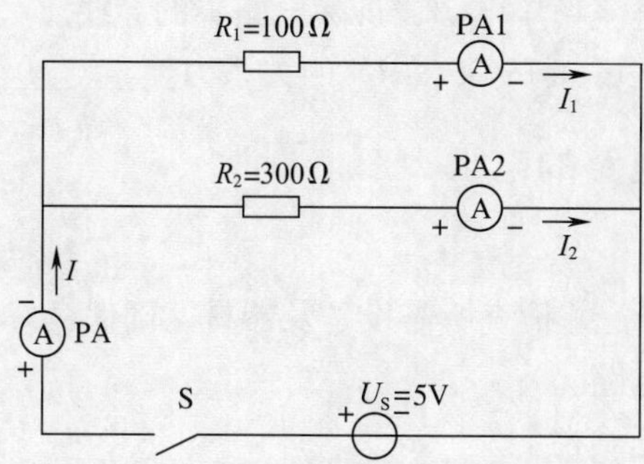

图 1-4-10　测量电阻并联电路的电流

图 1-4-10 中的电流表可以用万用表代替，代替电流表的万用表量程应置于直流 200 mA 挡。

2. 测量电路中的电流

打开直流稳压电源，接通开关 S，得到测量结果如下：I=__________，I_1=__________，I_2=__________。

3. 结束测量并分析结果

（1）断开开关，关闭直流稳压电源，拆除电路中的导线。

（2）通过实验测量数据可知 I、I_1、I_2 的关系为______________。

三、测量电阻并联电路的电压

1. 连接电路

（1）按照图 1-4-11 准备并检查所需设备及器材，确保良好。

（2）用导线依次连接电路。

（3）检查电路连接的正确性。

图 1-4-11 中的电压表可以用万用表代替，代替电压表的万用表量程应置于直流 20 V 挡。

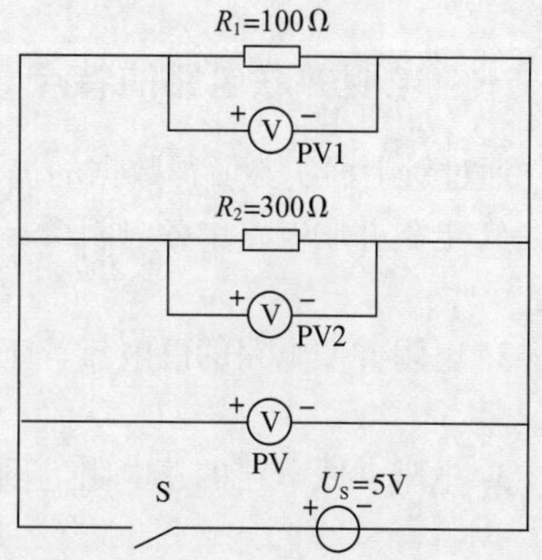

图 1-4-11　测量电阻并联电路的电压

2. 测量电路中的电压

打开直流稳压电源，接通开关 S，得到测量结果如下：U=________，U_1=________，U_2=________。

3. 结束测量并分析结果

（1）断开开关，关闭直流稳压电源，拆除电路中的导线。

（2）通过实验测量数据可知 U、U_1、U_2 的关系为________________。

四、测量电阻并联电路的电阻

1. 连接电路

（1）按照图 1-4-12 准备并检查所需设备及器材，确保良好。

（2）用导线依次连接电路。

（3）检查电路连接的正确性。

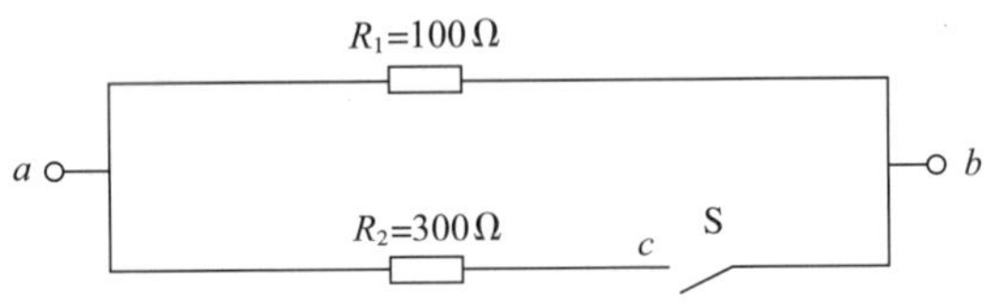

图 1-4-12　测量电阻并联电路的电阻

2. 测量电阻并联电路的电阻

在开关 S 处于断开状态时，分别测量 R1 和 R2 的阻值，得到测量结果为 R_1 = ________，R_2 = ________；合上开关 S 后，测量 a、b 点间的总电阻 R=________。

3. 分析测量结果并整理现场

（1）通过分析测量结果可知，R_1、R_2 与并联后的总电阻 R 的关系为________________。

（2）拆除电路中的导线。

（3）整理实验器材与工具，清洁实验环境。

知识延伸

一、电阻并联电路的特点

通过对上面实验所得数据的进一步分析，可以归纳出电阻并联电路的特点：

1. 电阻并联电路中各电阻两端的电压相等，即

$$U = U_1 = U_2 = \cdots = U_n$$

2. 电阻并联电路的总电流等于流过各电阻的电流之和，即

$$I = I_1 + I_2 + \cdots + I_n$$

3. 电阻并联电路的总电阻的倒数等于各并联电阻的倒数之和，即

$$\frac{1}{R} = \frac{1}{R_1} + \frac{1}{R_2} + \cdots + \frac{1}{R_n}$$

两个电阻并联时总电阻为

$$R=\frac{R_1\times R_2}{R_1+R_2}$$

在实际应用中，为了表示简便，在计算式中常用“//”表示并联关系，如上式可表示为

$$R = R_1 \mathbin{/\!/} R_2$$

4. 电阻并联电路中通过各支路的电流与支路的阻值成反比，即

$$IR = I_1R_1 = I_2R_2 = \cdots = I_nR_n$$

上式表明，阻值越大的电阻所分配的电流越小，反之电流越大。

若已知 R1 和 R2 两个电阻并联，且并联电路的总电流为 I，可得分流公式如图 1-4-13 所示。

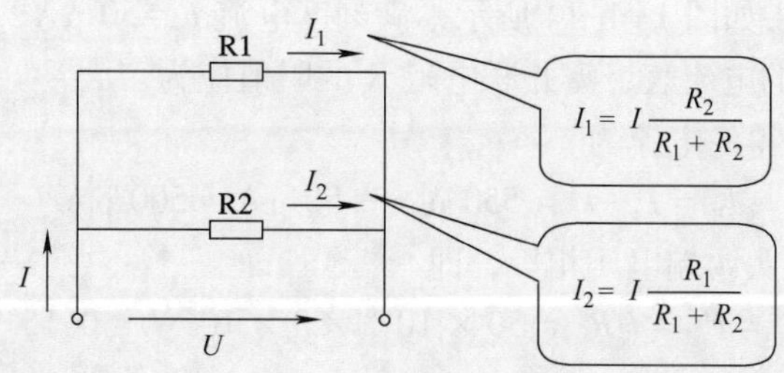

图 1-4-13　两个电阻并联电路

二、电阻并联电路的应用

电阻并联电路的应用非常广泛，在实际工作中常见的有获得较小阻值的电阻、分流作用等。

1. 电阻并联可以获得较小阻值的电阻

在只有 100 Ω 的电阻而急需 50 Ω 的电阻时，只需将两个 100 Ω 的电阻并联，就能得到一个 50 Ω 的电阻。

2. 电阻并联具有分流作用

在电工测量中，广泛使用并联电阻的方法来扩大电流表的量程。如图 1-4-14 所示，利用并联电阻可以分流的特点，可以在只能测量小电流的表头两端再并联一个适当阻值的电阻，就能实现扩大电流表量程的目的。

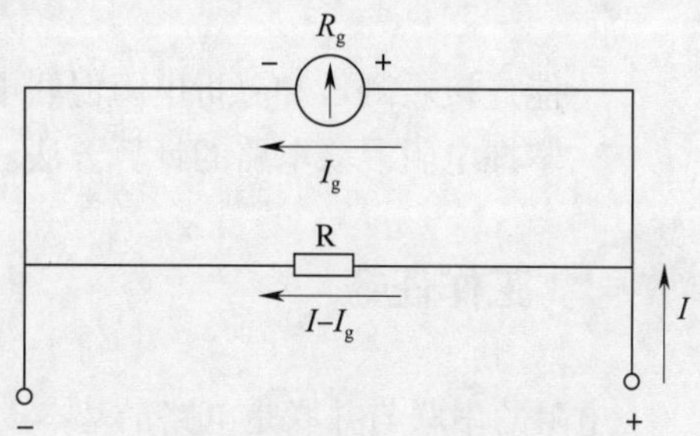

图 1-4-14　并联电阻扩大电流表量程

【例 1-8】 在图 1-4-13 所示两个电阻并联电路中，已知 $U = 24$ V，$R_1 = 12\ \Omega$，$R_2 = 6\ \Omega$，求等效电阻 R、总电流 I 以及各电阻上的电压和电流。

解： 等效电阻为

$$R=\frac{R_1\times R_2}{R_1+R_2}=\frac{12\times6}{12+6}\ \Omega=4\ \Omega$$

总电流为

$$I=\frac{U}{R}=\frac{24}{4}\ \text{A}=6\ \text{A}$$

各电阻上电压为

$$U_1=U_2=U=24\ \text{V}$$

各电阻上电流为

$$I_1=\frac{U_1}{R_1}=\frac{24}{12}\ \text{A}=2\ \text{A}$$

$$I_2=I-I_1=6\ \text{A}-2\ \text{A}=4\ \text{A}$$

【例 1-9】有一表头如图 1-4-14 所示，满刻度电流 $I_g=50\ \mu\text{A}$，内阻 $R_g=3\ \text{k}\Omega$，若要改装成量程为 550 μA 的电流表，需并联电阻 R 的阻值应为多大？

解：并联电阻上分得的电流为

$$I_R=I-I_g=550\ \mu\text{A}-50\ \mu\text{A}=500\ \mu\text{A}$$

电阻两端电压与表头两端电压相等，即

$$U_R=U_g=I_gR_g=50\times10^{-6}\times3\times10^{3}\ \text{V}=0.15\ \text{V}$$

并联电阻为

$$R=\frac{U_R}{I_R}=\frac{0.15}{500\times10^{-6}}\ \Omega=300\ \Omega$$

因此，应并联 300 Ω 的电阻才能测量 550 μA 以下的电流。

任务 3　测量分析电阻混联电路

学习目标

1. 能连接、测量和分析电阻混联电路。
2. 掌握电阻混联电路的计算方法。

工作任务

电阻的串联与并联是电路最基本的连接形式。但在一些实际电路中，可能既有电阻的串联，又有电阻的并联，这种电路就称为电阻的**混联电路**，如图 1-4-15 所示。

本任务的内容是在掌握电阻串、并联电路分析计算的基础上，连接、测量并分析图 1-4-16 所示电阻混联电路的总电阻，通过分析实验数据得到电阻混联电路各电阻与总

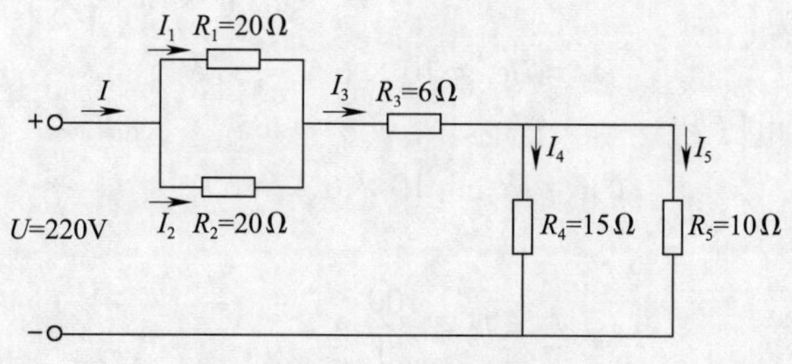

图 1-4-15　电阻的混联电路

电阻之间的关系。

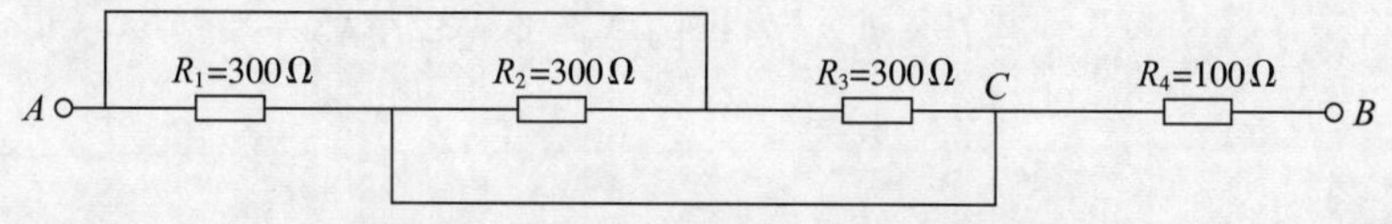

图 1-4-16　测量电阻混联电路的总电阻

相关知识

一、分析计算电阻混联电路的一般方法

1. 应用电阻的串联、并联特点，逐步简化电路，求出电路的等效电阻。
2. 由等效电阻和电路的总电压，根据欧姆定律求出电路的总电流。
3. 由总电流，再根据欧姆定律和电阻串并联的特点，求出各支路的电压和电流。

【例 1-10】 在图 1-4-15 所示电阻混联电路中，电源总电压为 220 V，已知各个电阻的阻值，求等效电阻 R、总电流 I 以及各电阻上的电流和电压。

解： R1 和 R2 的并联等效电阻为

$$R_{12}=\frac{R_1R_2}{R_1+R_2}=\frac{20\times20}{20+20}\ \Omega=10\ \Omega$$

R4 和 R5 的并联等效电阻为

$$R_{45}=\frac{R_4R_5}{R_4+R_5}=\frac{15\times10}{15+10}\ \Omega=6\ \Omega$$

电阻混联电路的等效电阻为

$$R=R_{12}+R_3+R_{45}=10\ \Omega+6\ \Omega+6\ \Omega=22\ \Omega$$

电路总电流为

$$I=I_3=\frac{220}{22}\ \text{A}=10\ \text{A}$$

R1 和 R2 两端的电压为

$$U_{12}=IR_{12}=10\times10\ \text{V}=100\ \text{V}$$

R3 两端的电压为

$$U_3 = IR_3 = 10 \times 6 \text{ V} = 60 \text{ V}$$

R4 和 R5 两端的电压为

$$U_{45} = IR_{45} = 10 \times 6 \text{ V} = 60 \text{ V}$$

由于 $R_1=R_2$，所以

$$I_1 = I_2 = \frac{100}{20} \text{ A} = 5 \text{ A}$$

通过 R4 和 R5 的电流分别为

$$I_4 = \frac{60}{15} \text{ A} = 4 \text{ A}$$

$$I_5 = I_3 - I_4 = 10 \text{ A} - 4 \text{ A} = 6 \text{ A}$$

电路按照通入电流的不同，分为交流电路和直流电路两大类，直流电路又分为简单直流电路和复杂直流电路两大类。简单直流电路是指可以用电阻串、并联关系化简成单一闭合回路的直流电路，也是最基本的电路。而复杂直流电路是指不能用电阻串、并联等效的电路。应该注意的是，计算、分析简单直流电路的依据是欧姆定律和电阻串、并联的规律。

二、较复杂电阻混联电路的分析计算

对于某些较复杂的电阻混联电路，如图 1-4-17a 所示电路，很难判断出各电阻间的连接关系。此时，比较有效的方法是画出等效电路，即把原电路整理成较为直观的电阻串、并联关系的电路，然后再计算其等效电阻。

【例 1-11】 以图 1-4-17 为例，说明画较复杂电阻混联电路的等效电路的步骤。

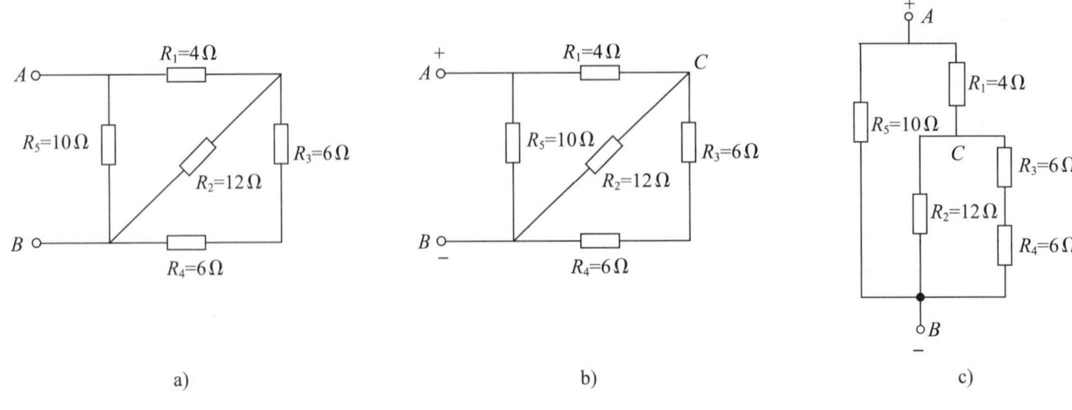

图 1-4-17　电阻混联电路

a）原电路　b）标注节点　c）等效电路

解：（1）在原电路中标出各个节点（这里指三个或三个以上电阻的汇合点）。一般情况下，原电路两端分别标为A、B点，其他节点依次标为C、D…并假设A点为最高电位点“+”，B点为最低电位点“-”，其他节点的电位在A、B点电位之间。本电路除了A、B点之外，还有一个节点标为C点，如图 1-4-17b 所示。

（2）按照电位的高低，把标注的各字母沿竖直方向依次排开（好比水从高处流向低处一样，只能从“+”流向“-”，中途不得返回）。将各电阻依次接入与原电路对应的两节点之间，画出等效电路，如图 1-4-17c 所示。

（3）根据等效电路中电阻之间的串、并联关系，求出等效电阻。由图 1-4-17c 可知，R3 和 R4 串联后与 R2 并联，再与 R1 串联，最后与 R5 并联，其等效电阻为

$$R_{CB}=\frac{(R_3+R_4)R_2}{(R_3+R_4)+R_2}=\frac{(6+6)\times 12}{(6+6)+12}\ \Omega=6\ \Omega$$

$$R_{AB}=\frac{(R_{CB}+R_1)R_5}{(R_{CB}+R_1)+R_5}=\frac{(6+4)\times 10}{(6+4)+10}\ \Omega=5\ \Omega$$

任务实施

一、任务准备

实施本任务所需要的实验设备、工具及材料见表 1-4-3。

表 1-4-3　实验设备、工具及材料

序号	名称	型号规格	数量	单位	备注
1	电工常用工具		1	套	
2	万用表	DT-9205B 或自定	1	块	
3	色环电阻	300 Ω/3 W，1%	3	个	
4	色环电阻	100 Ω/3 W，1%	1	个	
5	导线		若干	m	

二、测量电阻混联电路的电阻

1. 连接电路

（1）按照图 1-4-16 准备并检查所需设备及器材，确保良好。

（2）用导线依次连接电路。

（3）检查电路连接的正确性。

2. 测量电路中的电阻

测量A、B两点间的电阻（电阻混联电路的等效电阻），可得R_{AB}=________。

三、分析测量结果并整理现场

1. 分析图 1-4-16 所示电路可知，A、B点之间的电阻 R1、R2、R3、R4 的连接关系

为________________________________。所以，R_{AB}=____________。

2. 拆除电路中的导线。

3. 整理实验器材与工具，清洁实验环境。

思考与练习

1. 将阻值分别为 10 Ω 和 20 Ω 的两个电阻串联到一个直流电源上，用万用表测得 20 Ω 电阻两端的电压为 3 V，则 10 Ω 电阻两端的电压为多少？

2. 现有 10 Ω、25 Ω 电阻若干，怎样连接才能得到 35 Ω 和 45 Ω 的电阻？

3. 在电阻串联电路中，电压是如何按照电阻的大小来分配的？

4. 在电阻并联电路中，电流是如何按照电阻的大小来分配的？

5. 在图 1-4-18 中，已知 E=220 V，R_1=25 Ω，R_2=55 Ω，R_3=30 Ω。求：

（1）当开关 S 断开时，电路中的电流及各电阻上的电压。

（2）当开关 S 合上时，各电阻上的电压是增大还是减小？为什么？

6. 一只 60 W/110 V 的灯泡若接在 220 V 电源上，需串联多大的分压电阻？

7. 在图 1-4-19 所示电路中，已知 E=20 V，R_2=96 Ω，当开关 S 断开时，灯泡上的电压为 12 V，R_L=48 Ω。求：

（1）电阻 R1 的阻值。

（2）当开关 S 闭合时，R_L 两端的电压为多少？灯泡变亮还是变暗？

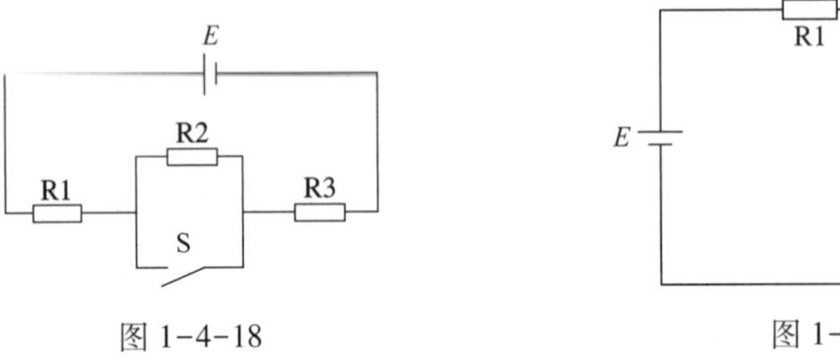

图 1-4-18　　　　图 1-4-19

8. 在图 1-4-20 所示电路中，R_1=400 Ω，R_2=R_3=600 Ω，R_4=200 Ω。求 R_{AB}。

9. 在图 1-4-21 所示电路中，流过 R2 的电流 I_2=2 A，R_1=1 Ω，R_2=2 Ω，R_3=3 Ω，R_4=4 Ω。求总电流 I。

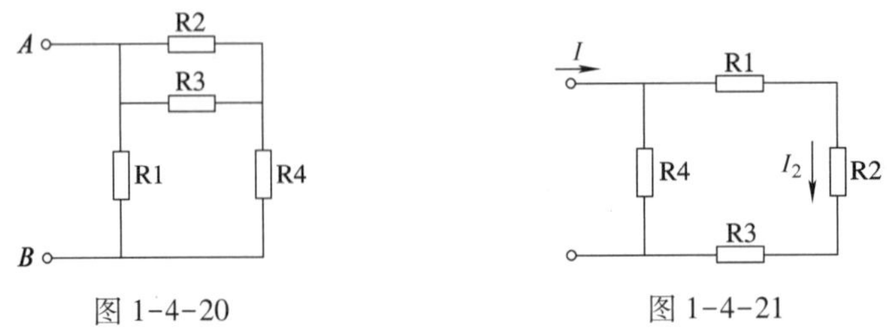

图 1-4-20　　　　图 1-4-21

10. 在图 1-4-22 所示电路中，若 U=36 V，R_1=100 Ω，R_2=10 Ω，R_P 为 0~50 Ω。则当滑动变阻器 RP 动触点滑到最上端和最下端时，总电流 I 各是多少？

11. 在图 1-4-23 所示电路中，若电流表 PA1 的读数为 9 A，电流表 PA2 的读数为 3 A，$R_1=4\ \Omega$，$R_2=6\ \Omega$，则总的等效电阻 R 是多少？电阻 R_3 是多少？

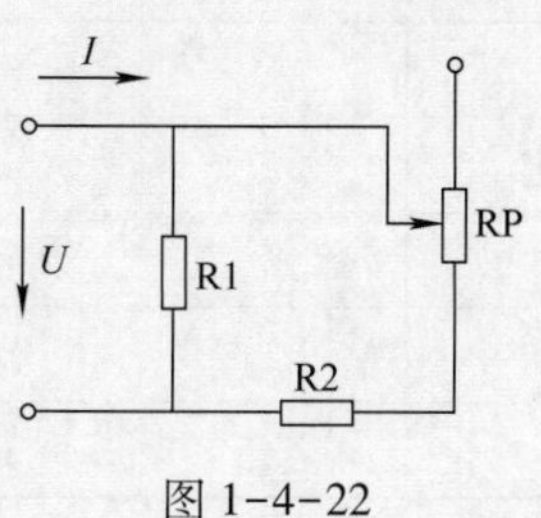

图 1-4-22

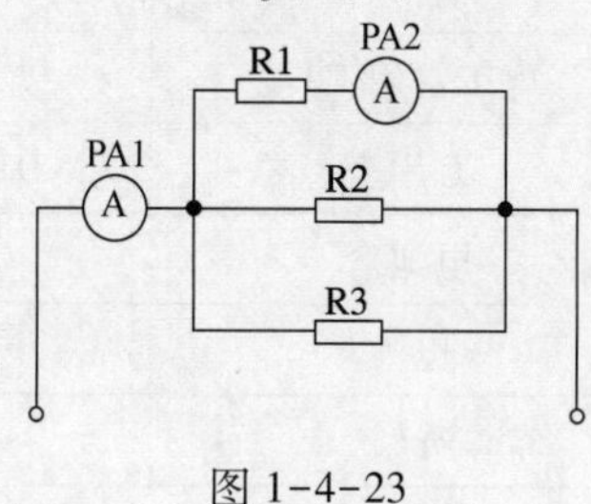

图 1-4-23

课题五　电池组的连接

任务 1　测量分析串联电池组

学习目标

1. 能连接、测量和分析串联电池组。
2. 掌握串联电池组的特点。

工作任务

电视机遥控器的额定电压是直流 3 V，用电池供电。而一节电池的电动势只有 1.5 V，这种情况下就需要将两节电池串联后一起使用，这就是**串联电池组**（图 1-5-1）。

本任务的内容是连接和测量图 1-5-1 所示串联电池组的总电动势，进而分析得到串联电池组的特点。

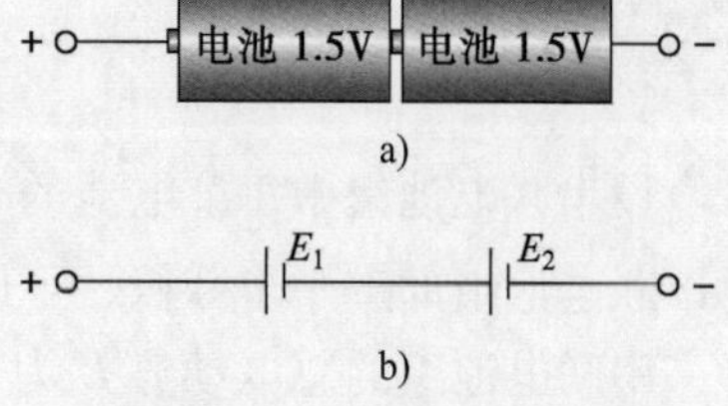

图 1-5-1　串联电池组

任务实施

一、任务准备

实施本任务所需要的实验设备、工具及材料见表 1-5-1。

表 1-5-1　实验设备、工具及材料

序号	名称	型号规格	数量	单位	备注
1	电工常用工具		1	套	
2	万用表	DT-9205B 或自定	1	块	
3	电池盒	5 号	2	个	
4	电池	5 号，1.5 V	2	节	
5	导线		若干	m	

二、测量串联电池组的总电动势

图 1-5-1 所示为两节电池组成的串联电池组。

1. 连接电路

（1）按照图 1-5-1 准备并检查所需设备及器材，确保良好。

（2）用导线依次连接电路。

（3）检查电路连接的正确性。

2. 测量串联电池组的电动势

将万用表置于直流电压 20 V 挡，分别测量串联电池组中每节电池的电动势和串联后的总电动势。得到测量结果如下：$E_1=$ ______________，$E_2=$ ______________，总电动势 $E=$ ______________。

三、分析测量结果并整理现场

1. 通过实验测量数据可知，E_1、E_2、E 之间的关系为____________________。

2. 拆除电路中的导线。

3. 整理实验器材与工具，清洁实验环境。

知识延伸

设串联电池组中每节电池的电动势都是 E_1，内阻都是 r_1。通过上面的实验数据，以及对串联电池组的进一步分析，可以归纳出如下特点。

串联电池组的总电动势 E 为

$$E=nE_1$$

串联电池组的总内阻 r 为

$$r=nr_1$$

串联电池组所能提供的电流 I 为

$$I=\frac{nE_1}{R+nr_1}$$

式中，R 为串联电池组所带负载的等效电阻，n 为电池节数。

可见，串联电池组适用于输出电流不太大，而输出电压要求较高的场合。例如，手电筒、便携式收音机、遥控器、电动自行车等的电池组都采用了串联电池组。

一般情况下，使用时间过长会引起串联电池组端电压过低。此时，电池电动势几乎不变，但电池内阻明显增大。在这种情况下，应同时更换串联电池组的全部电池，切不可新旧电池混用。如果混用，一方面，电池组效率下降将使新电池使用寿命明显缩短；另一方面，因旧电池的过度放电可能会引起漏液故障。在安装串联电池组时，应注意电池极性，不可装反。

任务 2　测量分析并联电池组

学习目标

1. 能连接、测量和分析并联电池组。
2. 掌握并联电池组的特点。

工作任务

在实际中，由于电池电动势较低且总是有一定的内阻存在，所以单节电池能够给负载提供的电流可能无法满足需求。这种情况下就需要将多节电池并联后一起使用，这就是**并联电池组**（图 1–5–2）。

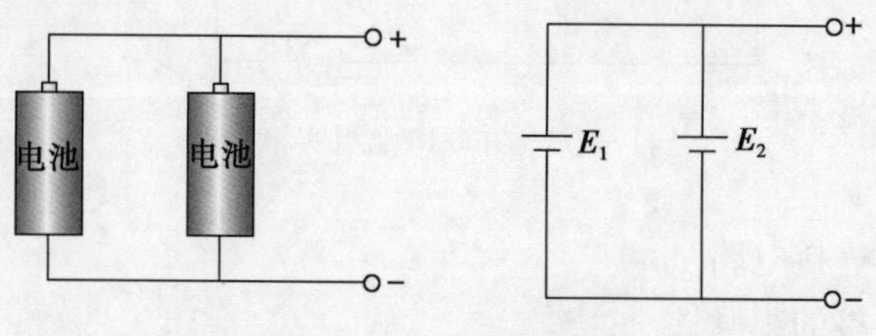

图 1–5–2　并联电池组

本任务的内容是连接和测量图 1–5–2 所示并联电池组的供电电流，进而分析得到并联电池组的特点。

任务实施

一、任务准备

实施本任务所需要的实验设备、工具及材料见表 1-5-2。

表 1-5-2　实验设备、工具及材料

序号	名称	型号规格	数量	单位	备注
1	电工常用工具		1	套	
2	万用表	DT-9205B 或自定	1	块	或电流表 1 块
3	电池盒	5 号	2	个	
4	电池	5 号，1.5 V	2	节	
5	单刀单掷开关		2	个	
6	色环电阻	1 Ω/5 W，1%	1	个	
7	导线		若干	m	

二、测量并联电池组的供电电流

1. 连接电路

（1）按照图 1-5-3 准备并检查所需设备及器材，确保良好。

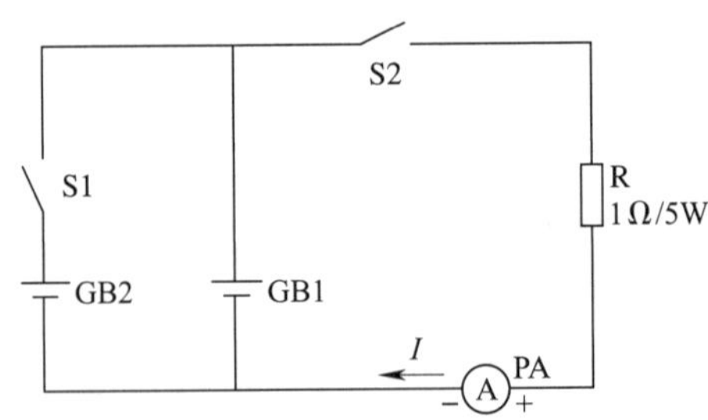

图 1-5-3　并联电池组实验电路

（2）用导线依次连接电路。

（3）检查电路连接的正确性。

（4）在开关 S1 和 S2 均处于断开的情况下，将电池装入电池盒。

2. 测量并联电池组供电的电路电流

（1）将万用表置于直流电流 20 A 挡，接通开关 S2，测量流过负载电阻 R 的电流。得到测量结果为 I=______________。然后，尽快断开开关 S2。

（2）先接通开关 S1 后接通 S2，得到测量结果为 I=______________。然后，尽快断开开关 S1 和 S2。

(1) 实验中，不要长时间向负载电阻供电，以免因为电池工作在较大放电电流状态下，而造成电池电量耗尽。

(2) 实验所用的两节电池的新旧程度应尽量一致。

三、分析测量结果并整理现场

1. 通过分析以上实验测量数据可知，并联电池组向负载提供电流的能力大于单节电池。

2. 拆除电路中的导线。

3. 整理实验器材与工具，清洁实验环境。

知识延伸

一、电池的并联

在实际中，由于电池存在内阻以及电池允许工作温度的限制，每节电池输出电流的能力是一定的，如果不能满足负载额定电流的要求，就需要将多节电池并联成电池组。

假设并联电池组中每节电池的电动势都是 E，内阻都是 r，每节电池能向负载提供的电流都是 I_1，电池的节数为 n，则并联电池组的总电动势为

$$E_{总} = E$$

并联电池组的总内阻为

$$r_{总} = \frac{r}{n}$$

并联电池组所能提供的电流为

$$I_{总} = nI$$

由此可见，并联电池组适用于单节电池的电动势能满足负载所需的电压，而单节电池的输出电流小于负载所需电流的情况。

二、电池的混联

在实际中，当需要电源的电压较高且电流较大时，还会用到混联电池组。具体的连接方法如图 1-5-4 所示。先将几节电池接成串联电池组，以满足负载对电压的要求，再将几组串联的电池组并联起来，以满足负载对电流的要求。

假设图 1-5-4 中每节电池的电动势 $E = 1.5\ \text{V}$，内阻都是 $r = 0.1\ \Omega$，根据电池串、并联的特点，可求出该混联电池组的总电动势为

$$E_{总} = 3E = 3 \times 1.5\ \text{V} = 4.5\ \text{V}$$

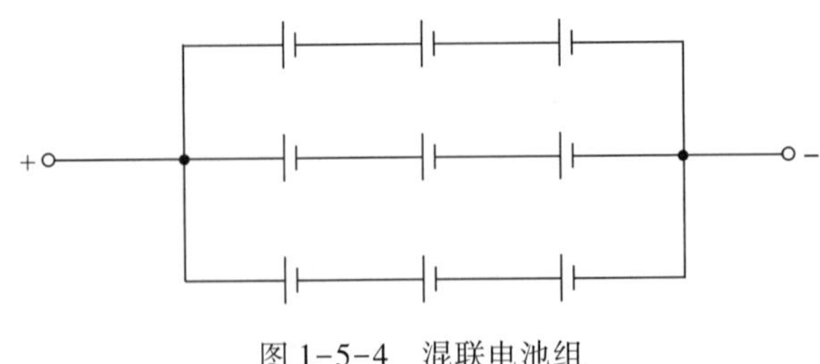

图 1-5-4　混联电池组

混联电池组的总内阻为

$$r_{总}=(r+r+r)\ //\ (r+r+r)\ //\ (r+r+r)$$
$$=r=0.1\ \Omega$$

思考与练习

1. 串联电池组、并联电池组和混联电池组各适用于什么情况?
2. 如果串联电池组中有电池的极性接反，会产生何种后果?
3. 如果并联电池组中有电池的极性接反，会产生何种后果?

课题六　基尔霍夫定律

任务 1　认识复杂直流电路

学习目标

1. 能正确区分复杂直流电路和简单直流电路。
2. 掌握复杂直流电路的概念及相关术语。

工作任务

图 1-6-1 所示为正在充电的手机。移动电源和手机内的电池均可等效为含有电动势及内阻的电源，处于开机状态的手机可等效为一负载电阻。该电路的等效电路如图 1-6-2 所示。可以发现，运用前面学习过的知识无法求出此电路中负载上的电流。这种不能用电阻串并联进行等效化简的电路称为**复杂直流电路**。

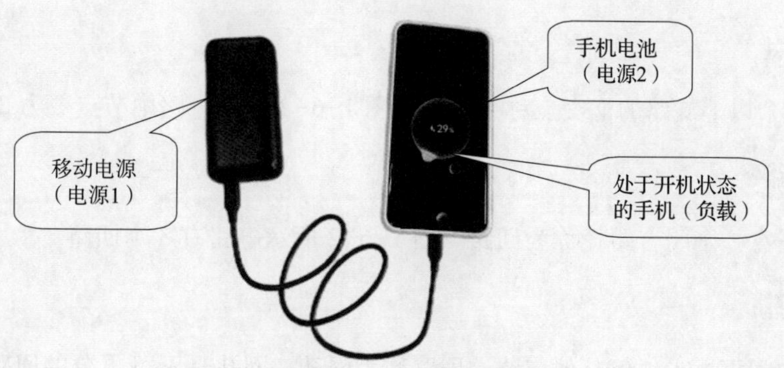

图 1-6-1　正在充电的手机

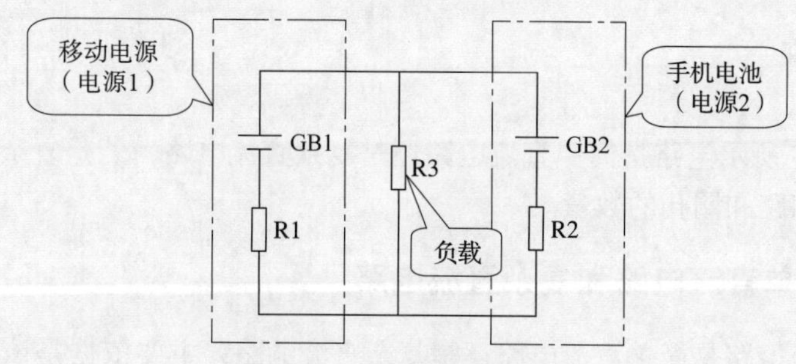

图 1-6-2　手机充电等效电路

与手机充电等效电路类似的复杂电路在实际中有很多，图 1-6-3 所示电路就是另一个实例。

本任务的内容是正确区分复杂直流电路和简单直流电路，并以图 1-6-2 和图 1-6-3 为例，确定复杂直流电路的支路数、节点数、回路数和网孔数。

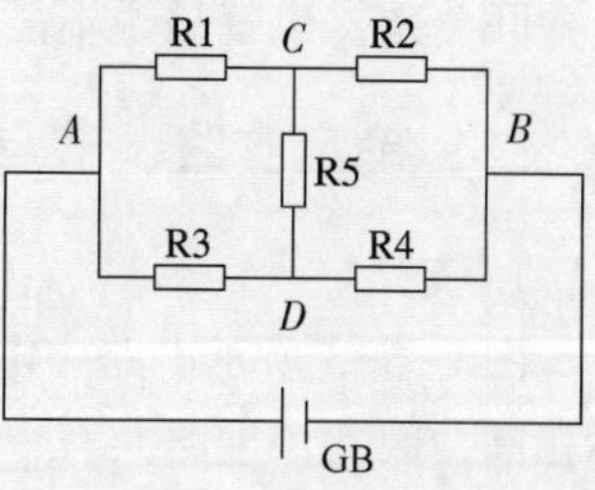

图 1-6-3　复杂直流电路

相关知识

判断一个电路是简单电路还是复杂电路，应该依据复杂电路的定义，而不是看电路中元件的多少。为了方便分析和讨论复杂直流电路问题，下面介绍有关电路结构的几个名词。

一、支路

电路中流过同一电流的每个分支称为**支路**。支路是构成复杂电路的基本单元，是由一个或几个串联的电路元件构成的。通常把含有电源的支路称为**有源支路**，不含电源的支路称为**无源支路**。图 1-6-2 所示电路中的支路数为 3。

二、节点

3 个或 3 个以上支路的汇交点称为**节点**。图 1-6-2 所示电路中节点数为 2。

三、回路

电路中任意一个闭合路径称为**回路**。图 1-6-2 所示电路有 3 个回路。

四、网孔

在回路中间不框入任何其他支路的回路称为**网孔**。网孔是不可再分的回路，也是最简单的回路，电路中的网孔数等于相互独立的回路数。图 1-6-2 所示电路有 2 个网孔。

任务实施

判断图 1-6-3 所示电路是简单直流电路还是复杂直流电路，若是复杂直流电路，确定其支路、节点、回路和网孔的数量。

一、判断简单直流电路和复杂直流电路

分析判断一个电路是简单直流电路还是复杂直流电路，主要依据是该电路能不能用电阻串并联进行化简，然后用欧姆定律求解。图 1-6-3 所示电路中的 5 个电阻之间无法确定串并联关系，也就是说不能用电阻串并联进行化简，因此该电路是一个复杂直流电路。

二、确定支路、节点、回路和网孔数

1. 支路数

图 1-6-3 所示电路中电阻 R1、R2、R3、R4、R5 和电池 GB 中的电流，一般情况下各不相同，因此该电路共有______条支路。

2. 节点数

图 1-6-3 所示电路中 A、B、C、D 4 点是________条支路的汇交点，因此该电路中共有______个节点。

3. 回路数

在图 1-6-3 所示电路中，共有______个回路，分别是____________________________

____

________________________________。

4. 网孔数

在图 1-6-3 所示电路中，共有______个网孔，分别是____________________________

____

________________________________。

任务 2　探究基尔霍夫定律

学习目标

1. 能连接实验电路，对电路中的电流、电压进行测量和分析。
2. 掌握基尔霍夫定律的内容和适用范围。

工作任务

在上一任务中分析了复杂直流电路的基本结构，在这些电路中，各支路电流之间有何关系？怎样计算复杂直流电路中的电流？

本任务的内容是连接图 1-6-4 所示的复杂直流电路，并对电路中的电流、电压进行测量和分析。

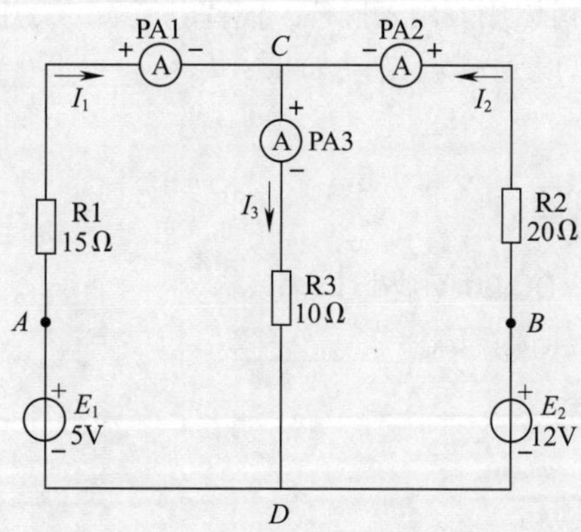

图 1-6-4　复杂直流电路

任务实施

一、任务准备

实施本任务所需要的实验设备、工具及材料见表 1-6-1。

表 1-6-1　实验设备、工具及材料

序号	名称	型号规格	数量	单位	备注
1	电工常用工具		1	套	

续表

序号	名称	型号规格	数量	单位	备注
2	万用表	DT-9205B 或自定	4	块	
3	直流稳压电源	1 A/5 V，1 A/12 V	2	台	
4	色环电阻	10 Ω/3 W，1%	1	个	
5	色环电阻	15 Ω/3 W，1%	1	个	
6	色环电阻	20 Ω/3 W，1%	1	个	
7	导线		若干	m	

二、连接电路

1. 按照图 1-6-4 准备并检查所需设备及器材，确保良好。
2. 用导线依次连接电路。
3. 检查电路连接的正确性。

三、测量电路中的电流

1. 图 1-6-4 中的电流表可以用万用表代替，代替电流表的万用表量程应置于直流 2 A 挡。
2. 打开直流稳压电源，得到测量结果如下：I_1 = ____________，I_2 = ____________，I_3 = ____________。

四、测量电路中的电压

1. 另取一块万用表置于 DC 20 V 挡。
2. 分别测量电路中的电压值：U_{DA} = __________，U_{AC} = __________，U_{CD} = __________，U_{DB} = ____________，U_{BC} = ____________。

五、分析测量结果

通过实验测量数据可知：

1. I_1、I_2、I_3 的关系为____________________。
2. U_{DA}、U_{AC}、U_{CD} 的关系为____________________。
3. U_{DB}、U_{BC}、U_{CD} 的关系为____________________。

六、结束测量

1. 断开直流稳压电源，拆除电路中的导线。
2. 整理实验器材与工具，清洁实验环境。

知识延伸

通过上面的实验，可以归纳出电路中电流间关系和电压间关系的规律如下。

一、基尔霍夫第一定律

基尔霍夫第一定律又称**节点电流定律**。它指出，在任一瞬间，流进某一节点的电流之和恒等于流出该节点的电流之和，即

$$\sum I_{进} = \sum I_{出}$$

如图 1-6-5a 所示，对于节点 O 有

$$I_1 + I_2 = I_3 + I_4 + I_5$$

可将上式改写成

$$I_1 + I_2 - I_3 - I_4 - I_5 = 0$$

图 1-6-5　基尔霍夫第一定律

a）流入总电流 = 流出总电流　b）流入总水流 = 流出总水流

因此，得到

$$\sum I = 0$$

即对任一节点来说，流入或流出该节点电流的代数和恒等于零。

电路的这一特性可用水流的流入、流出类比，即对于水流中的某一节点，流入总水量恒等于流出总水量，如图 1-6-5b 所示。

在应用基尔霍夫第一定律求解未知电流时，可先任意假设支路电流的参考方向，列出节点电流方程。通常可将流进节点的电流取正，流出节点的电流取负，再根据计算值的正负来确定未知电流的实际方向。有些支路的电流可能是负的，这是由于所假设的电流方向与实际方向相反。

【例 1-12】 在图 1-6-6 所示电路中，$I_1 = 2$ A，$I_2 = -3$ A，$I_3 = -2$ A，求电流 I_4。

解： 由基尔霍夫第一定律可知

$$I_1 - I_2 + I_3 - I_4 = 0$$

代入已知值

$$2\text{ A} - (-3\text{ A}) + (-2\text{ A}) - I_4 = 0$$

图 1-6-6　【例 1-12】图

可得

$$I_4=3\ \text{A}$$

式中，括号外正负号是由基尔霍夫第一定律根据电流的参考方向确定的，括号内数字前的负号则是表示实际电流方向和参考方向相反。

基尔霍夫第一定律不仅适用于节点，也可以推广用于电路中任一假设的闭合面（也称为广义节点）。如图 1-6-7 所示，电路中某一部分被闭合面 S 所包围，即**流入此闭合面的电流恒等于流出该闭合面的电流**，即 $I_1=I_2$。显然，这时若把连接闭合面的一根导线切断，另一根导线中的电流一定为零。

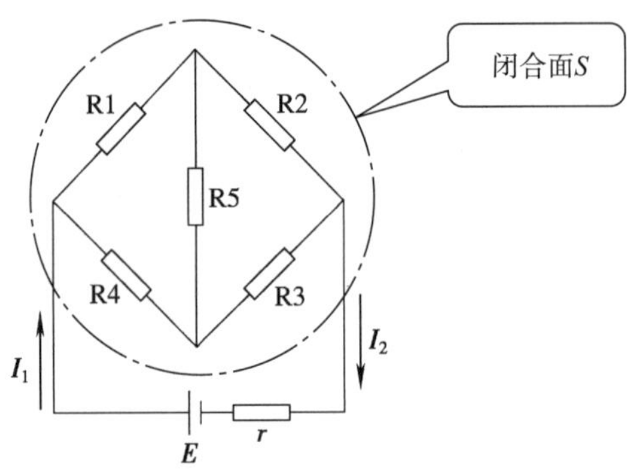

图 1-6-7　流入、流出闭合面的电流相等

【例 1-13】在图 1-6-8 所示电路中，电流 $I_A=1\ \text{A}$，$I_B=-5\ \text{A}$，$I_{CA}=2\ \text{A}$，求电流 I_C、I_{AB} 和 I_{BC}。

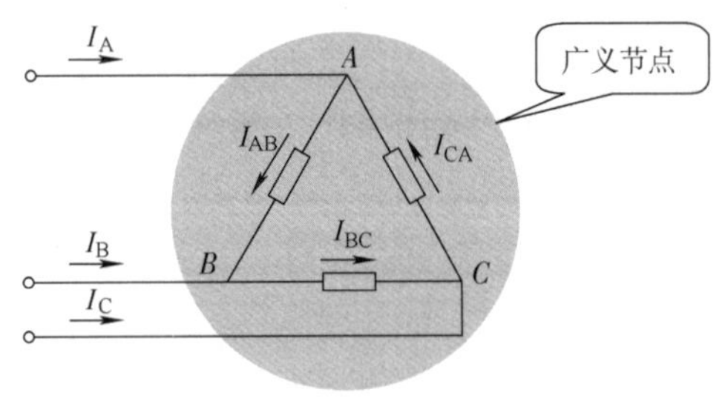

图 1-6-8　【例 1-13】图

解：由

$$I_A+I_B+I_C=0$$

可得

$$I_C=4\ \text{A}$$

$$I_{AB}=I_A+I_{CA}=1\ \text{A}+2\ \text{A}=3\ \text{A}$$

$$I_{BC}=I_{CA}-I_C=2\ \text{A}-4\ \text{A}=-2\ \text{A}$$

二、基尔霍夫第二定律

基尔霍夫第二定律又称**回路电压定律**。它指出，在任一闭合回路中，各段电路电压降的代数和恒等于零。用公式表示为

$$\sum U=0$$

在图 1-6-9 所示电路中，按虚线方向循环一周，根据电压与电流的参考方向可列出

$$U_{AB}+U_{BC}+U_{CD}+U_{DA}=0$$

即

$$-E_1+I_1R_1-E_2+I_2R_2=0$$

或

$$E_1+E_2=I_1R_1+I_2R_2$$

由此，可得到基尔霍夫第二定律的另一种表示形式：

$$\sum E=\sum IR$$

即在任一回路循环方向上，回路中电动势的代数和恒等于电阻上电压降的代数和。

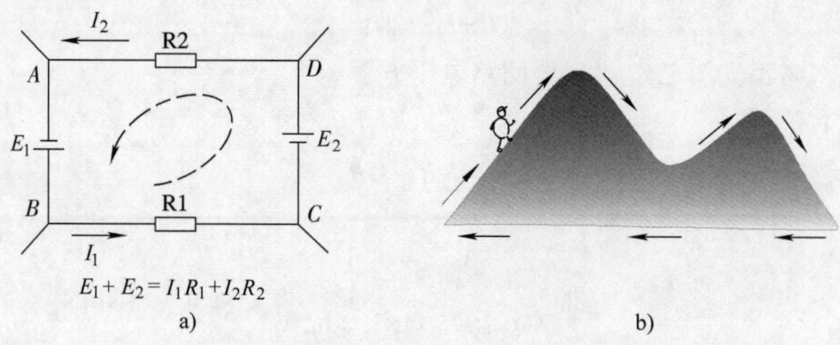

图 1-6-9　基尔霍夫第二定律

a）电源电动势之和等于电路电压降之和　b）上升总高度等于下降总高度

（1）在用式 $\sum U=0$ 时，凡电流的参考方向与回路循环方向一致者，该电流在电阻上所产生的电压降取正；反之，取负。电动势也作为电压来处理，即从电源的正极到负极取正；反之，取负。

（2）在用式 $\sum E=\sum IR$ 时，电阻上电压的规定与用式 $\sum U=0$ 时相同，而电动势的正负号则恰好相反。也就是当循环方向与电动势的方向（即电源负极通过电源内部指向正极）一致时，该电动势取正；反之，取负。

基尔霍夫第二定律也可以推广应用于不完全由实际元件构成的假想回路。例如，图 1-6-10 所示电路中，A、B 两点并不闭合，但仍可将 A、B 两点间电压列入回路电压方程，可得

$$\sum U=U_{AB}+I_2R_2-I_1R_1=0$$

【例 1-14】 在图 1-6-11 所示电路中，$E_1=E_2=17\ \text{V}$，$R_1=2\ \Omega$，$R_2=1\ \Omega$，$R_3=5\ \Omega$，求各支路电流。

解：（1）标出各支路电流参考方向和独立回路的绕行方向，如图 1-6-11 所示。

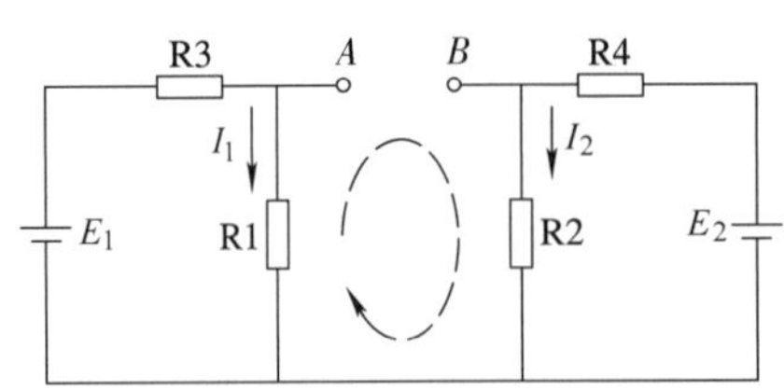

图 1-6-10　基尔霍夫第二定律应用于假想回路

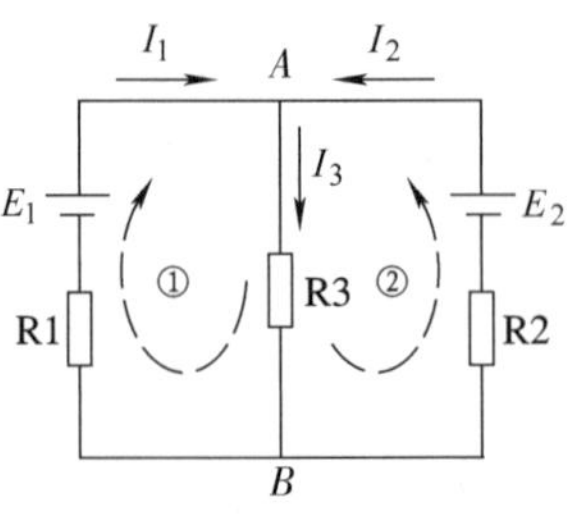

图 1-6-11　【例 1-14】图

（2）应用基尔霍夫第一定律列出节点电流方程为

$$I_1+I_2-I_3=0$$

（3）应用基尔霍夫第二定律列出回路电压方程。

对于回路①有　　$E_1=I_1R_1+I_3R_3$

对于回路②有　　$E_2=I_2R_2+I_3R_3$

整理得联立方程为

$$\begin{cases} I_2=I_3-I_1 \\ 2\ \Omega\times I_1+5\ \Omega\times I_3=17\ \text{V} \\ 1\ \Omega\times I_2+5\ \Omega\times I_3=17\ \text{V} \end{cases}$$

（4）解联立方程，得

$$\begin{cases} I_1=1\ \text{A} \\ I_2=2\ \text{A} \\ I_3=3\ \text{A} \end{cases}$$

解得电流值均为正值，说明电流实际方向与假设方向相同。

这种以支路电流为未知量，依据基尔霍夫定律列出节点电流方程和回路电压方程，然后联立求解的方法称为**支路电流法**。

支路电流参考方向和独立回路绕行方向可以任意假设，绕行方向一般取与电动势方向一致，对具有两个以上电动势的回路，则取较大电动势方向为绕行方向。

计算复杂电路的方法还有很多，但它们的依据都是电路的两条基本定律——欧姆定律和基尔霍夫定律。

思考与练习

1. 在图 1-6-12 所示电路中，支路、节点、回路和网孔的数量各为多少？
2. 电路如图 1-6-13 所示，求 I_1、I_2 的大小。

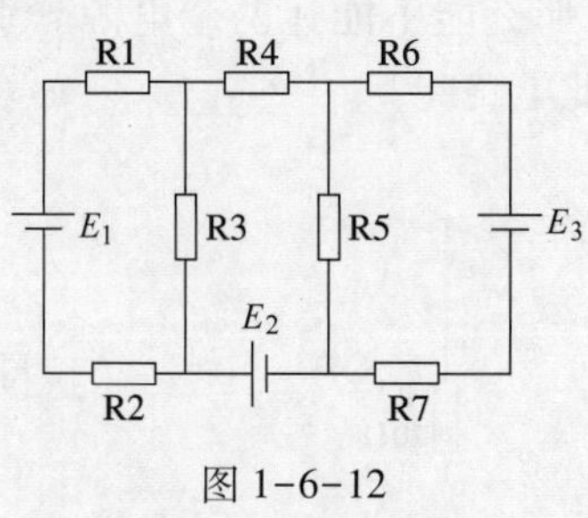

图 1-6-12

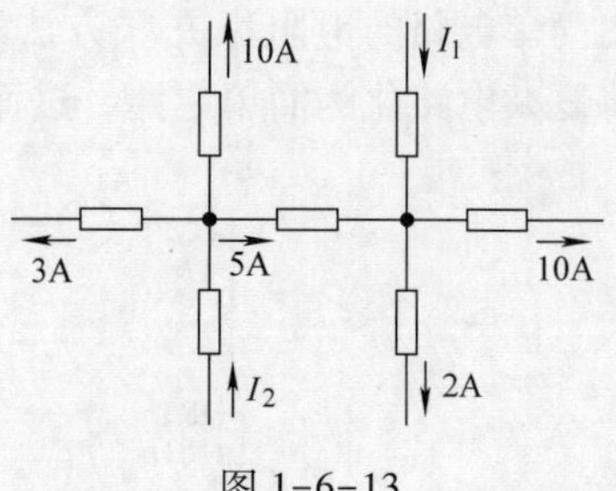

图 1-6-13

3. 求图 1-6-14 所示电路中的电流 I_4、I_5 和电动势 E。

4. 在图 1-6-15 所示电路中，已知 $E=12$ V，$r=0.2\ \Omega$，$R_1=4.8\ \Omega$，$R_3=7\ \Omega$，则电阻 R2 的阻值多大时可以从电路中获得最大功率？最大功率是多少？

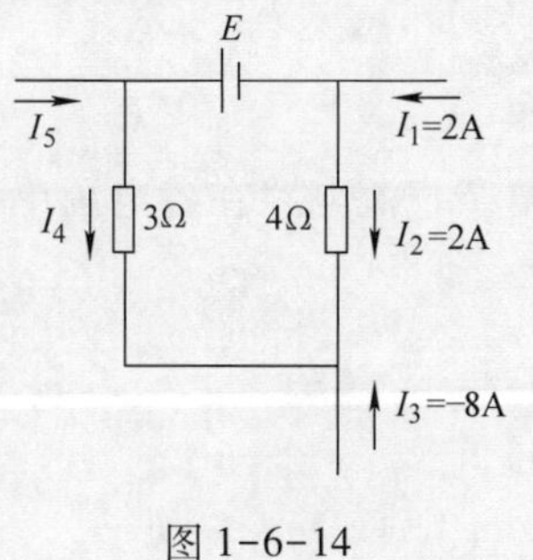

图 1-6-14

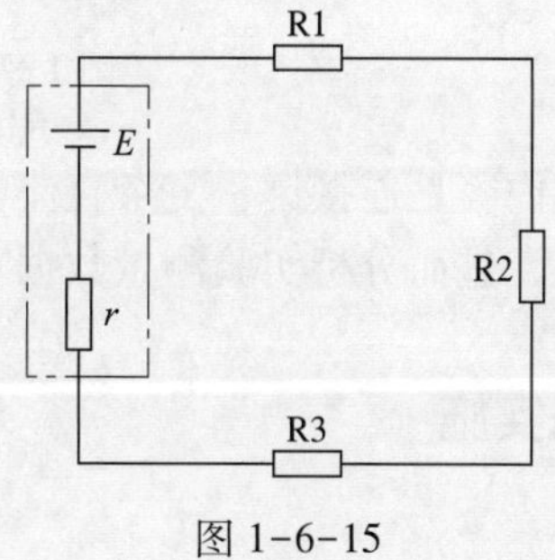

图 1-6-15

课题七 叠加原理和戴维南定理

任务 1 探究叠加原理

学习目标

1. 能完成复杂直流电路的相关实验。
2. 掌握用叠加原理求解复杂直流电路的方法和步骤。

工作任务

上一课题分析的复杂直流电路如图 1-7-1 所示。这种含有两个直流电源的复杂直流电路，不能用简单电路的电阻串并联方法进行分析，那么能不能让两个电源分别作用于电路，从而将复杂电路化为简单电路，进而分析求解此电路呢？

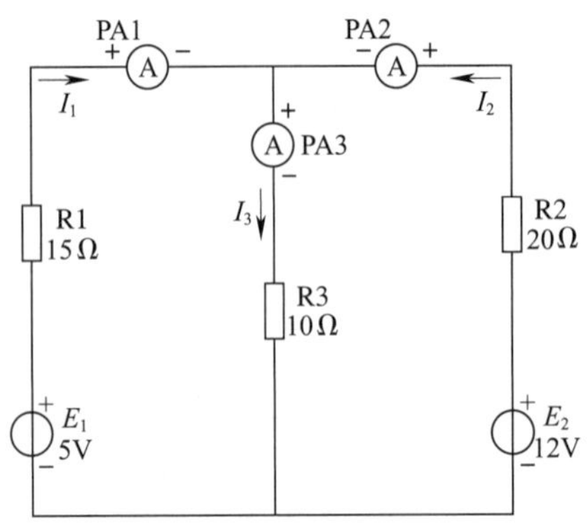

图 1-7-1　复杂直流电路

本任务的内容是连接这一复杂直流电路，测量复杂直流电路在各电源单独作用下的电流和电压数值，进而分析实验测量数据。

任务实施

一、任务准备

实施本任务所需要的实验设备、工具及材料见表 1-7-1。按照图 1-7-1 准备并检查所需设备及器材，确保良好。

表 1-7-1　实验设备、工具及材料

序号	名称	型号规格	数量	单位	备注
1	电工常用工具		1	套	
2	万用表	DT-9205B 或自定	3	块	
3	直流稳压电源	1 A/5 V，1 A/12 V	2	台	
4	色环电阻	10 Ω/3 W，1%	1	个	
5	色环电阻	15 Ω/3 W，1%	1	个	
6	色环电阻	20 Ω/3 W，1%	1	个	
7	导线		若干	m	

二、直流电源 E_1 单独作用

保留图 1-7-1 所示电路中的直流电源 E_1，将直流电源 E_2 置为零（不起作用）。

1. 用导线按照图 1-7-2a 依次连接电路。

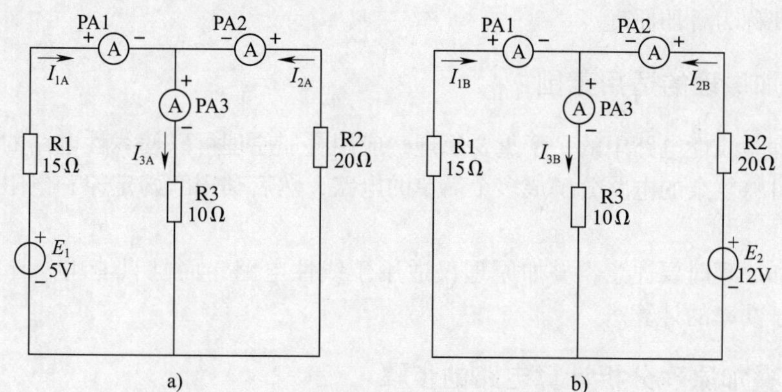

图 1-7-2　测量复杂直流电路中的电压和电流

a）直流电源 E_1 单独作用　b）直流电源 E_2 单独作用

2. 检查电路连接的正确性。

3. 将代替图 1-7-2a 中电流表的万用表置于直流 2 A 挡。

4. 打开直流稳压电源，得到测量结果如下：I_{1A} = ＿＿＿＿＿＿，I_{2A} = ＿＿＿＿＿＿，I_{3A} = ＿＿＿＿＿＿。

三、直流电源 E_2 单独作用

保留图 1-7-1 所示电路中的直流电源 E_2，将直流电源 E_1 置为零（不起作用）。

1. 用导线按照图 1-7-2b 依次连接电路。

2. 检查电路连接的正确性。

3. 将代替图 1-7-2b 中电流表的万用表置于直流 2 A 挡。

4. 打开直流稳压电源，得到测量结果如下：I_{1B} = ＿＿＿＿＿＿，I_{2B} = ＿＿＿＿＿＿，I_{3B} = ＿＿＿＿＿＿。

四、分析测量结果并整理现场

1. 对照实验结果，可以得到：

$$I_1 = I_{1A} + I_{1B} = \_\_\_\_\_\_$$

$$I_2 = I_{2A} + I_{2B} = \_\_\_\_\_\_$$

$$I_3 = I_{3A} + I_{3B} = \_\_\_\_\_\_$$

2. 断开直流稳压电源，拆除电路中的导线。

3. 整理实验器材与工具，清洁实验环境。

知识延伸

分析本次实验数据可以得到启示：在含有两个以上电源的复杂电路中，任一支路的电

流（或电压）等于电路每个电源单独作用时，在该支路上产生的电流（或电压）的代数和，这一原理称为叠加原理。

一、叠加原理的适用范围

叠加原理是线性电路中的一个重要原理，应用叠加原理可以使线性电路的分析变得十分方便，它可将复杂的电路分解成多个简单的电路，然后利用欧姆定律和电阻串并联的特点加以解决。

使用叠加原理时要注意，叠加原理仅适用于线性电路，而且只能用来计算电流和电压，不能用于功率的计算。

二、用叠加原理分析计算电路的步骤

1. 将复杂电路分解为若干个由单个电源单独作用的分电路。当某一独立电源单独作用时，其他电源应置为零（电压源电压为零，电流源电流为零），即电压源短路，电流源开路，只保留内阻。

2. 分析计算各分电路，分别求得各支路电流。

3. 对各分电路的计算结果进行叠加（即求代数和），得出最终结果。注意：叠加时，若分电流（或电压）与原电路中待求电流（或电压）的参考方向相同，则该分电流（或电压）取“+”号，否则取“-”号。

实际中使用的电源可以用两种电路模型来表示，即电压源和电流源。

实际电压源一般用恒定电动势 E 和内阻 r 串联来表示，如图 1-7-3 所示。例如，发电机、电池及各种信号源都含有电动势 E 和内阻 r，因此，都可以用电压源来表示。电压源是以输出电压的形式向负载供电的，如图 1-7-4 所示，输出电压的大小为 $U=E-Ir$。

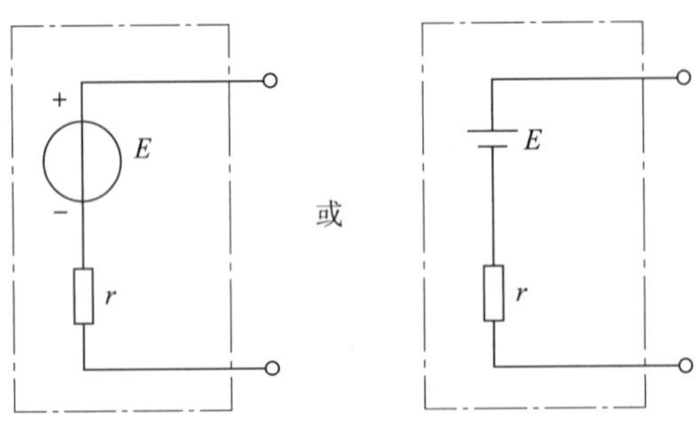

图 1-7-3　实际电压源

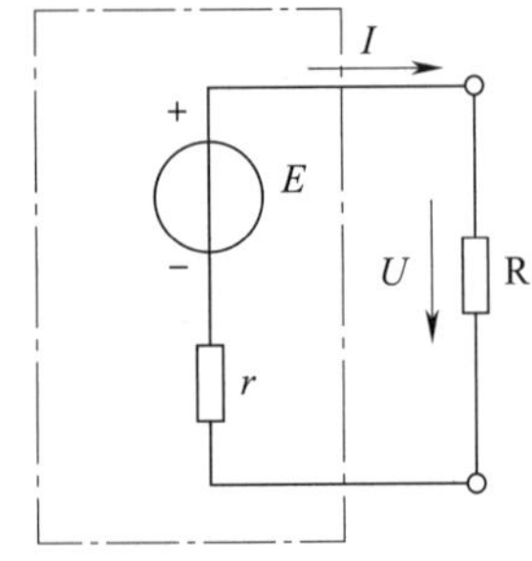

图 1-7-4　电压源输出

用一个恒定电流 I_S 和一个内阻 r 并联组成的电源称为电流源，如图 1-7-5 所示。例如，稳流电源、串励直流发电机等都属于电流源。电流源是以电流的形式向负载供电的，如图 1-7-6 所示。

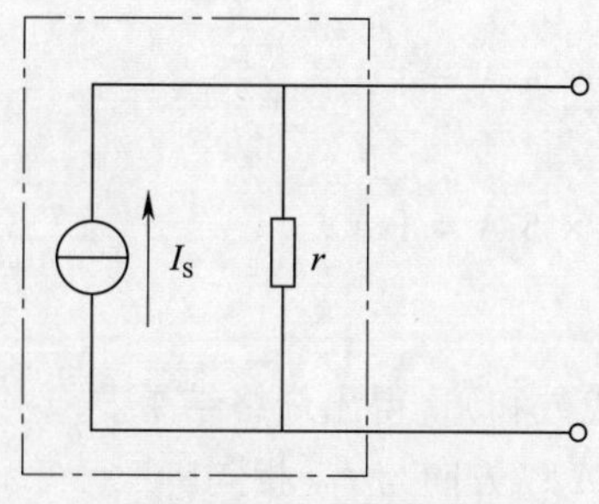

图 1-7-5　实际电流源

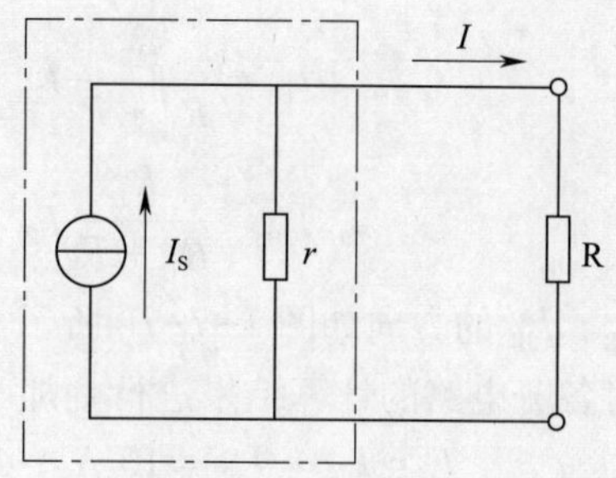

图 1-7-6　电流源输出

下面结合例 1-15，说明用叠加原理分析计算电路的步骤。

【例 1-15】电路如图 1-7-7 所示，要求用叠加原理求各支路电流。

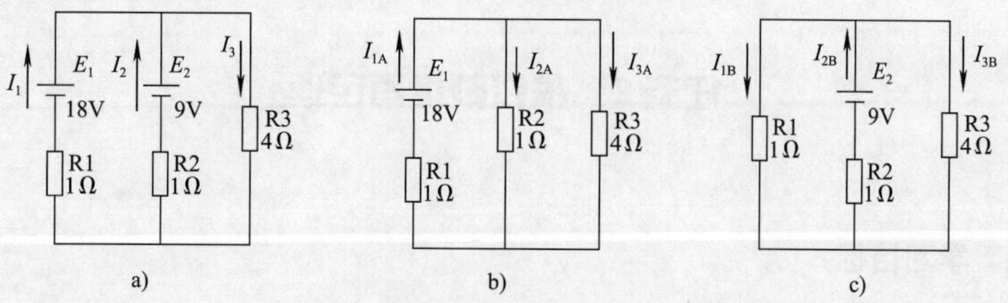

图 1-7-7　叠加原理

a）原电路　b）E_1 单独作用时的分电路　c）E_2 单独作用时的分电路

解：（1）首先将复杂电路分解为若干个由单个电源单独作用的分电路。

本题中，电源 E_1 单独作用时的分电路如图 1-7-7b 所示，电源 E_2 单独作用时的分电路如图 1-7-7c 所示。

（2）分析计算各分电路，分别求得各支路电流。

先计算图 1-7-7b 所示电源 E_1 单独作用于电路时产生的电流。

$$I_{1A}=\frac{E_1}{R_1+\dfrac{R_2R_3}{R_2+R_3}}=\frac{18}{1+\dfrac{1\times 4}{1+4}}\text{ A}=10\text{ A}$$

$$I_{2A}=\frac{R_3}{R_2+R_3}I_{1A}=\frac{4}{1+4}\times 10\text{ A}=8\text{ A}$$

$$I_{3A}=\frac{R_2}{R_2+R_3}I_{1A}=\frac{1}{1+4}\times 10\text{ A}=2\text{ A}$$

I_{1A}、I_{2A}、I_{3A} 的方向如图 1-7-7b 所示。

再计算图 1-7-7c 所示电源 E_2 单独作用于电路时产生的电流。

$$I_{2B}=\frac{E_2}{R_2+\dfrac{R_1R_3}{R_1+R_3}}=\frac{9}{1+\dfrac{1\times 4}{1+4}}\text{ A}=5\text{ A}$$

$$I_{1B}=\frac{R_3}{R_1+R_3}I_{2B}=\frac{4}{1+4}\times 5\ \text{A}=4\ \text{A}$$

$$I_{3B}=\frac{R_1}{R_1+R_3}I_{2B}=\frac{1}{1+4}\times 5\ \text{A}=1\ \text{A}$$

I_{1B}、I_{2B}、I_{3B} 的方向如图 1-7-7c 所示。

（3）对各分电路的计算结果进行叠加（即求代数和），得出最终结果。

$I_1=I_{1A}-I_{1B}=10\ \text{A}-4\ \text{A}=6\ \text{A}$，方向与 I_{1A} 相同。

$I_2=I_{2B}-I_{2A}=5\ \text{A}-8\ \text{A}=-3\ \text{A}$，方向与 I_{2A} 相同。

$I_3=I_{3A}+I_{3B}=2\ \text{A}+1\ \text{A}=3\ \text{A}$，方向与 I_{3A} 和 I_{3B} 都相同。

由上例可以看出，当运用叠加原理解复杂直流电路时，虽然避免了用方程组的解法，但是解题步骤变得比较烦琐。

任务 2　探究戴维南定理

学习目标

1. 能完成复杂直流电路的相关实验。
2. 掌握用戴维南定理求解复杂直流电路的方法和步骤。

工作任务

前面学习了几种求解复杂电路的方法，目的是分析电路中所有支路的电流（或电压）。如果只需要求解复杂电路中某一支路电流，有没有更简便的求解方法呢？下面要学习的戴维南定理就是在这种情况下能实现化繁为简的一种方法。

本任务的内容是通过实验验证戴维南定理求解复杂直流电路的方法。

相关知识

一、二端网络

任何具有两个引出端的电路（也称为网络）都称为**二端网络**。如果这部分电路中含有电源，则称为**有源二端网络**，如图 1-7-8a 所示。有源二端网络可以化简为一个含有内阻的电源。如果电路中只有电阻而不含有电源，则称为**无源二端网络**，如图 1-7-8b 所示。无源二端网络可用一个等效电阻 R 来代替。

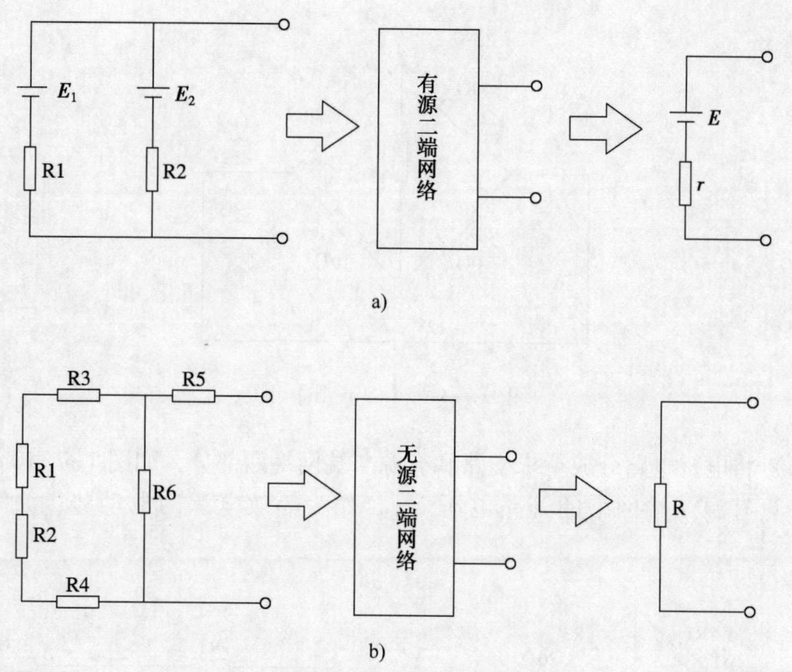

图 1-7-8 二端网络

a）有源二端网络 b）无源二端网络

二、戴维南定理

戴维南定理的内容如下：任何一个只含有线性元件的有源二端网络对于外电路而言，都可以用一个电动势和电阻串联的等效电源来代替，等效电源的电动势等于有源二端网络的开路电压，等效电源的内阻等于该二端网络内所有电动势短路后的网络两端的等效电阻。

由于戴维南定理将有源二端网络简化成了一个简单的电源，因此，常用于复杂电路中只需计算某一支路电流（或电压）的场合。

三、用戴维南定理解题的步骤

1. 将电路分成有源二端网络和待求支路两部分。

2. 断开待求支路，求出有源二端网络的开路电压，作为等效电源的电动势。

3. 将有源二端网络内的所有电动势短路，求出无源二端网络的等效电阻，作为等效电源的内阻。

4. 画出有源二端网络的等效电源图，接通待求支路，利用全电路欧姆定律解得待求支路的电流。

【例 1-16】 利用戴维南定理，求出图 1-7-9 所示电桥电路中 R5 上流过的电流。

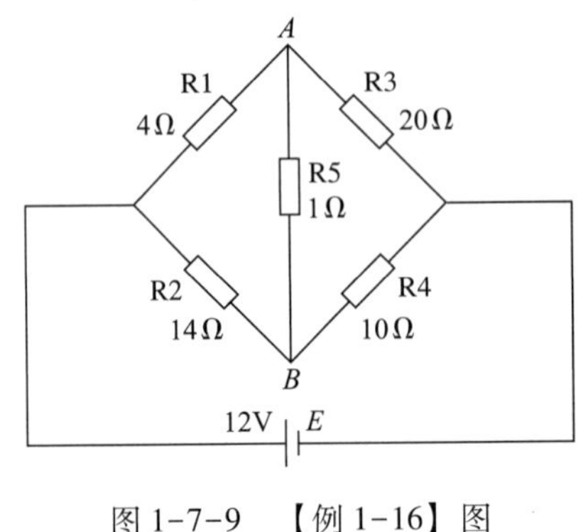

图 1-7-9 【例 1-16】图

解：（1）将电桥电路分成待求支路和有源二端网络两部分，如图 1-7-10a 所示。

（2）计算有源二端网络的开路电压 U_{AB}，作为等效电源的电动势，如图 1-7-10b 所示。

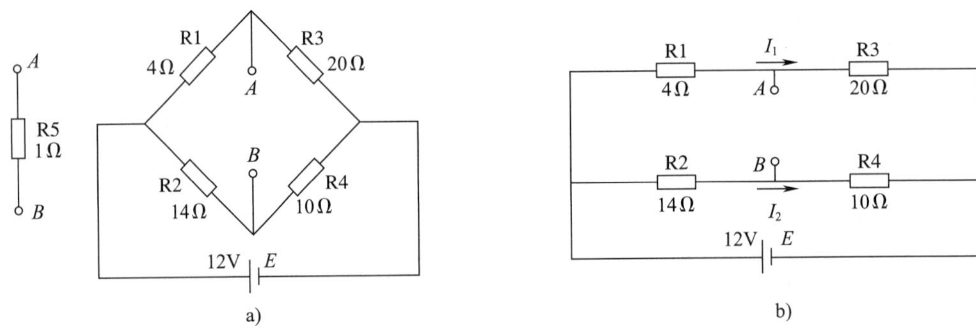

图 1-7-10 计算有源二端网络的开路电压

a）电路拆分 b）计算开路电压

$$I_1=\frac{E}{R_1+R_3}=\frac{12}{4+20}\text{ A}=0.5\text{ A}$$

$$I_2=\frac{E}{R_2+R_4}=\frac{12}{14+10}\text{ A}=0.5\text{ A}$$

$$U_{AB}=I_1R_3-I_2R_4=0.5\text{ A}\times 20\ \Omega-0.5\text{ A}\times 10\ \Omega=5\text{ V}$$

（3）将有源二端网络内部的电动势短路，计算无源二端网络的等效电阻 R_{AB}，如图 1-7-11 所示。

$$R_{AB}=\frac{R_1R_3}{R_1+R_3}+\frac{R_2R_4}{R_2+R_4}=\frac{4\times 20}{4+20}\ \Omega+\frac{14\times 10}{14+10}\ \Omega\approx 3.3\ \Omega+5.8\ \Omega=9.1\ \Omega$$

（4）画出有源二端网络的等效电源图，接通待求支路，解得待求支路的电流，如图 1-7-12 所示。

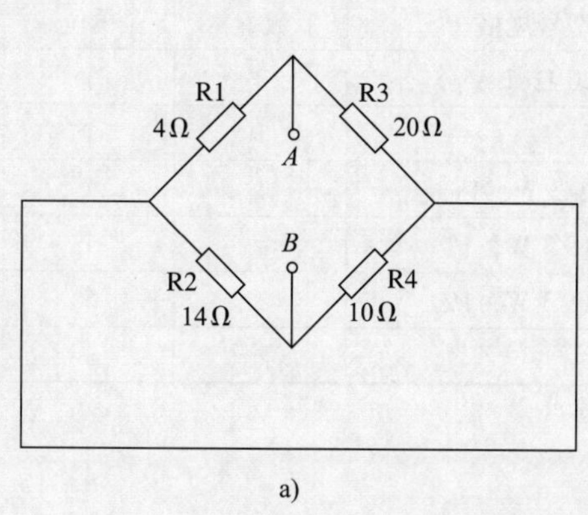

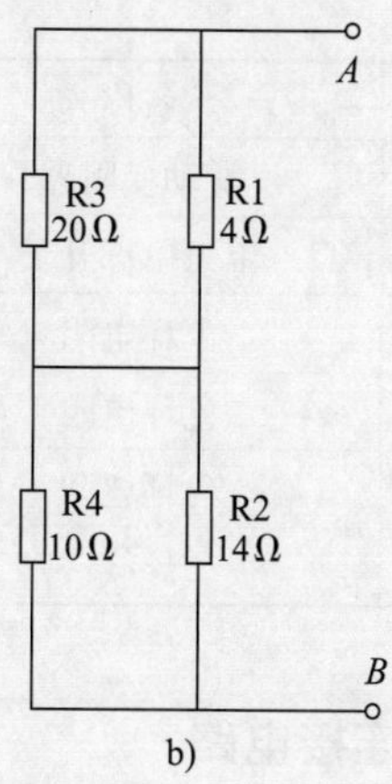

图 1-7-11　计算无源二端网络的等效电阻

a）内部电动势短路　b）计算等效电阻

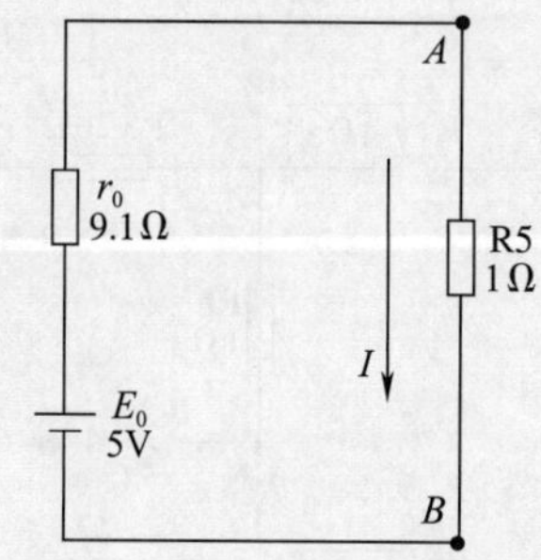

图 1-7-12　接通待求支路

$$I=\frac{E_0}{R_5+r_0}=\frac{5}{1+9.1}\ \mathrm{A}\approx 0.5\ \mathrm{A}$$

任务实施

一、任务准备

本任务将对【例 1-16】的求解情况进行验证。

实施本任务所需要的实验设备、工具及材料见表 1-7-2。

表 1-7-2　实验设备、工具及材料

序号	名称	型号规格	数量	单位	备注
1	电工常用工具		1	套	
2	万用表	DT-9205B 或自定	1	块	
3	直流稳压电源	1 A/12 V	1	台	

续表

序号	名称	型号规格	数量	单位	备注
4	滑动变阻器	20 Ω/1 A	2	个	
5	单刀单掷开关		1	个	
6	色环电阻	1 Ω/3 W，1%	1	个	
7	色环电阻	10 Ω/3 W，1%	1	个	
8	色环电阻	20 Ω/3 W，1%	1	个	
9	导线		若干	m	

二、连接电路

1. 按照图 1-7-13 准备并检查所需设备及器材，确保良好。电路中的 R1、R2 用滑动变阻器替代，可在调节滑动变阻器的同时用万用表测量其等效阻值，直至达到电路中所标出的对应阻值，务求准确。

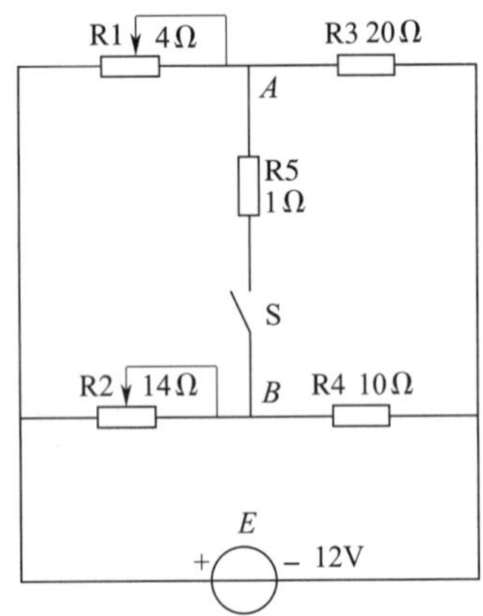

图 1-7-13　戴维南定理验证电路

2. 按图依次连接电路。

3. 检查电路连接是否正确。

三、测量电路中 R5 支路的电流值

1. 接通直流稳压电源，接通开关 S。

2. 将万用表置于 DC 20 V 挡，测量电路中 A、B 两点间的电压，结果为__________。

3. 因为 $R_5=1\ \Omega$，所以流过 R5 支路的电流 $I=$______A。

四、按照戴维南定理解题步骤重新测量

1. 断开待求支路，测量开路电压

（1）当开关 S 处于断开状态时，接通直流稳压电源。

（2）将万用表置于 DC 20 V 挡，测量电路中 A、B 两点间的电压，结果为________。

2. 测量等效电源内阻

（1）关闭直流稳压电源，将 12 V 电源的两端短接。

（2）将万用表置于 200 Ω 电阻挡，测量 A、B 两点间的电阻，结果为________。

3. 根据有源二端网络的等效电源图连接新电路

（1）有源二端网络的等效电源图如图 1-7-14 中点画线框内部分所示，A、B 间为待求支路，等效电阻用滑动变阻器代替。调节滑动变阻器，同时用万用表测量其等效阻值，直至达到电路中所标的对应阻值，务求准确。

（2）按图 1-7-14 依次连接电路并检查电路连接是否正确。

（3）将万用表置于 DC 20 V 挡，接通直流稳压电源，测量电路中 A、B 两点间的电压，结果为________。因为 $R_5 = 1\ \Omega$，所以流过 R5 支路的电流 $I=$________A。

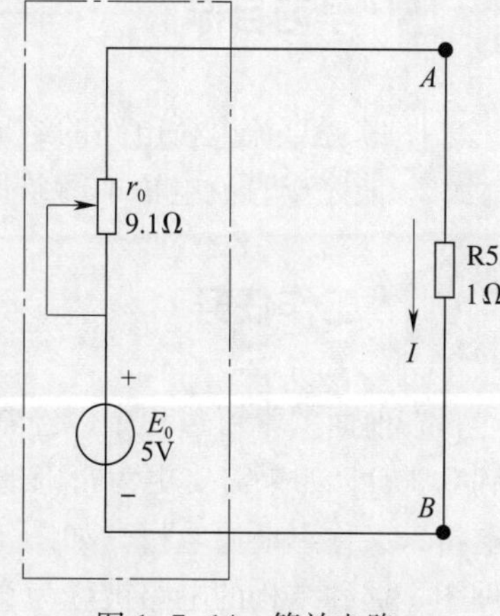

图 1-7-14　等效电路

五、分析测量结果并整理现场

1. 对照图 1-7-13 所示电路的测量值和图 1-7-14 所示电路的测量值，两次测量结果一致。

2. 断开直流稳压电源，拆除电路中的导线。

3. 整理实验器材与工具，清洁实验环境。

思考与练习

1. 在图 1-7-15 所示电路中，已知 $E_1 = 60\ \text{V}$，$E_2 = 10\ \text{V}$，$r_1 = 2\ \Omega$，$r_2 = 5\ \Omega$，$R_1 = 8\ \Omega$，$R_2 = R_3 = 15\ \Omega$，用叠加原理计算出各支路上的电流。

2. 在图 1-7-16 所示电路中，已知 $E_1 = E_2 = 1\ \text{V}$，$R_1 = R_2 = R_3 = 1\ \Omega$，用叠加原理求电压 U_{AB} 的数值。如果右边的电源反向，电压 U_{AB} 将变为多大？

3. 在图 1-7-15 所示电路中，已知 $E_1 = 60\ \text{V}$，$E_2 = 10\ \text{V}$，$r_1 = 2\ \Omega$，$r_2 = 5\ \Omega$，$R_1 = 8\ \Omega$，$R_2 = R_3 = 15\ \Omega$，用戴维南定理求 R3 支路上的电流，并求 R3 的阻值等于多少时可以获得最大功率。

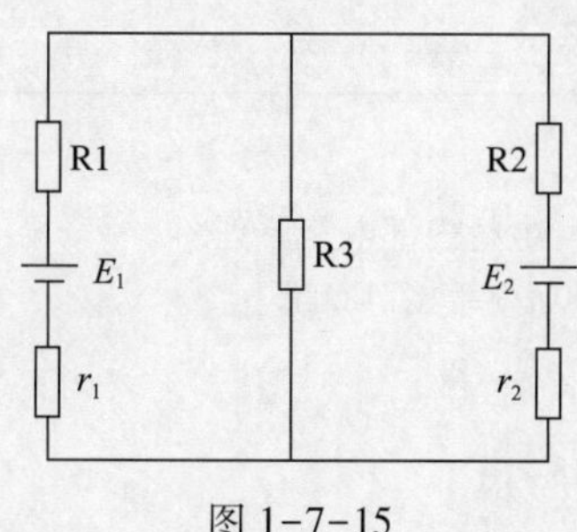

图 1-7-15

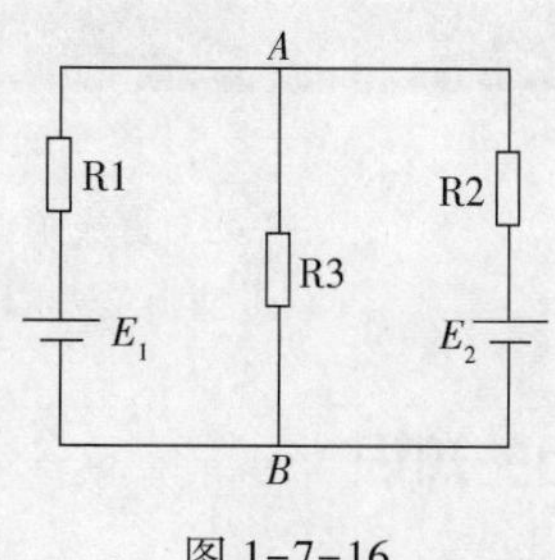

图 1-7-16

4. 用 EWB 仿真软件仿真求解上面 3 个题目。

课题八　直流电桥电路

任务 1　测量直流电桥电路

学习目标

1. 掌握直流电桥电路的组成及其平衡条件。
2. 能完成直流电桥平衡条件验证实验。

工作任务

在前面的学习过程中，经常要用数字式万用表测量电阻，其测得的阻值一般只能精确到 0. 1 Ω。如果需要更为精确地测量电阻，如精确到小数点后两位数，就要使用直流单臂电桥，又称惠斯通电桥，如图 1-8-1a 所示。图 1-8-1b 所示是直流单臂电桥内部电路原理图，这种结构的电路被称为直流电桥电路。

本任务的内容是学习直流电桥电路的组成，验证直流电桥平衡条件。

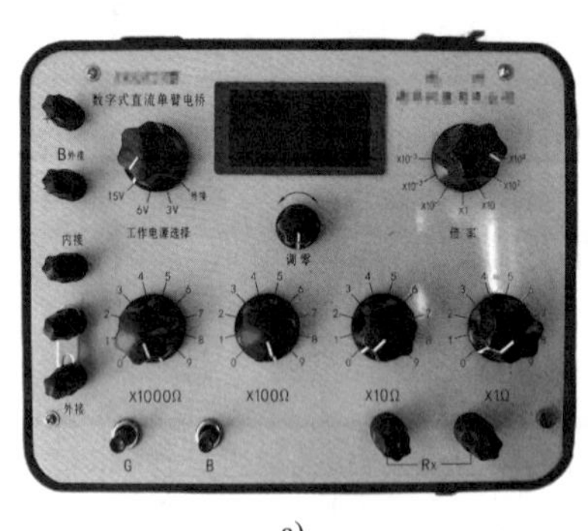

a)

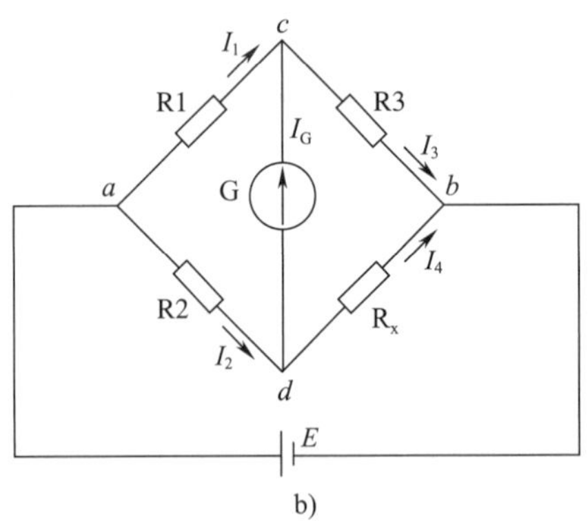

b)

图 1-8-1　直流单臂电桥与直流单臂电桥内部电路原理图

a）直流单臂电桥　b）直流单臂电桥内部电路原理图

相关知识

一、直流电桥电路的组成

图 1-8-1b 中的 4 个电阻 R1、R2、R3、R_x 分别组成电桥的 4 个桥臂，其中相邻的两

个桥臂 R1 和 R2、R3 和 R_x、R1 和 R3 等叫作**邻臂**；相对的两个桥臂 R1 和 R_x、R2 和 R3 叫作**对臂**。所谓的桥，是指 c、d 两点之间的支路。

二、直流电桥电路的平衡条件

直流电桥电路工作中，若桥路两端的电压或桥路中的电流为零，则称直流电桥电路处于**平衡状态**。如图 1-8-1b 所示，当电桥电路处于平衡状态时，因为 $U_{cd}=0$，所以 c、d 两点的电位相等。

因此 $U_{ac}=U_{ad}$ $U_{bc}=U_{bd}$

可得 $I_1R_1=I_2R_2$ $I_3R_3=I_4R_x$

当电桥电路平衡时，因为 $I_G=0$，所以 $I_1=I_3$、$I_2=I_4$，带入以上两式，并将两式相除，可得

$$\frac{R_1}{R_3}=\frac{R_2}{R_x}$$

或

$$R_1R_x=R_2R_3$$

上式称为**直流电桥电路的平衡条件**。它说明，当电桥电路处于平衡状态时，电桥电路中对臂电阻的乘积相等。此时，桥路中电流为零，桥路两端电压为零。

任务实施

一、任务准备

实施本任务所需要的实验设备、工具及材料见表 1-8-1。

表 1-8-1 实验设备、工具及材料

序号	名称	型号规格	数量	单位	备注
1	电工常用工具		1	套	
2	万用表	DT-9205B 或自定	2	块	
3	直流稳压电源	1 A/5 V	1	台	
4	滑动变阻器	20 Ω/1 A	2	个	
5	单刀单掷开关		1	个	
6	色环电阻	10 Ω/3 W，1%	1	个	
7	色环电阻	300 Ω/3 W，1%	1	个	
8	色环电阻	330 Ω/3 W，1%	1	个	
9	导线		若干	m	

二、连接实验电路

1. 按照图 1-8-2 准备并检查所需设备及器材，确保良好。

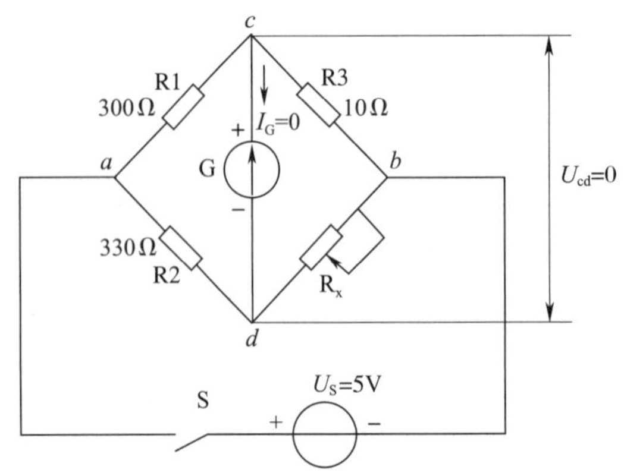

图 1-8-2　电桥电路的平衡条件实验电路

2. 图 1-8-2 中的检流计 G 可用万用表代替，代替检流计的万用表量程应置于直流 200 mA 挡。

3. 用导线按图依次连接电路。

4. 检查电路连接是否正确。

三、测量电路中的电流和电压

1. 接通直流稳压电源。

2. 慢慢调节滑动变阻器 R_x，使万用表测得的电流值为零（电桥电路平衡），即 $I_G=$ ______________时，停止调节 R_x。

3. 将另一块万用表置于 DC 20 V 挡，测量图 1-8-2 中 c、d 两点间电压，得到$U_{cd}=$ ________。

4. 断开直流稳压电源，拆除电路中的导线。用数字式万用表测量 R_x 调节后得到的阻值为______________。

四、分析测量结果并整理现场

1. 通过实验可以发现，电路中各桥臂电阻之间的关系为__________________。

实验证明：在电桥电路中，当对臂电阻的乘积相等时，电桥电路处于平衡状态。此时，桥路中电流为零，桥路两端电压为零。

2. 整理实验器材与工具，清洁实验环境。

知识延伸

图 1-8-1b 所示直流电桥平衡条件还可以写成

$$R_x=\frac{R_2}{R_1}R_3$$

图 1-8-3 所示直流单臂电桥的基本测量原理就是依据此式。在图 1-8-1b 所示直流单

臂电桥电路原理图中，R1、R2 构成比例臂，R3 构成比较臂，被测电阻 R_x 称为被测臂。

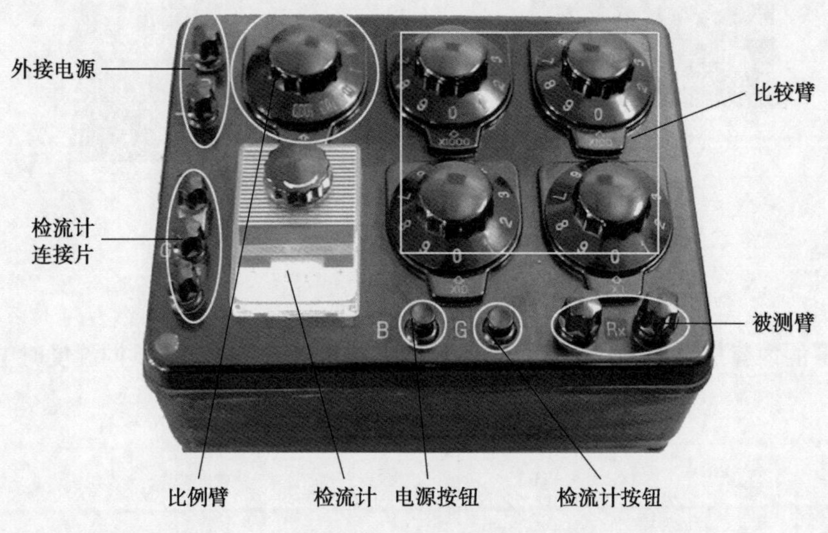

图 1-8-3　直流单臂电桥

使用直流单臂电桥测量电阻时，将被测电阻接在仪表的被测臂两端，然后反复调节比例臂和比较臂的数值，使检流计指针指零，即电桥达到平衡状态，就可以根据公式 $R_x=\frac{R_2}{R_1}R_3$ 求得被测电阻。这种测量方法称为比较测量法。

任务 2　测试直流电桥应用电路

学习目标

1. 能完成直流电桥电路的测温实验。
2. 熟悉直流电桥电路的实际应用。
3. 掌握电阻Y-△等效变换的方法。

工作任务

直流电桥电路广泛应用于温度、质量等测量电路中，如图 1-8-4 所示。在这类应用中，直流电桥电路中桥路两端的电压（桥路中的电流）常常不为零，此时称电桥电路处于不平衡状态。

a)

b)

图 1-8-4　应用直流电桥电路的设备

a）数字显示温度计　b）电子秤

本任务的内容是连接图 1-8-5 所示测温直流电桥电路，并测量不同温度时电路的输出电压 U_{cd}。

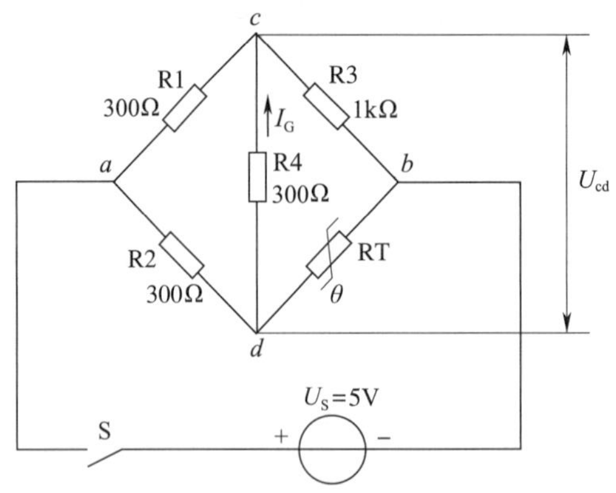

图 1-8-5　测温直流电桥电路

任务实施

一、任务准备

实施本任务所需要的实验设备、工具及材料见表 1-8-2。

表 1-8-2　实验设备、工具及材料

序号	名称	型号规格	数量	单位	备注
1	电工常用工具		1	套	
2	万用表	DT-9205B 或自定	1	块	
3	直流稳压电源	1A/5 V	1	台	
4	单刀单掷开关		1	个	
5	NTC 热敏电阻	MF52-102F-3950	1	个	

续表

序号	名称	型号规格	数量	单位	备注
6	色环电阻	300 Ω/3 W，1%	3	个	
7	色环电阻	1 kΩ/3 W，1%	1	个	
8	导线		若干	m	

图 1-8-5 中的 RT 是负温度系数热敏电阻（NTC），它的阻值会随温度升高而减小。型号为 MF52-102F-3950 的热敏电阻在 25 ℃时的阻值为 1 kΩ。

二、连接实验电路

1. 按照图 1-8-5 准备并检查所需设备及器材，确保良好。
2. 用导线按图 1-8-5 依次连接电路。
3. 检查电路连接是否正确。

三、测量电路中的电流和电压

1. 接通直流稳压电源和开关 S。
2. 将万用表量程置于 DC 20 V 挡，用万用表测量图 1-8-5 中电桥电路的输出电压 U_{cd}。观察万用表测得的电压值，不为零，可知此时电桥电路处于__________状态。
3. 用手心（35 ℃左右）接触热敏电阻的水滴形头部对它进行加热，同时观察所测电压值的变化趋势。随着温度的升高，电桥电路的输出电压 U_{cd} 的变化趋势为_________________。
4. 用装有热水的水杯慢慢靠近热敏电阻的水滴形头部进行加热，同时观察所测电压值的变化趋势。电桥电路的输出电压 U_{cd} 的变化趋势为__________。

四、分析测量结果并整理现场

1. 通过实验可知，测温直流电桥电路的输出电压（电流）随温度的变化而变化。电桥电路的输出电压 U_{cd} 或电流 I_G 的大小能够反映被测温度的高低，即被测温度越高，电桥电路的输出电压（电流）值越__________。
2. 拆除电路中的导线。
3. 整理实验器材与工具，清洁实验环境。

知识延伸

一、电阻的星形（Y）联结和三角形（Δ）联结

把 3 个电阻 R1、R2、R3 的一端连在一起，成为一个节点，3 个电阻的另外一端分别与电路的不同部分连接，这种连接方式称为电阻的**星形联结**，也称Y联结，如图 1-8-6 所

示。许多小型的三相电动机都采用这种连接方式。

把 3 个电阻 R12、R23、R31 连成一个闭合的三角形，三角形的 3 个顶点分别与电路的不同部分相连，这种连接方式称为电阻的**三角形联结**，也称△联结，如图 1-8-7 所示。实际生产中遇到的大中型三相电动机大多采用这种连接方式。

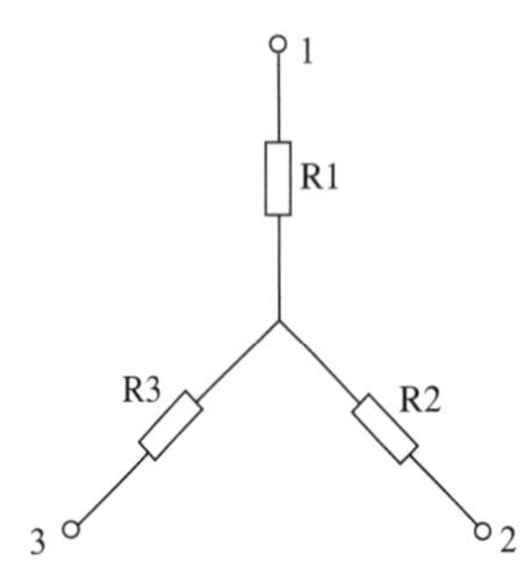

图 1-8-6　电阻的星形联结

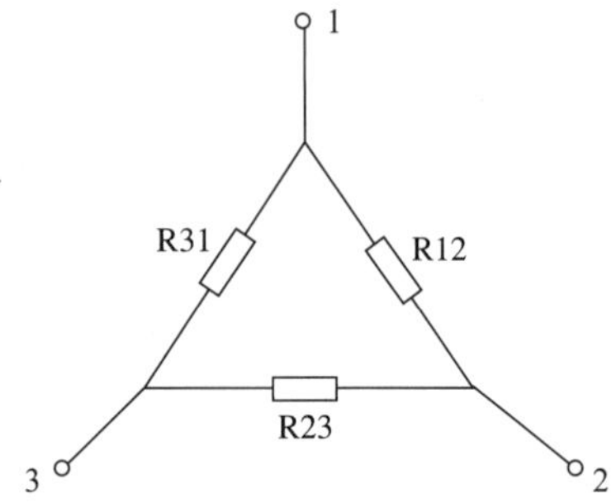

图 1-8-7　电阻的三角形联结

二、电阻的Y-Δ等效变换

电阻的Y联结与△联结在满足一定的条件时，可以实现相互等效变换，称为电阻的Y-△等效变换。

电阻的Y-△等效变换的条件是三端的电流与任何两点之间的电压在变换前后保持相同，对外电路的作用完全一样。根据这个等效原则，可推导出以下变换公式。

Y联结转换为△联结的变换公式为

$$R_{12} = R_1 + R_2 + \frac{R_1R_2}{R_3}$$

$$R_{23} = R_2 + R_3 + \frac{R_2R_3}{R_1}$$

$$R_{31} = R_3 + R_1 + \frac{R_3R_1}{R_2}$$

△联结转换为Y联结的变换公式为

$$R_1 = \frac{R_{12}R_{31}}{R_{12} + R_{23} + R_{31}}$$

$$R_2 = \frac{R_{23}R_{12}}{R_{12} + R_{23} + R_{31}}$$

$$R_3 = \frac{R_{31}R_{23}}{R_{12} + R_{23} + R_{31}}$$

特别地，若构成Y联结的 3 个电阻相等，即 $R_1 = R_2 = R_3 = R_Y$，则称为对称的Y联结；若构成△联结的 3 个电阻相等，即 $R_{12} = R_{23} = R_{31} = R_\triangle$，则称为对称的△联结。对称的Y联结和△联结的等效变换公式为

$$R_{\mathrm{Y}}=\frac{1}{3}R_{\triangle}\quad 或 \quad R_{\triangle}=3R_{\mathrm{Y}}$$

利用电阻的Y-△等效变换，有时能够达到简化电路计算的目的。另外，电阻的Y-△等效变换还在三相交流电路的分析计算中经常用到。

【例 1-17】 测温直流电桥电路如图 1-8-5 所示，当室内温度为 14.5 ℃时，$R_T=1.5\ \mathrm{k\Omega}$，求电路中电源提供的总电流以及通过桥路的电流 I_G。

解： 图 1-8-5 所示电桥电路由于没有处于平衡状态，故属于复杂直流电路，不能用电阻串并联的方法求解该电路，按照一般的复杂直流电路的解法是非常复杂的。仔细观察不难发现，图 1-8-5 中的 3 个电阻 R1、R2、R4 正好构成对称的三角形联结，根据电阻的Y-△等效变换，可把它们等效为星形联结，接成图 1-8-8 所示的电路。其中

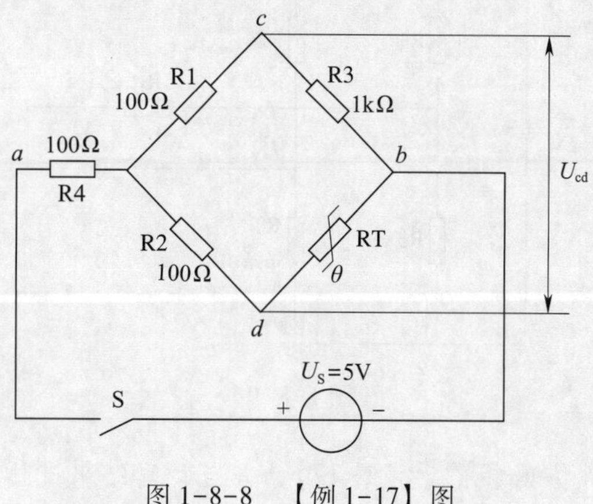

图 1-8-8　【例 1-17】图

$$R_{\mathrm{Y}}=\frac{1}{3}R_{\triangle}=\frac{300}{3}\ \Omega=100\ \Omega$$

这时，原来的复杂直流电路已经等效成简单直流电路，电路的总电阻为

$$R_{ab}=[(1\ 500\ \Omega+100\ \Omega)/\!/(1\ 000\ \Omega+100\ \Omega)]+100\ \Omega\approx 752\ \Omega$$

电路的总电流为

$$I=\frac{U_S}{R_{ab}}=\frac{5}{752}\ \mathrm{A}\approx 6.6\ \mathrm{mA}$$

由分流公式求出通过 cb 支路和 db 支路的电流分别为

$$I_{cb}=\frac{1\ 500+100}{(1\ 500+100)+(1\ 000+100)}\times 6.6\ \mathrm{mA}\approx 3.9\ \mathrm{mA}$$

$$I_{db}=\frac{1\ 000+100}{(1\ 500+100)+(1\ 000+100)}\times 6.6\ \mathrm{mA}\approx 2.7\ \mathrm{mA}$$

由此得到图 1-8-5 中 c、d 两点之间的电压为

$$U_{cd}=U_{cb}-U_{db}=3.9\times 1\ 000\ \mathrm{mV}-2.7\times 1\ 500\ \mathrm{mV}=3\ 900\ \mathrm{mV}-4\ 050\ \mathrm{mV}=-150\ \mathrm{mV}$$

通过桥路上的电流为

$$I_G = \frac{U_{dc}}{R_4} = -\frac{U_{cd}}{R_4} = \frac{150}{300}\ \text{mA} = 0.5\ \text{mA}$$

思考与练习

1. 简述电桥的平衡条件及平衡特点。

2. 在图 1-8-9 所示测温电路中，已知 $R_1 = 100\ \Omega$，$R_2 = 1\ \text{k}\Omega$，热敏电阻 RT 的型号为 MF52-102F-3950。若要使电桥电路在 25 ℃时输出电压 $U_{cd} = 0\ \text{V}$，R_3 应当为多少？

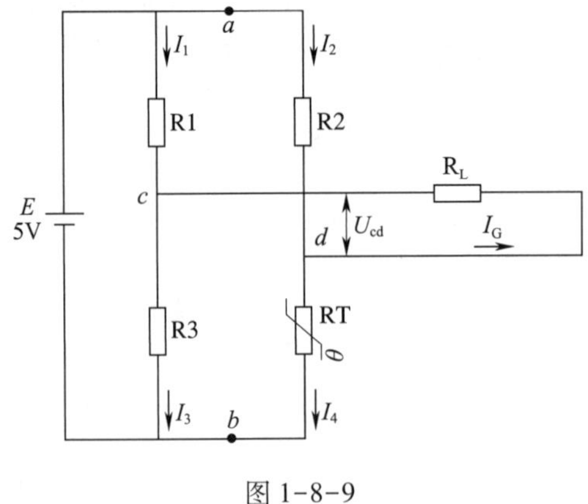

图 1-8-9

3. 用 EWB 仿真软件仿真求解【例 1-17】，并与计算结果进行对照，如存在偏差试分析其原因。

模块二　磁场与电磁感应

课题一　磁场与电流的磁效应

任务 1　认识磁体与磁感线

学习目标

1. 了解永久磁体的相互作用及永久磁体作用下铁屑模拟的磁场。
2. 掌握磁体的性质及磁场、磁感线等概念。

工作任务

某些物体能够吸引铁、镍、钴等物质，这种性质称为**磁性**。具有磁性的物体称为**磁体**。磁体（也叫磁铁）分为**天然磁体**和**人造磁体**两大类。常见的人造磁体有条形磁体、蹄形磁体和磁针等（图 2-1-1）。

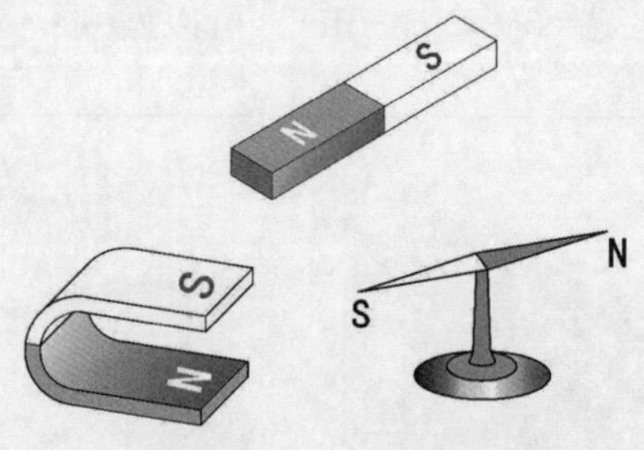

图 2-1-1　人造磁体

本任务的内容是通过实验了解磁体基本性质，观察和分析永久磁铁作用下铁屑模拟的磁场。

任务实施

一、任务准备

实施本任务所需要的实验器材及工具见表 2-1-1。

表 2-1-1 实验器材及工具

序号	名称	型号规格	数量	单位	备注
1	电工常用工具		1	套	
2	蹄形磁铁	小号	1	块	
3	条形磁铁	小号	1	块	
4	磁针		2	个	
5	有机玻璃板		1	块	
6	铁屑		若干		

二、磁铁的相互作用

1. 在远离其他磁铁和工作中的电气设备以及电气线路的平整桌面上，放置一个磁针，观察磁针的指示方向情况：____，如图 2-1-2 所示。

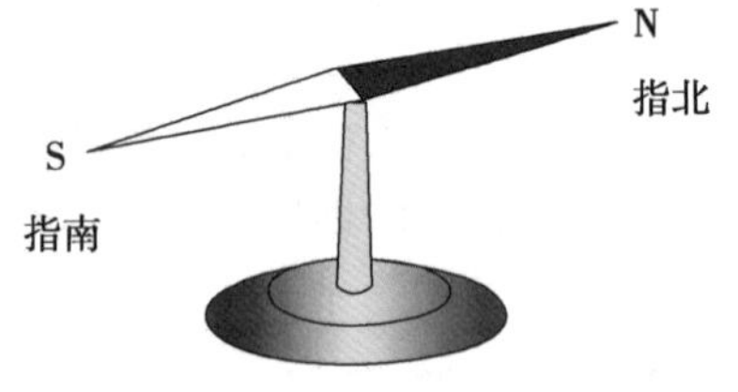

图 2-1-2 磁针

2. 准备一块条形磁铁，其两端称为磁极，分别是南极（S）、北极（N）。实验室中的磁铁南极一端一般涂为蓝色，北极涂为红色。用旋具铁质的头部沿垂直于磁铁方向慢慢靠近磁铁中间部位（图 2-1-3a）。此时，__________________________。重新用旋具头部沿垂直于磁铁方向慢慢靠近磁铁任意一端（图 2-1-3b），可以发现：____。

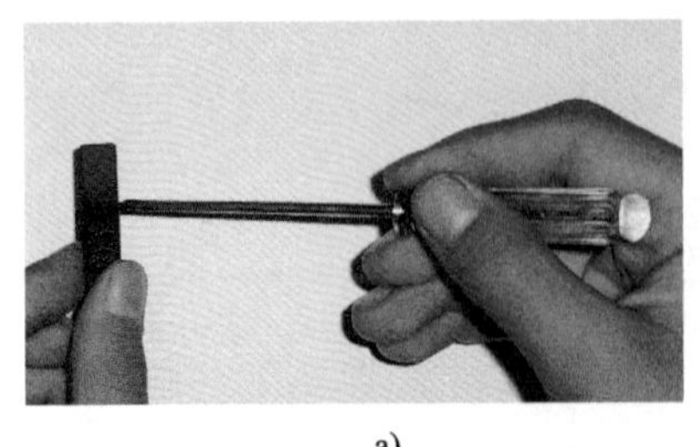

a)

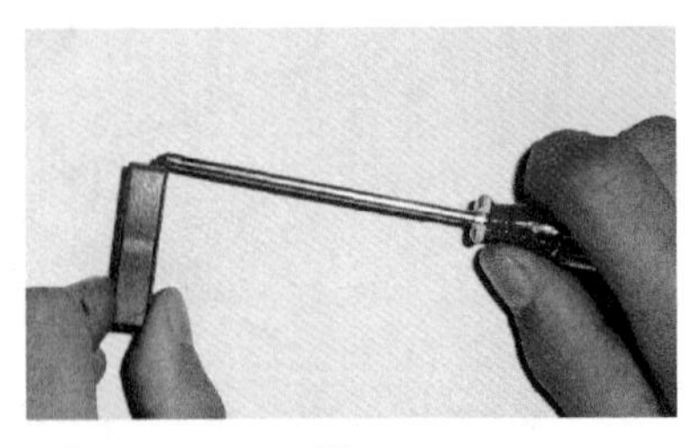

b)

图 2-1-3 测试磁铁磁力

3. 如图 2-1-4 所示，准备一块条形磁铁和一个磁针，用条形磁铁的南极慢慢靠近磁针，此时________________________；用条形磁铁的北极慢慢靠近磁针，此时________________________。

图 2-1-4　磁铁的相互作用

三、磁铁作用下铁屑模拟的磁场分布

在有机玻璃板上均匀地撒一层铁屑，然后把一块蹄形磁铁放在玻璃板下面。铁屑在磁场里被磁化成“小磁针”。轻敲玻璃板，使铁屑能在磁场作用下转动，铁屑静止后会有规则地排列起来，显示出磁场的分布，如图 2-1-5a 所示。条形磁铁作用下铁屑排列所显示的磁场分布，如图 2-1-5b 所示。可以看到在 N 极和 S 极附近铁屑__________，说明越接近磁极，磁场越强。

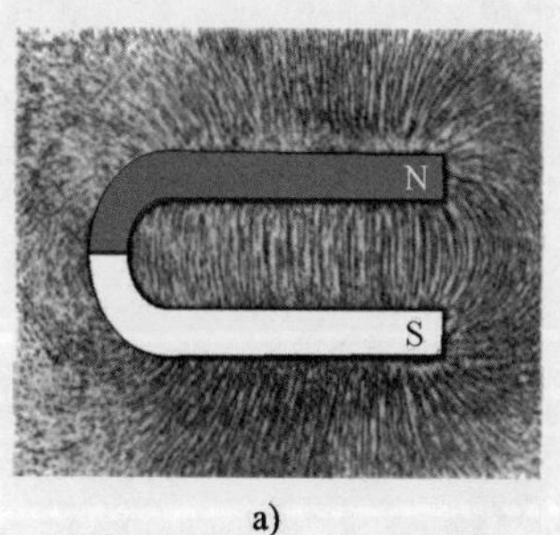

a)

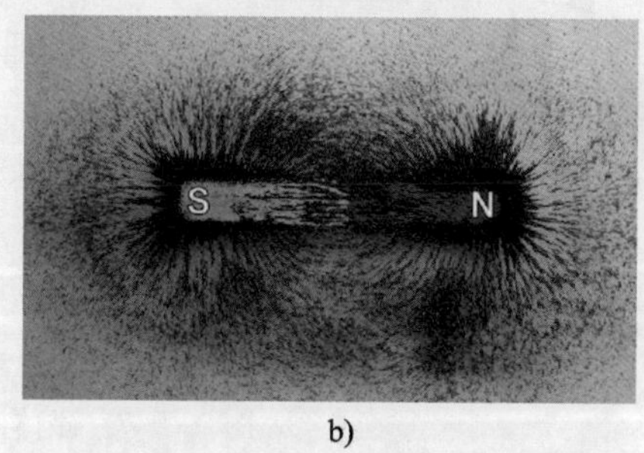

b)

图 2-1-5　用铁屑模拟磁场分布

a）蹄形磁铁作用下的磁场　b）条形磁铁作用下的磁场

四、整理现场

整理实验器材与工具，清洁实验环境。

知识延伸

一、磁体的性质

磁体两端磁性最强的部分称为**磁极**。可以在水平面内自由转动的磁针，静止后总是一个磁极指南，另一个磁极指北。指北的磁极称为**北极**（N），指南的磁极称为**南极**（S）。任何磁体都具有两个磁极，而且无论把磁体怎样分割总保持有两个异名磁极，也就是说，N 极和 S 极总是成对出现的（图 2-1-6）。

当两个磁极靠近时，它们之间会产生相互作用：同名磁极相互排斥，异名磁极相互吸引。

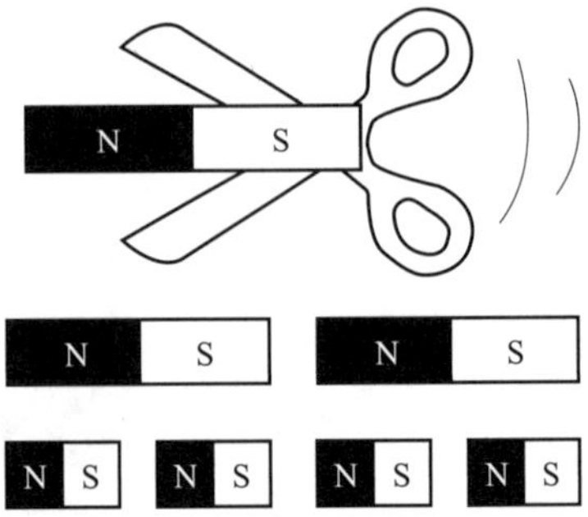

图 2-1-6　N 极和 S 极总是成对出现的

二、磁场与磁感线

1. 磁场

两个磁极互不接触，却存在相互作用的力，这是为什么呢？原来在磁体周围的空间中存在着一种特殊的物质——磁场，磁极之间的作用力就是通过磁场进行传递的。实验中磁铁作用下周围铁屑的分布情况，形象地说明了磁场的存在。

2. 磁感线

磁场的分布常用磁感线来描述，如图 2-1-7 所示。所谓**磁感线**，就是在磁场中画出的一些有方向的曲线，在这些曲线上，每一点的切线方向就是该点的磁场方向，也就是放在该点的磁针 N 极所指的方向（图 2-1-8）。

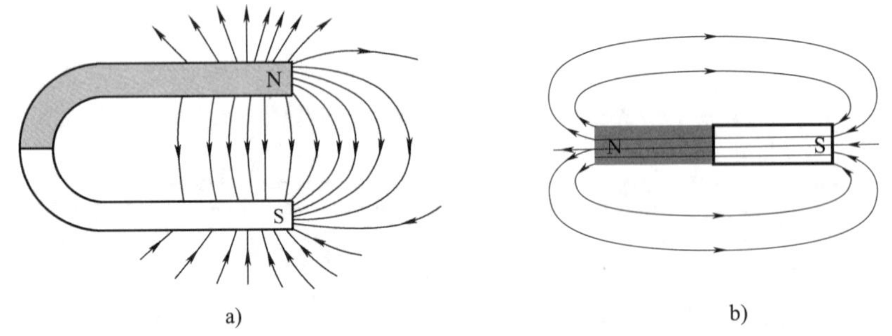

图 2-1-7　磁体的磁感线

a）蹄形磁体的磁感线　b）条形磁体的磁感线

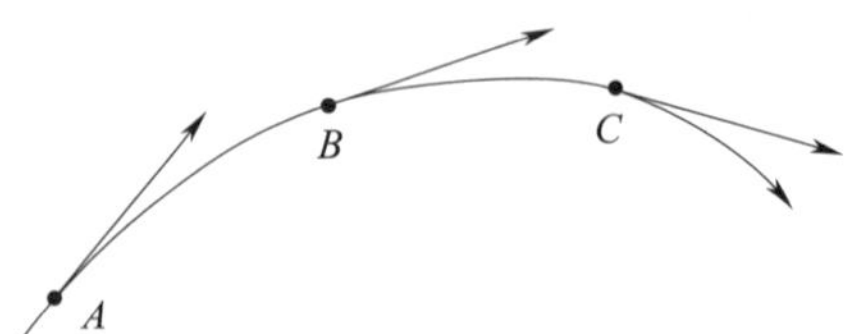

图 2-1-8　磁感线方向与磁场方向

磁感线的方向定义如下：在磁体外部由 N 极指向 S 极，在磁体内部由 S 极指向 N 极。磁感线是闭合曲线。

在磁场的某一区域里，如果磁感线是一些方向相同、分布均匀的平行直线，则这一区域称为均匀磁场。距离很近的两个异名磁极之间的磁场（图 2-1-9），除边缘部分外，可以认为是均匀磁场。

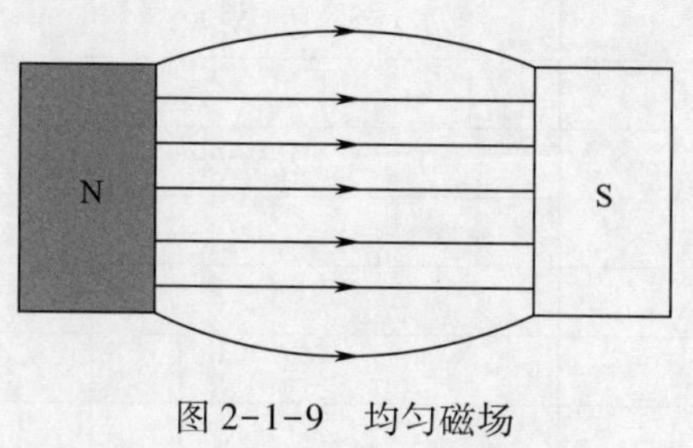

图 2-1-9　均匀磁场

任务 2　探究电流产生的磁场

学习目标

1. 了解通电直导体与通电螺线管周围磁场的情况。
2. 掌握电流的磁效应及其规律。

工作任务

如果把小磁针放在通电的电气设备或线路附近，小磁针的指示方向就会发生偏转，而当设备停电后，小磁针恢复南北指向。这说明电气设备或线路通电后产生了磁场。

本任务的内容是通过实验了解和分析通电直导体和通电线圈产生的磁场情况，掌握电流的磁效应及其规律。

任务实施

一、任务准备

实施本任务所需要的实验器材及工具见表 2-1-2。

表 2-1-2　实验器材及工具

序号	名称	型号规格	数量	单位	备注
1	电工常用工具		1	套	
2	电池盒	一号	2	个	

续表

序号	名称	型号规格	数量	单位	备注
3	电池	一号，1.5 V	2	节	
4	单刀单掷开关		1	个	
5	灯泡	0.3 A，2.5 V	1	只	
6	灯座		1	个	
7	空心线圈		1	个	
8	导线		若干	m	
9	磁针		1	个	

二、测试直线电流产生的磁场

1. 按照图 1-1-2 准备并检查所需器材及工具，确保良好，然后用导线连接单控照明电路（用两节电池供电）。

2. 如图 2-1-10a 所示，在单控照明电路的一段南北方向直导线下面，放置一个磁针，接通开关前磁针指示南北方向。接通电路开关，从上面看磁针指向发生了____________________________，如图 2-1-10b 所示。

3. 将电源正负极导线对调，以改变导线中电流的方向。重复上面的实验，接通电路开关，从上面看磁针指向发生了________________________。

4. 改用一节电池供电，使电路中电流变小。重复上面的实验，磁针偏转的角度__________________________。

a)

b)

图 2-1-10　直线电流对磁针的作用

a）接通开关前　b）接通开关后

三、测试环形电流产生的磁场

1. 如图 2-1-11 所示，连接两节电池为一个空心线圈供电的电路。

图 2-1-11　环形电流对磁针的作用

2. 放置一个磁针，使其靠近线圈的一端，接通开关前磁针指示南北方向。接通电路开关，此时磁针指示方向为________________________。

3. 将电源正负极导线对调，以改变线圈中电流的方向。接通开关前磁针指示南北方向。接通电路开关，此时磁针指示方向为________________________。

四、整理现场

1. 断开电源开关，拆除实验电路的导线。
2. 整理实验器材与工具，清洁实验环境。

知识延伸

在上面的实验中，把小磁针放在通电导线或通电线圈旁，小磁针会发生偏转。这说明不仅磁铁能产生磁场，电流也能产生磁场，这种现象称为**电流的磁效应**，也就是通常所说的“**动电生磁**”（定向运动的电荷形成电流产生磁场）。通过实验还可以看到，电流产生磁场的方向与电流的方向有关，电流越大产生的磁场越强。电流所产生磁场的方向可用**右手螺旋定则**来判断。

一、直线电流产生的磁场

如图 2-1-12 所示，用右手握住导线，伸直的拇指所指的方向跟电流的方向一致，则弯曲的四指所指的方向就是磁感线的环绕方向。

二、环形电流产生的磁场

如图 2-1-13 所示，用右手握住通电螺线管，弯曲的四指所指的方向跟电流的方向一致，则拇指所指的方向就是螺线管内部磁感线的方向，也就是通电线圈产生磁场北极的方向（通电线圈相当于一根条形磁铁）。

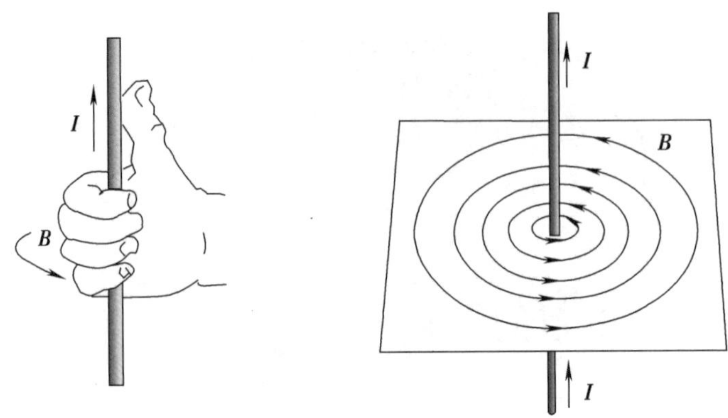

图 2-1-12　直线电流产生的磁场

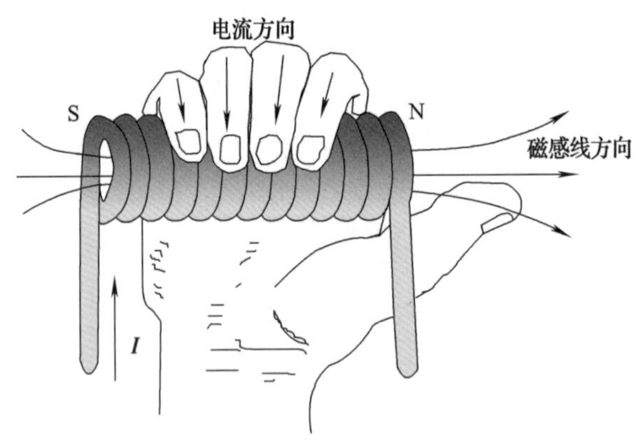

图 2-1-13　环形电流产生的磁场

任务 3　探究磁场的主要物理量

学习目标

1. 掌握通电直导体在磁场中受到的电磁力和影响线圈产生磁场强弱的因素。
2. 理解磁感应强度、磁通、磁导率和磁场强度等物理量的概念。

工作任务

前面已经学习了磁场的基本性质，如何定量描述磁场的强弱？通电线圈产生的磁场强弱会受哪些因素影响？

本任务的内容是通过实验观察和分析通电直导体在磁场中受力的情况，掌握影响通电线圈产生磁场强弱的因素。

任务实施

一、任务准备

实施本任务所需要的实验器材及工具见表 2-1-3。

表 2-1-3　实验器材及工具

序号	名称	型号规格	数量	单位	备注
1	电工常用工具		1	套	
2	电池盒	一号	2	个	
3	电池	一号，1.5 V	2	节	全新
4	滑动变阻器	20 Ω/1 A	1	个	
5	万用表	DT-9205B 或自定	1	块	
6	组合导轨		1	套	
7	铜质针状导体		1	个	
8	蹄形磁铁	强磁	1	块	磁性较强
9	蹄形磁铁	强磁	1	块	磁性较弱
10	单刀单掷开关		1	个	
11	空心线圈		1	个	
12	铁质螺钉	M5×30	1	个	
13	铜质螺钉	M5×30	1	个	
14	磁针		1	个	
15	导线		若干	m	

二、测试通电直导体在磁场中受力情况

1. 准备并检查所需器材及工具，确保良好，然后按图 2-1-14 所示连接测量电路和放置蹄形磁铁，调整滑动变阻器至 1 Ω。

2. 调整组合导轨在同一水平面上，将蹄形磁铁放置在导轨中间，并使放置在导轨上的铜质针状导体静止不动。

3. 合上开关后随即快速断开，观察铜质针状导体的状态：________________________________。

4. 换一个磁性较弱的蹄形磁铁，重复刚才的实验，即合上开关后随即快速断开，观

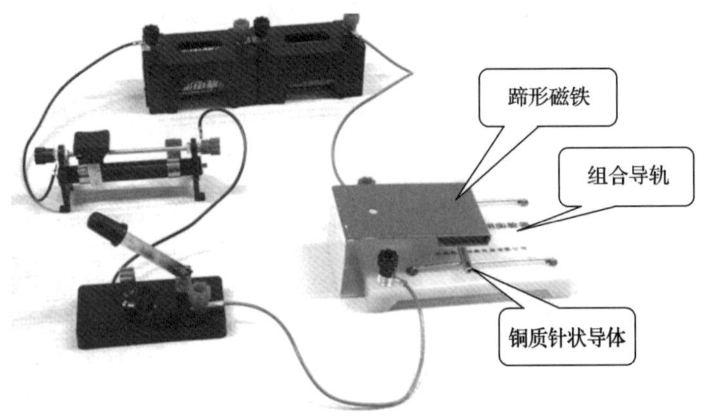

图 2-1-14　测试通电直导体在磁场中受力情况

察铜质针状导体的状态：____

____。

5. 通过该实验可以得到如下规律：____

____。

本实验需要一定的技巧和注意一些事项，否则容易失败。

（1）该实验的关键在于要有大电流和强磁场，因此，要用全新的电池供电，且尽量选择磁性较强的磁铁做本实验。

（2）实验中，应保持导轨的水平状态和光滑干净。

（3）开关闭合后要快速断开，否则较长时间的通电会使电池电量损失较大，同时电池会严重发热。

三、探究影响通电线圈磁场强弱的因素

1. 连接两节电池为一个空心线圈供电的电路。将线圈的轴线水平置于东西方向。

2. 在距离线圈一端约为 1 cm 处放置一个磁针，接通开关前磁针指示南北方向。接通电路开关，此时磁针指示方向________________________，如图 2-1-15a 所示。

3. 断开开关，在空心线圈中放置一个铜质螺钉。接通电路开关，此时磁针________

________________。

4. 断开开关，取出铜质螺钉，在空心线圈中放置一个铁质螺钉，如图 2-1-15b 所示。接通电路开关，此时磁针________________________。

5. 实验结论：____。

a)

b)

图 2-1-15　测试通电线圈产生的磁场

四、整理现场

1. 断开电路开关，拆除实验电路的导线。
2. 整理实验器材与工具，清理实验环境。

知识延伸

描述磁场的基本物理量很多，它们从各个不同的角度描述了磁场的性质。如前面介绍的磁感线，就是定性描述磁场在某一空间分布情况的物理量。

一、磁感应强度

磁感应强度是定量地描述磁场中各点磁场的强弱和方向的物理量。通过上面的实验可以看到，通电直导体在磁场中受力大小可以反映出磁场的强弱。

磁感应强度的定义：在磁场中垂直于磁场方向的通电导线，所受电磁力 F 与电流 I 及导线有效长度 l 的乘积的比值，称为该点的磁感应强度，用符号 B 来表示，即

$$B=\frac{F}{Il}$$

磁感应强度的单位是特斯拉，简称特（T）。

磁感应强度是矢量，它的方向就是该点磁场的方向。

地面附近地磁场的磁感应强度是 3×10^{-5}～7×10^{-5} T；永久磁铁两磁极附近的磁感应强度是 0.4～1 T；在电动机和变压器的铁芯中，磁感应强度是 0.8～1.4 T。

二、磁通

磁通是定量地描述磁场在某一范围内分布情况的物理量，用符号 Φ 表示。

磁通的定义：如图 2-1-16a 所示，磁感应强度 B 与垂直于磁场方向的面积 S 的乘积，称为通过该面积的磁通 Φ，即

$$\Phi = BS$$

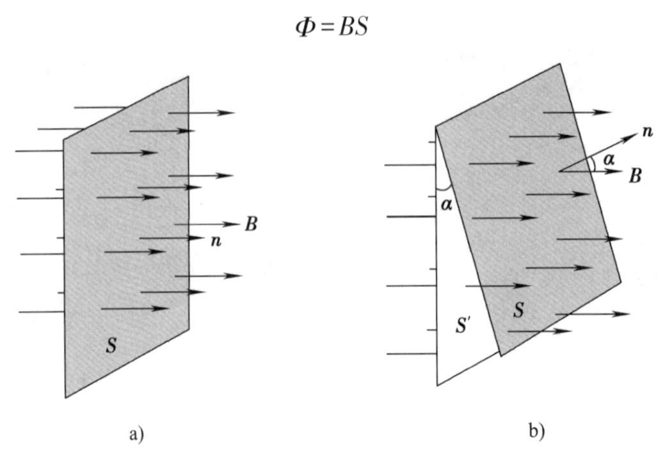

图 2-1-16　磁通

a）平面与磁场方向垂直　b）平面与磁场方向有夹角

式中，磁感应强度 B 的单位是 T，面积 S 的单位是 m^2，磁通的单位是韦伯（Wb），简称韦。由上式得

$$B = \frac{\Phi}{S}$$

可见，磁感应强度在数值上等于与磁场方向垂直的单位面积上的磁通，所以磁感应强度又称为**磁通密度**，从而得到它的另一个单位是 Wb/m^2。

如果磁场方向与平面不垂直，而是有一个夹角 α，如图 2-1-16b 所示，磁通的公式应为

$$\Phi = BS\cos\alpha$$

三、磁导率 μ

在上面的实验中可以看到这样的现象：通电的空心线圈、插有铁质螺钉的线圈以及插有铜质螺钉的线圈，它们产生的磁场强弱程度各不相同。因此，可以得到这样的结论：不同材料对磁场的影响不同，影响的程度与该材料的导磁性能有关。

磁导率就是一个用来表示各种介质（材料）导磁性能好坏的物理量，用符号 μ 表示，其单位是亨利/米（H/m）。真空的磁导率 μ_0 为一常数，且 $\mu_0 = 4\pi \times 10^{-7}$ H/m。

自然界大多数物质对磁场的影响甚小，只有少数物质对磁场有明显的影响。为比较介质对磁场的影响大小，把任一物质的磁导率与真空磁导率的比值称为**相对磁导率**，用 μ_r 表示，即

$$\mu_r = \frac{\mu}{\mu_0}$$

相对磁导率是个比值，没有单位。它表明在其他条件相同的情况下，介质的导磁能力是真空的多少倍。

根据相对磁导率的大小，可把物质分为两大类，见表 2-1-4。

表 2-1-4　根据相对磁导率大小对物质进行的分类

分类		特点	材料
非铁磁物质	反磁物质	μ_r 稍小于 1	如铜、氢气等
	顺磁物质	μ_r 稍大于 1	如空气、铝、铬等
铁磁物质		$\mu_r \gg 1$，可达几百甚至数万以上，并且不是一个常数。铁磁物质被广泛应用于电机技术及计算机技术方面	如铁、硅钢、铁镍合金、铁氧体、钴、镍等

四、磁场强度

实验表明，在真空中，通电环形线圈中磁感应强度 B_0 的大小与线圈的匝数 N、线圈长度 l 及电流 I 的大小有关，用公式表示为

$$B_0 = \mu_0 \frac{NI}{l}$$

把环形线圈从真空中取出，并在其中放入相对磁导率为 μ_r 的介质后，则磁感应强度增大为真空中的 μ_r 倍，即

$$B = \mu_r \mu_0 \frac{NI}{l} = \mu H$$

式中，$\mu = \mu_r \mu_0$ 是介质的磁导率；$H = \frac{NI}{l}$ 是磁场强度，其单位是 A/m，它的数值只与电流的大小及线圈的几何形状有关。也就是说，在一定电流值下，同一点的磁场强度不因磁场介质的不同而改变，这便给工程计算带来了很大方便。可见，磁场强度并不能全面、正确地描述某点的磁场强弱和方向，而只是把电与磁沟通起来的一个辅助物理量。

根据 $B = \mu H$，要计算磁场中某点的磁感应强度 B，一般应先计算磁场强度 H，再计算 B。

思考与练习

1. 磁的应用非常广泛，请列举几个生活中磁的应用实例。
2. 通电直导线附近的小磁针如图 2-1-17 所示，试标出导线中的电流方向。
3. 如图 2-1-18 所示，电流沿逆时针方向通过导线环，试标出小磁针最后静止时 N 极的指向。

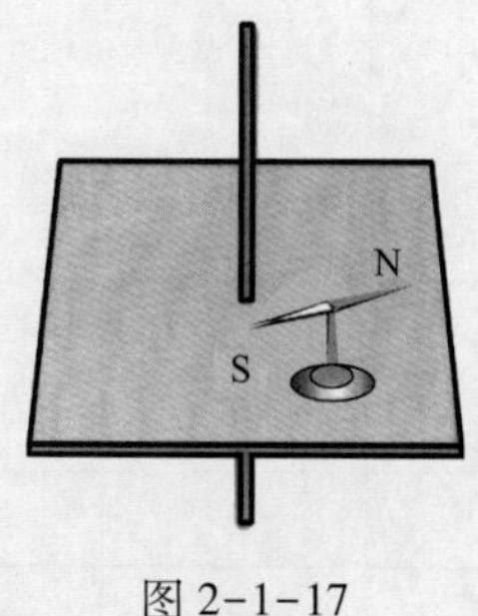

图 2-1-17

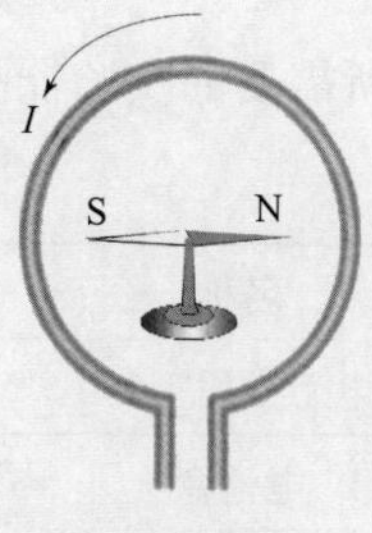

图 2-1-18

4. 通电螺线管内与管外相比，哪里的磁感应强度比较大？判断依据是什么？

5. 判断下列说法是否正确。

（1）如果通过某一截面的磁通为零，则该截面所在处的磁感应强度一定为零。

（2）磁导率是一个用来表示介质导磁性能的物理量，不同的物质有不同的磁导率。

课题二　铁磁材料与磁路欧姆定律

任务1　观察铁磁物质的磁化现象

学习目标

1. 能完成旋具头部的磁化实验。
2. 了解磁化现象及铁磁材料的磁化曲线和磁滞回线。
3. 掌握铁磁材料的分类方法及应用。

工作任务

旋具是电工常用工具，为了使用方便，有些旋具的头部是带有磁性的。能不能使头部没有磁性的旋具带有磁性呢？

本任务的内容是完成旋具的磁化实验，通过观察实验现象了解铁磁材料的性质。

任务实施

一、任务准备

实施本任务所需要的实验器材及工具见表2-2-1。

表2-2-1　实验器材及工具

序号	名称	型号规格	数量	单位	备注
1	电工常用工具		1	套	
2	电池盒	一号	2	个	
3	电池	一号，1.5 V	2	节	

续表

序号	名称	型号规格	数量	单位	备注
4	单刀单掷开关		1	个	
5	空心线圈		1	个	
6	导线		若干	m	
7	磁针		1	个	

二、磁化不带磁性的旋具

图 2-2-1 所示是两种常用的旋具，能不能通过一定的措施使原本不带磁性的旋具也带有磁性呢？

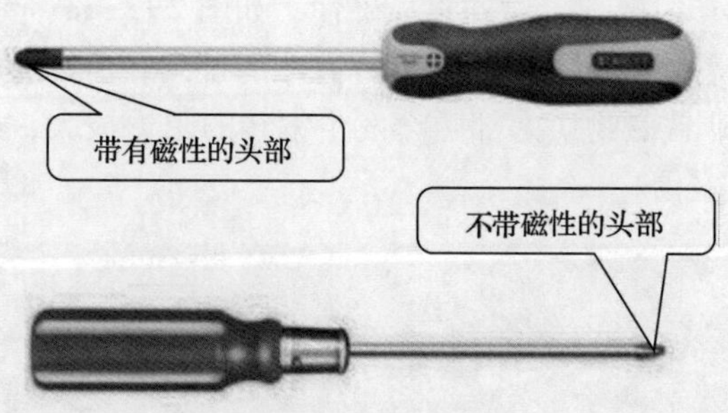

图 2-2-1　两种常用的旋具

1. 准备并检查所需器材及工具，确保良好，然后按图 2-2-2 所示连接空心线圈、开关和电源。

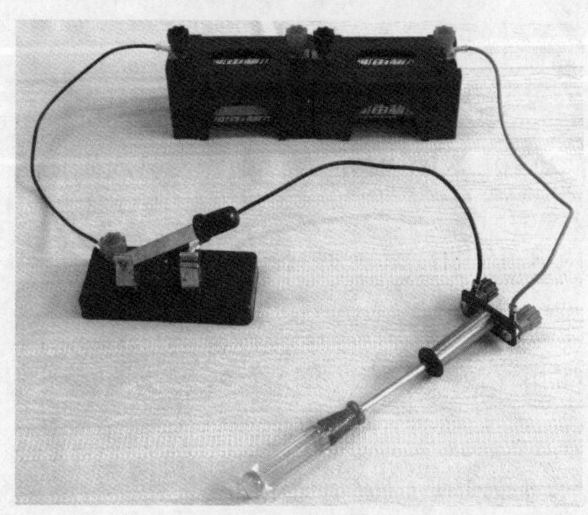

图 2-2-2　磁化旋具实验电路

2. 把旋具金属部分穿过空心线圈，接通电源。此时，用磁针测试旋具头部的磁性，可观察到的现象为______________________________。

3. 切断电路，取出旋具，重新用磁针测试旋具头部的磁性，可观察到的现象为________________。

三、整理现场

整理实验器材与工具，清洁实验环境。

知识延伸

一、铁磁物质的磁化

如同上面的实验，使原来没有磁性的物质具有磁性的过程称为**磁化**。只有**铁磁物质**才能被磁化。物质可以看作是由许多被称为**磁畴**的小磁体所组成的。在无外磁场作用时，磁畴排列杂乱无章，磁性互相抵消，对外不显磁性，如图 2-2-3a 所示；但在外磁场作用下，铁磁物质的磁畴就会沿着外磁场方向变成整齐有序的排列，所以整体也就具有了磁性，如图 2-2-3b 所示。由于非铁磁物质内部磁畴发生偏转的阻力极大，外磁场无法改变其排列方式，因此也就无法被磁化。

a)

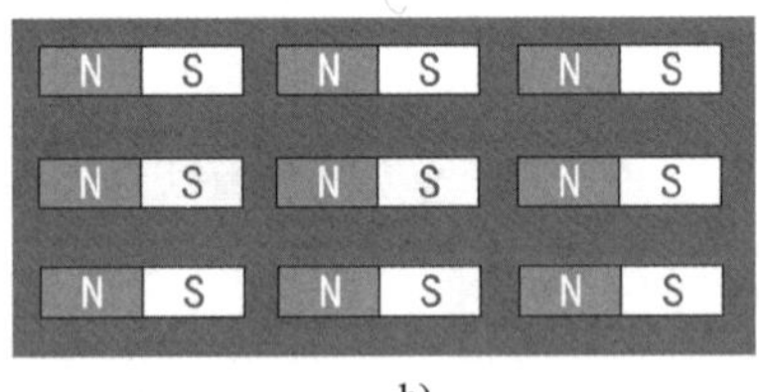

b)

图 2-2-3　铁磁物质的磁化
a）无外磁场作用　b）有外磁场作用

二、磁化曲线

在实际应用中，通常利用电流产生的磁场来使铁磁物质磁化。例如，在通电线圈中放入铁芯，铁芯就被磁化了，如图 2-2-4a 所示。铁磁物质（铁芯）中的磁感应强度 B 随磁场强度 H 变化的规律可用 B—H 曲线来表示，称为磁化曲线，如图 2-2-4b 所示。它反映了铁芯的磁化过程。

由 $H=\dfrac{NI}{l}$ 可知，在线圈的结构、形状、匝数都已确定的情况下，当 I 增加时，H 也增加，B 随之增加，但 B 与 H 的关系是非线性的。

曲线 Oa 段较为陡峭，B 随 H 近似成正比增加。b 点以后的部分近似平坦，这表明即使再增大线圈中的电流 I 以增大 H，B 也已近似不变了，铁芯磁化到这种程度称为**磁饱和**。a 点到 b 点是一段弯曲的部分，称为曲线的临界饱和部分。这表明从未饱和到饱和是逐步过渡的。

在各种电器的线圈中，一般都装有铁芯以获得较强的磁场。而且在设计时，常将其工

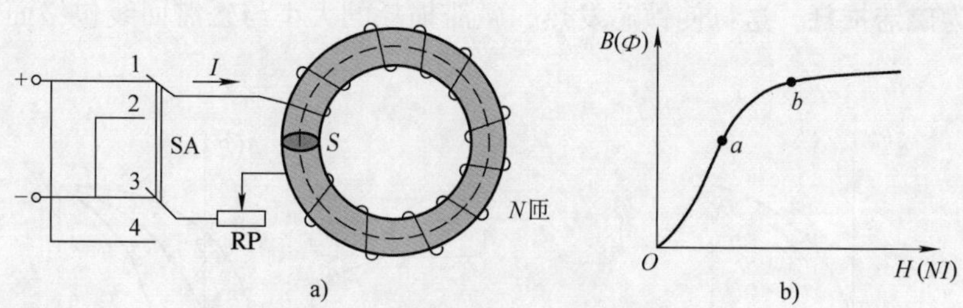

图 2-2-4　磁化电路与磁化曲线

a）磁化电路　b）磁化曲线

作磁通取在磁化曲线的临界饱和部分，以便用较小的电流产生较大的磁通，铁芯能得到充分的利用。实际使用中，各种电器可根据不同的要求，选择合适的线段。图 2-2-5 所示为几种铁磁材料的磁化曲线。

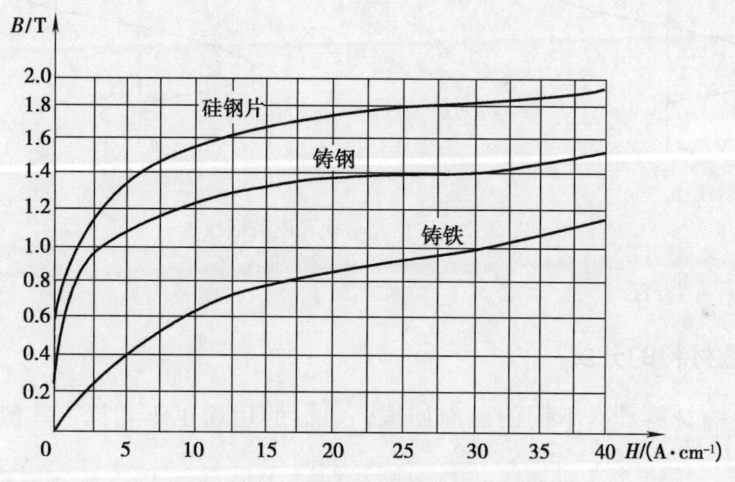

图 2-2-5　几种铁磁材料的磁化曲线

三、磁滞回线

如果线圈通入变化的电流，就会产生变化的磁场，线圈中的铁芯也就会被反复磁化。在理想情况下，铁芯的磁感应强度 B 应随线圈中的电流 I 不断重复地沿正、反两条磁化曲线变化（图 2-2-6a）。但实际并非如此，当线圈中电流变化到零时，由于磁畴存在惯性，铁芯中 B 并不为零，而是仍保留部分剩磁，如图 2-2-6b 中 Ob 及 Oe 所示。在上面的实验中，磁化后的旋具金属部分，在线圈产生的磁场撤除后仍然具有一定的磁性，这就是剩磁现象。

此时加反向电流，并达到一定数值才能使剩磁消失，如图 2-2-6b 中的 Oc 及 Of 所示。使剩磁消失的反向磁场也称为**矫顽力**。

磁感应强度 B 的变化落后于磁场强度 H 的变化，这一现象称为**磁滞**。图 2-2-6b 中的封闭曲线称为**磁滞回线**。铁芯在反复磁化的过程中，由于要不断克服磁畴惯性将损耗一定的能量，称为**磁滞损耗**，这将使铁芯发热，磁滞损耗的大小与磁滞回线包络面积的大小成正比。

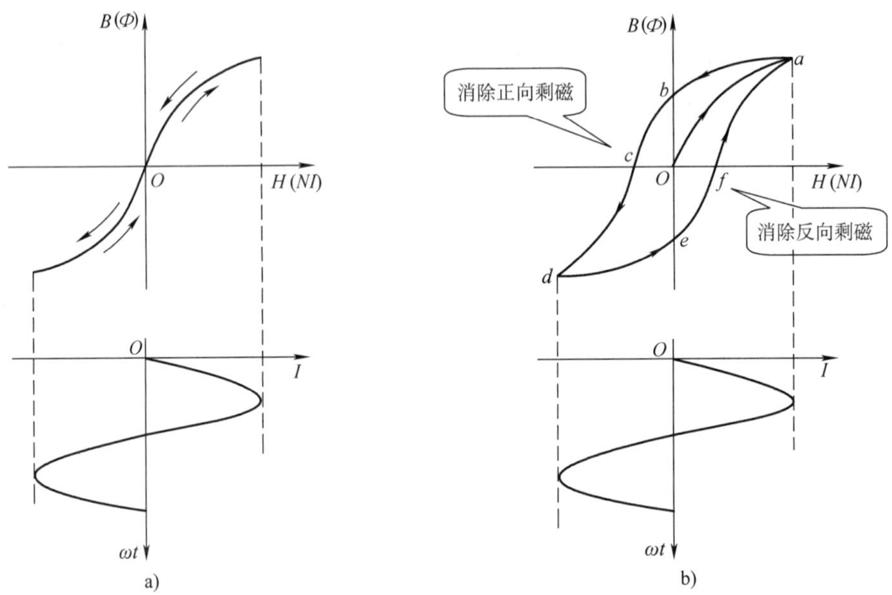

图 2-2-6　反复磁化和磁滞回线

a）理想情况　b）实际情况

四、铁磁材料的分类

不同的铁磁材料具有不同的磁滞回线，它们的用途也不相同，一般可分为三类，见表 2-2-2。

表 2-2-2　铁磁材料的分类

名称	磁滞回线	特点	典型材料及用途
硬磁材料	B(Φ) O H(NI)	不易磁化 不易退磁	碳钢、钴钢等，适合制作永久磁铁、扬声器的磁钢
软磁材料	B(Φ) O H(NI)	容易磁化 容易退磁	硅钢、铸钢、铁镍合金等，适合制作电动机、变压器、继电器等设备中的铁芯

续表

名称	磁滞回线	特点	典型材料及用途
矩磁材料	$B(\Phi)$ O $H(NI)$	很易磁化 很难退磁	锰镁铁氧体、锂锰铁氧体等，适合制作计算机的磁盘

任务 2　探究磁路欧姆定律

学习目标

1. 能观察并分析电磁继电器的磁路。
2. 了解磁路的概念，熟悉磁路欧姆定律及其应用。

工作任务

图 2-2-7 所示是几种常用的电磁铁。励磁线圈通电时产生磁场，铁芯具有磁性，将衔铁吸住；断电时，铁芯失磁，松开衔铁，从而实现了特定的机械动作。由于电磁铁动作快、易控制，因此被广泛应用于起重、控制、保护等电路中。那么，电磁铁究竟是如何工作的呢？

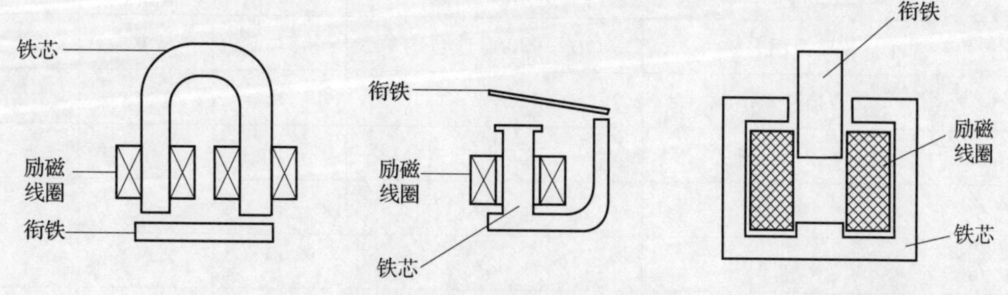

图 2-2-7　几种常用的电磁铁

图 2-2-8a 所示是常见的电磁继电器外形。图 2-2-8b 所示是电磁继电器的结构及其接线图，其中的线圈和铁芯构成了电磁铁。因此，熟悉了电磁继电器的工作情况，也就掌握了电磁铁的工作原理。

本任务的内容就是通过对电磁继电器结构和动作情况的观察分析，了解磁路的概念和

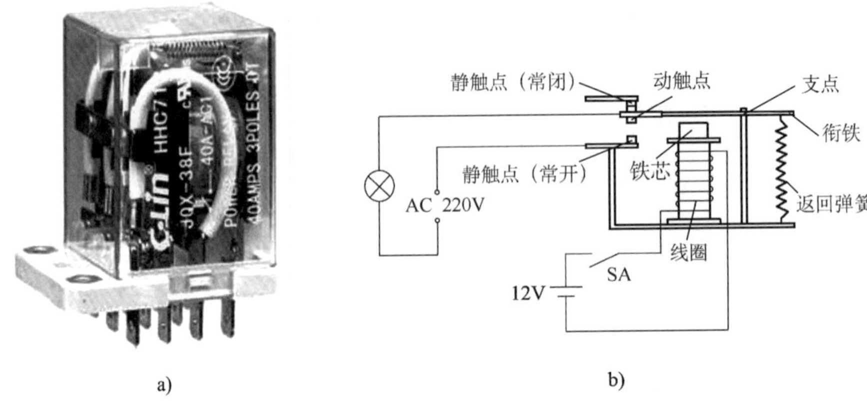

图 2-2-8　电磁继电器

a）常见的电磁继电器外形　b）电磁继电器的结构及其接线图

电磁铁的基本工作原理。

任务实施

一、任务准备

实施本任务所需要的实验器材及工具见表 2-2-3。

表 2-2-3　实验器材及工具

序号	名称	型号规格	数量	单位	备注
1	电工常用工具		1	套	
2	电磁继电器	HH52P/12 V	1	个	
3	万用表	DT-9205B 或自定	1	块	
4	直流稳压电源	1 A/12 V	1	台	
5	单刀单掷开关		1	个	
6	灯泡	220 V/40 W	1	个	
7	灯座		1	个	
8	导线		若干	m	

二、认识电磁继电器和电磁铁

1. 仔细观察已经按照图 2-2-8b 连接好的电路中电磁继电器的工作情况。闭合开关 SA，电源接通，有电流在线圈中通过。此时，________________________________

____。这时，电流流过线圈而产生的磁通，主要沿着磁导率较高的铁芯和衔铁所形成的通路闭合。

2. 断开开关 SA 时，____
____。

3. 进一步分析可以得到，电磁继电器线圈通电后产生了磁场，铁芯和衔铁均为软磁材料制成，在此磁场之中被磁化而变成了磁体，且相邻部分磁极极性相反而产生吸引力。

4. 电磁继电器可以用低电压、小电流的控制电路来控制高电压、大电流的工作电路，并且能实现远程控制和生产自动化。

三、整理现场

1. 拆除实验电路的导线。
2. 整理实验器材与工具，清洁实验环境。

知识延伸

一、磁路

通电线圈会产生磁场，而铁磁材料又具有很强的导磁能力，所以常常将铁磁材料制成一定形状（多为环状）的铁芯。这样，就为磁通的集中通过提供了路径。

磁通所通过的路径称为**磁路**。图 2-2-9 所示为几种电气设备的磁路。在上面的实验中，铁芯和衔铁就是电磁继电器的磁路。

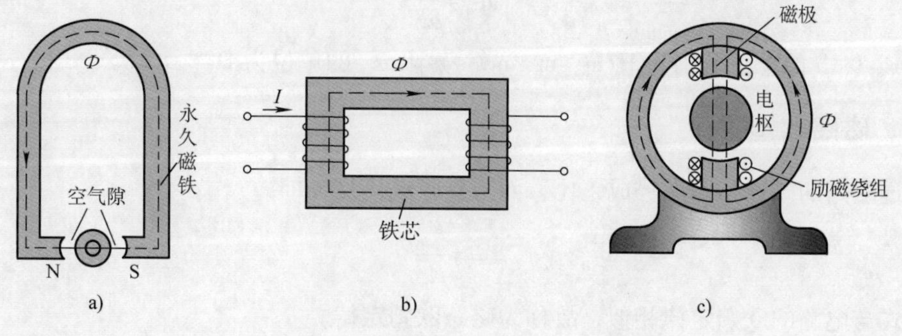

图 2-2-9　几种电气设备的磁路

a）磁电系仪表　b）变压器　c）电动机

磁路可分为**无分支磁路**和**有分支磁路**两类。图 2-2-9a、b 所示为无分支磁路，图 2-2-9c 所示为有分支磁路。磁路中除铁芯外往往还有一小段非铁磁材料，如空气隙等。

利用铁磁材料可以尽可能地将磁通集中在磁路中，但是与电路比较，磁路的漏磁现象要比电路的漏电现象严重得多。在磁路内部闭合的磁通称为**主磁通**，经过磁路周围物质而自成回路的磁通称为**漏磁通**，如图 2-2-10 所示。由于漏磁通所占比例很小，可将其忽略，因此只考虑主磁通。

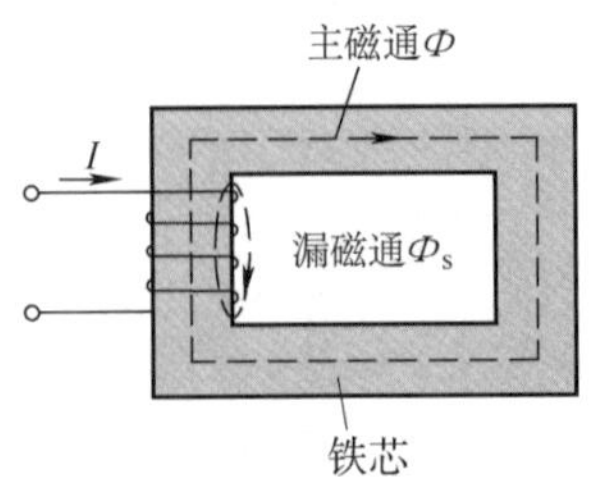

图 2-2-10　主磁通和漏磁通

二、磁动势和磁阻

1. 磁动势

通电线圈的匝数越多，电流越大，磁场越强，磁通也就越多。通常把流过线圈的电流 I 和线圈匝数 N 的乘积称为**磁动势**，简称**磁势**，用 F_m 表示，即

$$F_m = NI$$

磁动势的单位是 A。

2. 磁阻

电路中有电阻，磁路中也有磁阻。磁阻就是磁通通过磁路时所受到的阻碍作用，用符号 R_m 表示。与导体的电阻相似，磁路中磁阻的大小与磁路的长度 l 成正比，与磁路的横截面积 S 成反比，并与组成磁路材料的磁导率有关，其公式为

$$R_m = \frac{l}{\mu S}$$

式中，μ、l、S 的单位分别为 H/m、m、m^2；磁阻 R_m 的单位为 H^{-1}。

三、磁路欧姆定律

通过磁路的磁通与磁动势成正比，而与磁阻成反比，即

$$\Phi = \frac{F_m}{R_m}$$

上式与电路的欧姆定律相似，故称为**磁路欧姆定律**。

应当指出，式中的磁阻 R_m 是指整个磁路的磁阻，如果磁路中有空气隙，由于空气隙的磁阻远比铁磁材料的磁阻大，整个磁路的磁阻会大大增加。因此，若要得到足够大的磁通（磁感应强度），就应增大励磁电流或增加线圈的匝数，即增大磁动势，同时应尽量减小磁路的磁阻。在本模块课题一任务 3 中，在空心线圈中放置铁质材料以增强磁场，就是减小磁阻的做法。

由于铁磁材料磁导率的非线性，且磁阻 R_m 不是常数，所以磁路欧姆定律只能对磁路作定性分析。

四、磁路与电路的比较

由以上分析可知，磁路中的某些物理量与电路中的某些物理量有对应关系，而且磁路中某些物理量之间的关系与电路中对应物理量之间的关系也类似，见表 2-2-4。

表 2-2-4　磁路与电路的比较

磁路	电路
Φ　I　F_m　N匝	I　E　R
磁动势 $F_m=NI$	电动势 E
磁通 Φ	电流 I
磁阻 $R_m=\dfrac{l}{\mu S}$	电阻 $R=\rho\dfrac{l}{S}$
磁导率 μ	电阻率 ρ
磁路欧姆定律 $\Phi=\dfrac{F_m}{R_m}$	电路欧姆定律 $I=\dfrac{E}{R}$

思考与练习

1. 在同一线圈中分别放入两种不同的铁磁材料，通电后测出它们的磁滞回线如图 2-2-11 所示，哪一种是硬磁材料，哪一种是软磁材料？如果用它们制作交流供电电磁铁的铁芯，哪一种的磁滞损耗比较小？

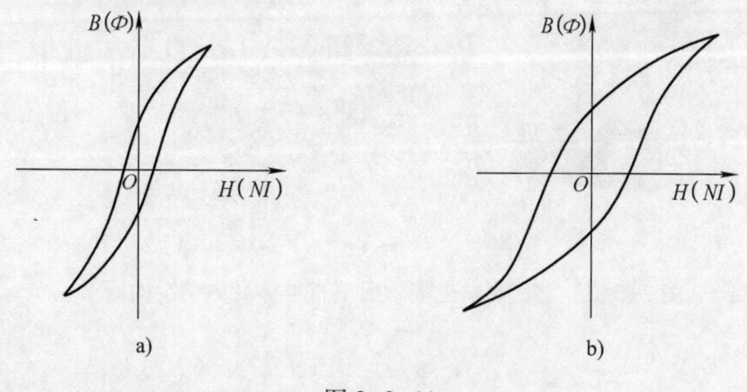

图 2-2-11

2. 在实验室中根据本模块课题一任务 3 中的第二个实验，验证增大电流和增加线圈匝数对磁感应强度的影响。

课题三　磁场对电流的作用

任务　探究磁场对电流的作用

学习目标

1. 能通过实验观察并分析磁场对通电直导体的作用。
2. 掌握磁场对通电直导体的作用。
3. 掌握磁场对通电线圈的作用。

工作任务

通过本模块课题一任务 3 的实验，已经知道磁场对通电直导体有力的作用，并且所产生的力的大小与磁场的强弱成正比。此作用力的大小还与哪些因素有关？力的方向又如何判断？

本任务的内容是连接图 2-3-1 所示实验电路，完成通电直导体在磁场中受力情况的进一步实验和分析，以明确产生作用力的方向以及影响作用力大小的因素。

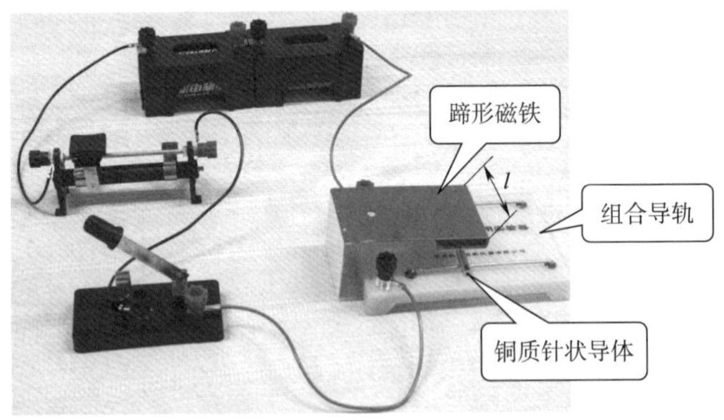

图 2-3-1　测试影响磁场中通电直导体受力情况的因素

任务实施

一、任务准备

实施本任务所需要的实验器材及工具见表 2-3-1。

表 2-3-1 实验器材及工具

序号	名称	型号规格	数量	单位	备注
1	电工常用工具		1	套	
2	电池盒	一号	2	个	
3	电池	一号，1.5 V	2	节	全新
4	滑动变阻器	20 Ω/1 A	1	个	
5	万用表	DT-9205B 或自定	1	块	
6	组合导轨		1	套	
7	铜质针状导体		1	个	
8	蹄形磁铁	强磁	2	块	尺寸不同
9	单刀单掷开关		1	个	
10	导线		若干	m	

二、测试影响磁场中通电直导体受力大小的因素

1. 准备并检查所需器材及工具，确保良好，然后按图 2-3-1 所示连接测量电路，并调整滑动变阻器至 1 Ω。

2. 调整组合导轨在同一水平面上，使放置在导轨中间的铜质针状导体静止不动，将图 2-3-1 中所示的 l 尺寸较大的蹄形磁铁放置在导轨中间。

3. 合上开关后随即快速断开，观察铜质针状导体的状态：____。

4. 调整滑动变阻器至 1.5 Ω，此时电路中的电流会减小。重复刚才的实验，即合上开关后随即快速断开，观察铜质针状导体的状态：____。

5. 更换一块 l 尺寸较小的蹄形磁铁，重复刚才的实验，即合上开关后随即快速断开，观察铜质针状导体的状态：____。

6. 结合本模块课题一任务 3 的实验，可以得到如下规律：____。

（1）该实验的关键在于要有大电流和强磁场，因此，要用全新的电池供电，以提供较大的电流，且尽量选择磁性强的磁铁做本实验。

（2）实验中应保持导轨的水平状态和光滑干净。

（3）开关闭合后要快速断开，否则较长时间的通电会使电池电量损失较大，同时电池

会严重发热。

三、测试通电直导体在磁场中的受力方向

1. 在图 2-3-1 所示实验电路中，交换电池盒上的两根连线，使铜质针状导体中的电流方向改变，重复刚才的实验。合上开关后随即快速断开，观察铜质针状导体的状态：________________。

2. 交换蹄形磁铁两个磁极的位置，重复刚才的实验。合上开关后随即快速断开，观察铜质针状导体的状态：________________。

3. 通过该实验可以得到如下规律：________________。

四、整理现场

1. 拆除实验电路的导线。
2. 整理实验器材与工具，清洁实验环境。

知识延伸

在本模块课题一任务 3 中讨论磁感应强度时，已经初步了解了磁场对通电直导体的作用力。通电的直导体周围存在磁场，它就成了一个磁体，把这个磁体放到另一个磁场中，它也会受到力的作用。这就是通常所说的“**电磁生力**”。

一、磁场对通电直导体作用力的大小

通常把通电导体在磁场中受到的作用力叫作**电磁力**。通过上面的实验得到，磁场越强，导体中的电流越大，导体在磁场内的有效部分越长，导体所受的电磁力就越大。

图 2-3-2 所示的通电直导体在磁场中受到的电磁力的大小可用下式表示：

$$F=BIl\sin\alpha$$

式中，F——通电直导体受到的电磁力，N；

B——磁感应强度，T；

I——导体中的电流，A；

l——导体在磁场中的长度，m；

α——电流方向与磁感线的夹角。

由电磁力的公式可以看出：当 $\alpha=90°$时，$\sin 90°=1$，导体受到的电磁力最大，$F=BIl$。当 $\alpha=0°$时，$\sin 0°=0$，导体受到的电磁力最小，等于零。

二、磁场对通电直导体作用力的方向

在上面的实验中，当交换磁极位置改变了磁场方向，或是改变了导线中的电流方向后，导体的受力方向都随之改变。

通电直导体在磁场内的受力方向可用左手定则来判断。如图 2-3-3 所示，平伸左手，使拇指与其余四指垂直，让磁感线垂直穿过掌心，四指指向电流的方向，则拇指所指的方向就是通电直导体所受电磁力的方向。

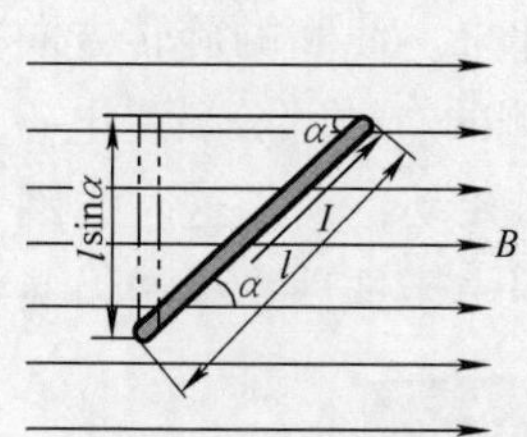

图 2-3-2　电流方向与磁场方向有一夹角 α

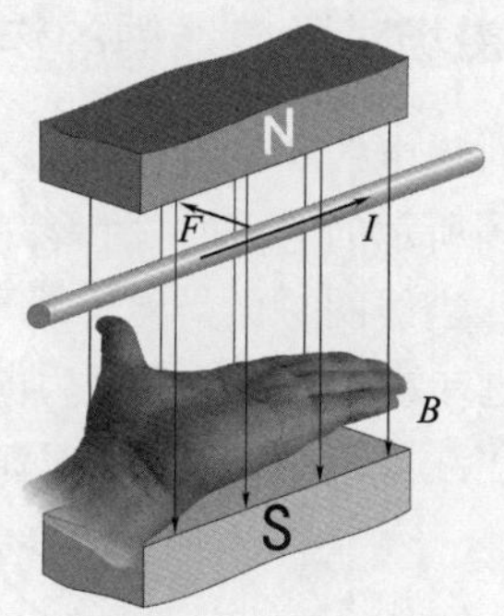

图 2-3-3　左手定则

三、通电平行直导体间的电磁力

通电直导体在磁场中会受到电磁力的作用，那么相距较近且相互平行的通电直导体之间是否也会存在电磁力呢？两条相距较近且相互平行的直导体，当通以相同方向的电流时，它们相互吸引，如图 2-3-4a 所示；当通以相反方向的电流时，它们相互排斥，如图 2-3-4b 所示。

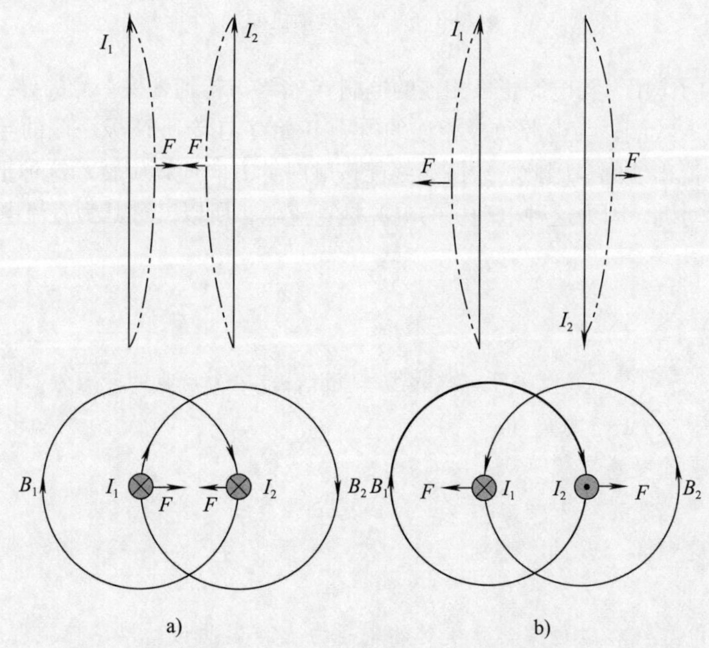

图 2-3-4　通电平行直导体间的电磁力

a）通入相同方向电流的平行直导体相互吸引　b）通入相反方向电流的平行直导体相互排斥

这是由于每个电流都处在另一个电流的磁场中，因而每根通电平行直导体都受到电磁力的作用。可以先用右手螺旋定则判断一根通电直导体产生的磁场方向，再用左手定则判断另一根通电直导体在这个磁场中所受电磁力的方向。

四、磁场对通电线圈的作用

磁场对通电线圈也有作用力。如图 2-3-5 所示，在均匀磁场中放入一个线圈，当给线圈通入如图所示的电流时，它会在电磁力的作用下旋转起来。线圈的旋转方向可按左手定则来判断：当线圈平面与磁感线平行时，线圈在 N 极一侧的有效部分所受电磁力向下，在 S 极一侧的有效部分所受电磁力向上，线圈按顺时针方向转动，并且这时线圈所产生的转矩最大；当线圈平面与磁感线垂直时，电磁转矩为零，但由于惯性，线圈仍继续转动。

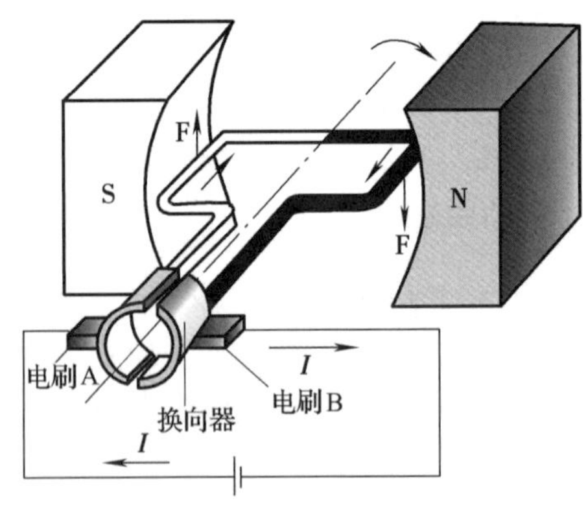

图 2-3-5　直流电动机原理

通过换向器的作用，与电源正极相连的电刷 A 始终与转到 S 极一侧的导线相连，电流方向恒由电刷 A 流入线圈；与电源负极相连的电刷 B 始终与转到 N 极一侧的导线相连，电流方向恒由电刷 B 流出线圈。因此，线圈始终能按顺时针方向连续旋转。这种把电能转化成动能的装置称为电动机，因为这种电动机的电源是直流电，所以又称其为直流电动机。

思考与练习

1. 在图 2-3-5 中，当线圈平面与磁感线垂直时，电磁力产生的转矩为零，其原因是什么？

2. 下列说法中，正确的是（　　）。

A. 磁感线密处磁感应强度大

B. 若通电导线在磁场中受力为零，则磁感应强度一定为零

C. 在磁感应强度为 B 的匀强磁场中，放入一面积为 S 的线框，通过线框的磁通一定为 $\Phi=BS$

D. 一段通电导线在磁场中某处受到的电磁力大，表明该处磁感应强度就大

3. 图 2-3-6 所示为磁电系仪表原理图，当测量直流电压或电流时，线圈受到电磁力作用并带动指针偏转。试判断图中指针的偏转方向。

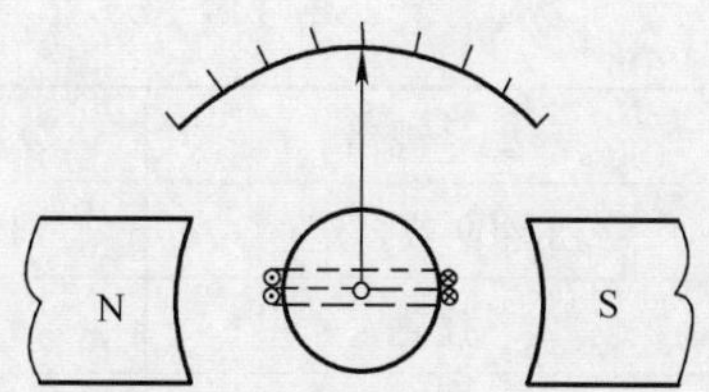

图 2-3-6 磁电系仪表原理图

课题四 电磁感应

任务 探究电磁感应现象

学习目标

1. 能通过实验观察并分析空心线圈产生感应电动势的现象。
2. 掌握楞次定律、法拉第电磁感应定律。

工作任务

电流能够产生磁场，那么反过来，磁场能否产生电流呢？英国科学家法拉第于 1831 年用实验回答了这一问题：在一定条件下，磁场是可以产生电流的。

本任务的内容是完成空心线圈中产生感应电动势的实验，测试空心线圈中感应电流的方向和大小，总结电磁感应的基本规律。

任务实施

一、任务准备

实施本任务所需要的实验器材及工具见表 2-4-1。

表 2-4-1 实验器材及工具

序号	名称	型号规格	数量	单位	备注
1	电工常用工具		1	套	

续表

序号	名称	型号规格	数量	单位	备注
2	检流计	J0409 或自定	1	个	或万用表 1 块
3	条形磁铁	强磁	1	块	
4	空心线圈		1	个	
5	导线		若干	m	

二、测试空心线圈中感应电流的方向

1. 准备并检查所需器材及工具，确保良好，然后按图 2-4-1a 所示连接测量电路，图 2-4-1a 中的检流计可以用万用表代替，此时万用表应置于直流电流最低量程挡。

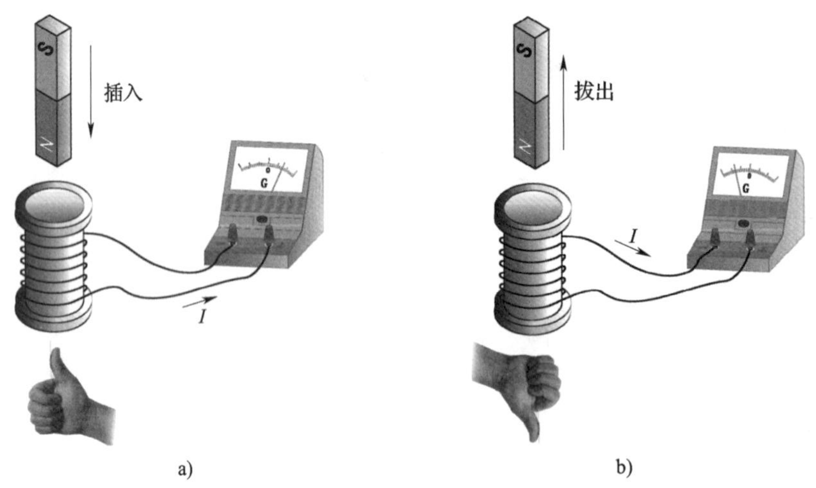

图 2-4-1　电磁感应实验

a）将条形磁铁插入空心线圈　b）将条形磁铁从空心线圈中拔出

2. 按图 2-4-1a 所示，将条形磁铁插入空心线圈中，同时观察检流计的指示情况：__________________，此时电路中__________________。

3. 按图 2-4-1b 所示，将条形磁铁从空心线圈中拔出，同时观察检流计的指示情况：__________________，此时电路中__________________。

4. 将一个条形磁铁慢慢地插入空心线圈中，待磁铁静止后，观察此时检流计的指示情况：__________________。

三、测试空心线圈中感应电流的大小

1. 将条形磁铁慢慢地插入空心线圈中，然后慢慢地拔出，观察此时的检流计指针的偏转情况：__________________，此时电路中__________________。

2. 将条形磁铁快速插入空心线圈中，然后快速拔出，观察此时的检流计指针的偏转情况：________________________，此时电路中____________________。

四、整理现场

1. 拆除实验电路的导线。
2. 整理实验器材与工具，清理实验环境。

知识延伸

像上面实验那样，利用磁场产生电流的现象称为**电磁感应现象**，产生的电流称为**感应电流**，产生感应电流的电动势称为**感应电动势**。

以上实验表明：只有在磁铁的插入和拔出运动过程中，穿过线圈中的磁通才会发生变化，从而导致在线圈回路中产生感应电动势和感应电流。这就是通常所说的“**动磁生电**”。

一、楞次定律

磁通变化情况与线圈中产生电动势的方向关系可以由楞次定律确定，即**感应电流产生的磁通总是阻碍原磁通的变化**。

例如，在图 2-4-1a 中，当把磁铁 N 极插入线圈时，线圈中方向向下的磁通将增加。根据楞次定律，感应电流磁场应阻碍磁通的增加，则线圈的感应电流磁场产生方向向上的磁通，即上 N 下 S，再用右手螺旋定则可判断出感应电流的方向是由上端流进线圈。如果将铁芯放置在线圈中后静止不动，由于线圈中的磁通量不发生变化，所以感应电流为零。

如果把线圈看作一个电源，则感应电流流出端为电源的正极，如图 2-4-1a 中线圈的下端。

二、法拉第电磁感应定律

磁通变化情况与线圈中产生电动势的大小关系可以由法拉第电磁感应定律确定，即**线圈中感应电动势的大小与线圈中磁通的变化率成正比**。

以上实验表明：磁铁运动速度越快，指针偏转角度越大；反之，越小。而磁铁插入或拔出的速度，反映的是线圈中磁通变化的快慢。

用 $\Delta\Phi$ 表示时间间隔 Δt 内一个单匝线圈中的磁通变化量，则这个单匝线圈产生的感应电动势的大小为

$$e=\frac{\Delta\Phi}{\Delta t}$$

如果线圈有 N 匝，则感应电动势的大小为

$$e=N\frac{\Delta\Phi}{\Delta t}$$

三、右手定则

如图 2-4-2 所示，在匀强磁场中放置一段导体 AB，其两端分别通过金属导轨 BC 和

AD 与检流计相接，形成一个回路（相当于一个单匝线圈）。当导体沿金属导轨做切割磁感线运动时（穿过此单匝线圈的磁通发生变化），检流计指针偏转，表明回路中有感应电流。

感应电动势的方向可用右手定则判断。如图 2-4-3 所示，平伸右手，拇指与其余四指垂直，让磁感线垂直穿过掌心，拇指指向导体运动方向，则其余四指所指的方向就是感应电动势的方向。

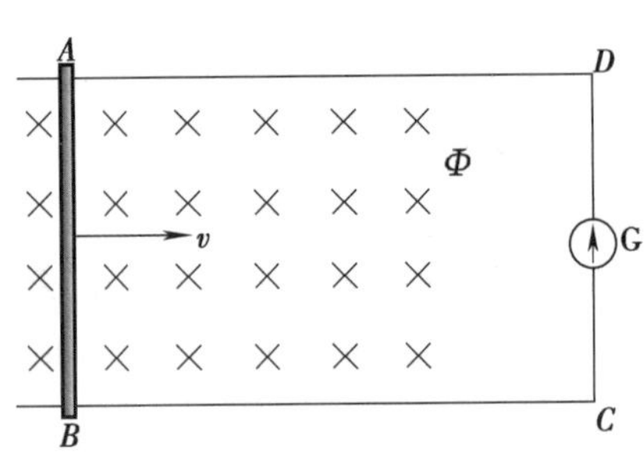

图 2-4-2　直导体向右切割磁感线

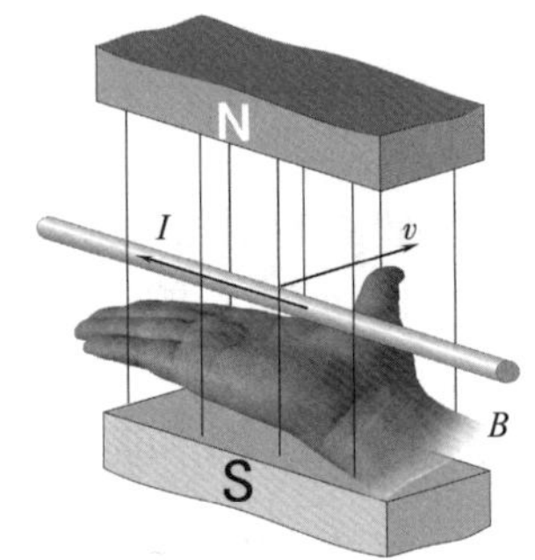

图 2-4-3　右手定则

当导体、导体运动方向和磁感线方向三者互相垂直时，导体中的感应电动势为

$$e=Blv$$

如果导体运动方向 v 与磁感线方向有一夹角 α，则导体中的感应电动势为

$$e=Blv\sin\alpha$$

由上式可知，当导体的运动方向与磁感线垂直时（$\alpha=90°$），导体中感应电动势最大；当导体的运动方向与磁感线平行时（$\alpha=0°$），导体中感应电动势为零。

发电机就是应用导线切割磁感线产生感应电动势的原理发电的。在实际应用中，将导线做成线圈，使其在磁场中转动，从而得到连续的电流，如图 2-4-4 所示。

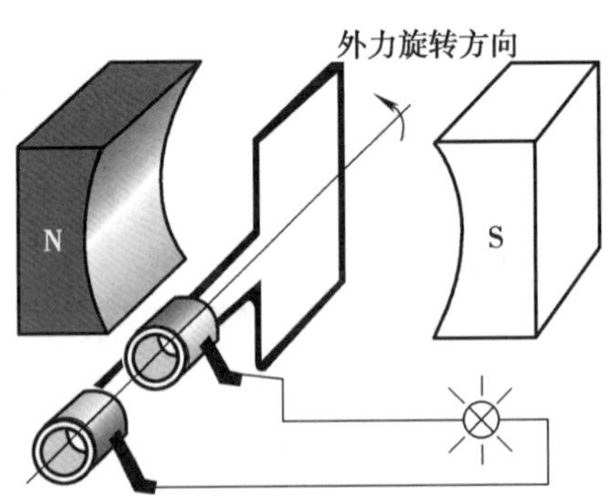

图 2-4-4　发电机工作原理

【**例 2-1**】如图 2-4-2 所示，在磁感应强度为 B 的匀强磁场中，有一长度为 l 的直导体 AB，可沿平行导轨滑动。当导体以速度 v 向右匀速运动时，试确定导体中感应电动势的方向和大小。

解：（1）当导体向右运动时，导电回路 $ABCD$ 中磁通将减少，根据楞次定律判断，导体中感应电动势的方向是 A 端为正，B 端为负。用右手定则判断，结果相同。

（2）设导体在时间 Δt 内右移距离为 d，则导电回路中磁通的变化量为

$$\Delta\Phi = B\Delta S = Bld = Blv\Delta t$$

所以，感应电动势大小为

$$e = \frac{\Delta\Phi}{\Delta t} = \frac{Blv\Delta t}{\Delta t} = Blv$$

由此例可以看出：直导体是线圈一匝的特殊情况，右手定则是楞次定律的特殊形式。

思考与练习

1. 以下说法对吗？为什么？

（1）导体中有感应电动势就一定有感应电流。

（2）导体中有感应电流就一定有感应电动势。

（3）只要线圈中有磁通穿过就会产生感应电动势。

（4）只要直导体在磁场中运动就会产生感应电动势。

（5）感应电流产生的磁场总是与原磁场方向相反。

（6）感应电流总是与原电流方向相反。

2. 在图 2-4-2 中，导体 AB 向左运动而产生的感应电流，在导轨中如何流动？

课题五　自感和互感

任务 1　观察分析自感现象

学习目标

1. 能通过实验观察并分析自感现象。
2. 了解自感的定义。
3. 掌握计算自感电动势大小的公式，且会判断自感电动势的方向。

工作任务

电流磁效应表明，通电线圈会产生磁场。在电磁感应学习中，已经知道当穿过线圈的

磁通发生变化时，会在线圈中产生感应电动势。那么，当通电线圈的电流发生变化时，同样会使穿过自身的磁场发生变化，而这会在线圈中产生感应电动势吗？

本任务的内容是连接图 2-5-1 所示自感实验电路，完成自感现象实验。通过观察和分析实验现象，归纳影响自感电动势的方向及其大小的因素。

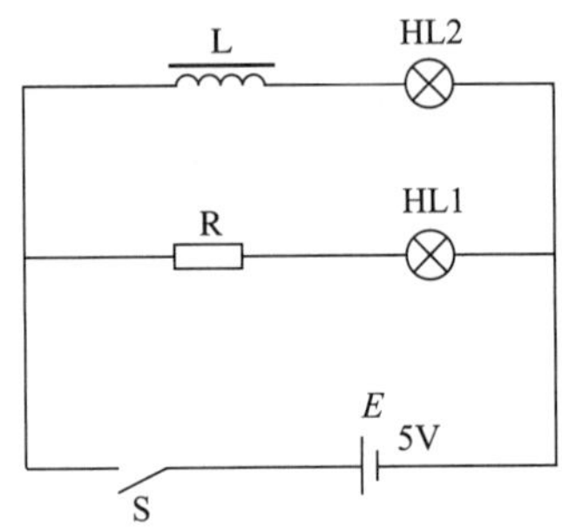

图 2-5-1　自感实验电路

任务实施

一、任务准备

实施本任务所需要的实验器材及工具见表 2-5-1。

表 2-5-1　实验器材及工具

序号	名称	型号规格	数量	单位	备注
1	电工常用工具		1	套	
2	直流稳压电源	1 A/5 V	1	台	
3	电阻	10 Ω/3 W	1	个	
4	铁芯线圈		1	个	
5	空心线圈		1	个	
6	灯泡	0.3 A /2.5 V	2	个	
7	单刀单掷开关		1	个	
8	导线		若干	m	

二、自感现象实验

1. 按图 2-5-1 准备并检查实验器材，连接实验电路。其中，铁芯线圈 L 与电阻 R 的阻值均为 10 Ω。HL1 和 HL2 是完全相同的两个灯泡。

2. 闭合开关 S，注意观察两个灯泡的亮度变化情况：________________。

当合上开关后，因灯泡 HL2 与线圈 L 串联，通过线圈 L 的电流由零增大，穿过线圈 L 的磁通也随之增加。根据楞次定律可知，感应电流产生的磁通要阻碍原磁通的变化，且此感应电流方向与原电流方向相反，因此灯泡 HL2 比 HL1 亮得慢些。

3. 当开关 S 闭合、灯泡正常发光后，断开开关 S，注意观察两个灯泡的亮度变化情况：____________________。当断开开关后，通过线圈 L 的电流突然减小，穿过线圈 L 的磁通也很快减少，线圈中必然要产生一个感应电流，以阻碍磁通的减小。虽然，这时电源已被切断，但线圈 L、电阻 R 和灯泡 HL1、HL2 组成了回路，在这个电路中有感应电流通过，所以灯泡会闪亮一下才熄灭。

4. 更换相同外形尺寸和匝数的空心线圈，重复做一次上面的实验。可以看到，当闭合开关 S 时，____________________。当开关 S 闭合、灯泡正常发光后，断开开关 S 时，____________________。

三、整理现场

1. 拆除实验电路的导线。
2. 整理实验器材与工具，清洁实验环境。

知识延伸

从上述两个实验可以看出，当线圈中的电流发生变化时，线圈中就会产生感应电动势，这个电动势总是阻碍线圈中电流的变化。这种由于流过线圈本身的电流发生变化而引起的电磁感应现象称为**自感现象**，简称**自感**。在自感现象中，产生的感应电动势称为自感电动势，用 e_L 表示。自感的实质是电磁感应。

一、自感系数

线圈中通入电流后产生的磁通称为**自感磁通**，因此，线圈也称作电感线圈、电感器或简称电感。同一电流通入结构不同的线圈时，所产生的自感磁通量是不相同的。为了衡量不同线圈产生自感磁通的能力，引入**自感系数**（简称电感）这一物理量，用 L 表示，它在数值上等于线圈中通过单位电流所产生的自感磁通，即

$$L=\frac{N\Phi}{I}$$

式中，N——线圈的匝数，匝；

Φ——每一匝线圈的自感磁通，Wb；

I——流过线圈的电流，A；

L——电感，H。

常用的电感单位除了亨以外，还有毫亨（mH）和微亨（μH）。它们之间的关系是

$$1\ \text{H}=10^3\ \text{mH}$$

$$1\ \text{mH}=10^3\ \mu\text{H}$$

线圈的电感是由线圈本身的特性决定的。线圈越长，单位长度上的匝数越多，截面积越大，电感就越大。结构和匝数完全相同的线圈，铁芯线圈比空心线圈的电感要大得多。

二、自感电动势

自感现象是电磁感应现象的一种特殊情况，它必然也遵从法拉第电磁感应定律。自感电动势的大小为

$$e_L = L\frac{\Delta I}{\Delta t}$$

式中，$\frac{\Delta I}{\Delta t}$为电流的变化率（单位是 A/s），它说明自感电动势的大小等于线圈的电感与电流变化率的乘积。

自感电动势的方向仍可以根据楞次定律来判定，即自感电动势的方向总是和电流变化的趋势相反。如图 2-5-2a 所示，电流 I 的变化趋势是增大时，自感电动势就要阻碍外电流的增大，因而与电流方向相反；如图 2-5-2b 所示，电流 I 的变化趋势是减小时，则自感电动势就与电流方向相同。

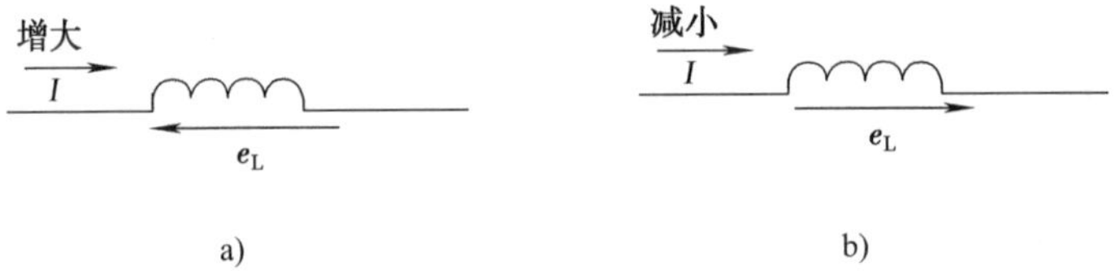

图 2-5-2　自感电动势方向的判定

a）电流变化趋势增大　b）电流变化趋势减小

三、RL 电路的过渡过程

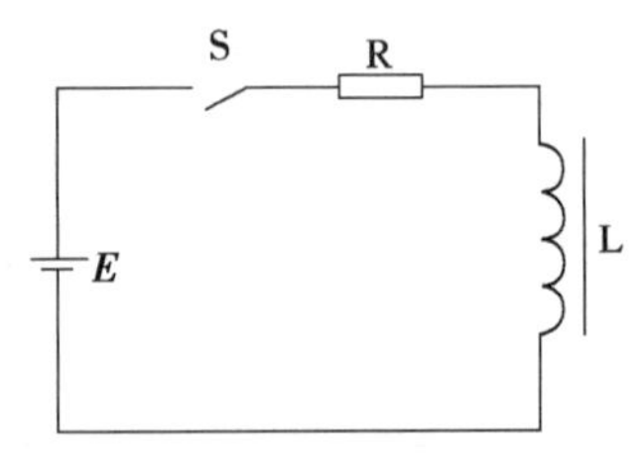

图 2-5-3　RL 串联电路

在图 2-5-1 所示自感实验电路中，切断电流的瞬间，灯泡并不立即熄灭，而是骤然一亮，然后才慢慢熄灭。这是由于在断电瞬间，电感线圈把它所储存的磁场能量释放出来，转换成电能的缘故。可见，电感线圈是电路中的储能元件。

在图 2-5-3 所示 RL 串联电路中，当开关 S 刚刚闭合时，电流不可能一下子由零变到稳定值，而是逐渐地增大；而当切断电源时，电流也不是立即消失，而是逐渐减小。这说明在**具有电感线圈的电路中，电流不能发生突变**，存在着过渡过程。

RL 电路过渡过程的长短与 L 和 R 的大小有关，L 与 R 的比值称为 RL 电路的时间常数，即

$$\tau = \frac{L}{R}$$

τ 越小，表明过渡过程越快。前面的自感实验同时表明，当电阻相同时，有铁芯的线圈比空心线圈组成的 RL 电路过渡过程要慢得多（时间常数大）。在图 2-5-1 所示自感实验电路中，当开关接通后，灯泡慢慢点亮；当开关断开后，灯泡闪亮之后慢慢熄灭，这都是过渡过程的表现。

任务 2　观察分析互感现象

学习目标

1. 能观察并分析互感实验现象。
2. 掌握互感的定义。
3. 熟悉同名端的定义及其判断方法和具体应用。

工作任务

两个相邻放置的线圈，一个线圈中的电流发生变化时，它所产生的变化磁场会在相邻的另一个线圈中感生出电动势，此感应电动势的大小及方向与哪些因素有关？

本任务的内容是连接图 2-5-4 所示的互感实验电路，完成互感现象实验。通过观察和分析实验现象归纳出影响互感电动势方向和大小的因素，以及互感线圈间同名端的判断方法。

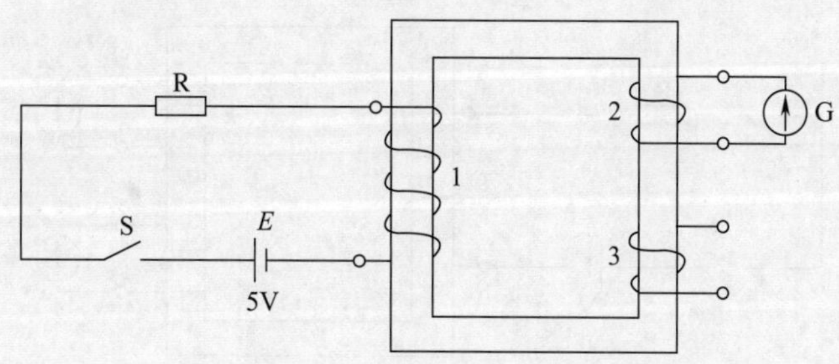

图 2-5-4　互感实验电路

任务实施

一、任务准备

实施本任务所需要的实验器材及工具见表 2-5-2。

表 2-5-2　实验器材及工具

序号	名称	型号规格	数量	单位	备注
1	电工常用工具		1	套	
2	直流稳压电源	1 A/5 V	1	台	
3	电阻	100 Ω/3 W	1	个	
4	检流计	J0409 或自定	2	个	或万用表 2 块
5	三绕组铁芯线圈		1	个	
6	单刀单掷开关		1	个	
7	导线		若干	m	

二、互感现象实验

1. 按图 2-5-4 准备并检查实验器材，连接实验电路。三绕组铁芯线圈中的线圈 1 所串联的电阻 R 用于限制工作电流。

2. 当闭合开关 S 时，注意观察测量仪表的指示情况：________________。这是因为当线圈 1 中的电流发生变化时，通过线圈 1 的磁通也发生变化，使穿过线圈 2 的磁通也随之发生变化，因而在线圈 2 中产生感应电动势和感应电流。

三、测试互感线圈感应电动势极性

1. 按图 2-5-5 在线圈 3 上再连接一个检流计。

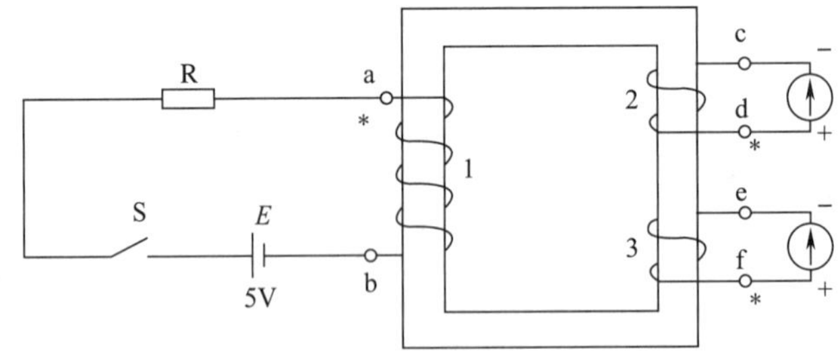

图 2-5-5　测试互感线圈感应电动势极性

2. 当闭合开关 S 时，注意观察两个测量仪表的指示情况：________________。根据仪表与线圈间的连接情况不同，两仪表的偏转方向可能相反，此时断开电路开关并交换反偏转仪表的两根连线即可得到相同的正偏转。

3. 再次闭合开关 S 时，两个检流计的偏转方向均为正方向，此时在三个线圈中产生的三个感应电动势的正极性端分别是 a、d、f，在图中加上“ * ”标记。

四、整理现场

1. 断开电路开关和直流稳压电源，拆除实验电路的导线。
2. 整理实验器材与工具，清洁实验环境。

知识延伸

一、互感

在上面互感现象实验中，由一个线圈中的电流发生变化而在另一线圈中产生电磁感应的现象称为**互感现象**，简称**互感**。由互感产生的感应电动势称为**互感电动势**，用 e_M 表示。互感的本质也属于电磁感应。

当通有电流的线圈 1 产生的磁通穿过线圈 2 时，两线圈之间就有了磁的联系，称为**磁耦合**或**互感耦合**。线圈 1 的磁通变化量可能是一部分，也可能是全部影响到线圈 2，为了定量表征两个线圈之间磁联系的紧密程度而引入了**互感系数**这个物理量，简称**互感**，用字母 M 表示。互感单位和自感一样，也是 H。

互感系数与两个线圈的匝数、几何形状、相对位置以及周围介质等因素有关。其大小反映当一个线圈电流变化时，在另一个线圈中产生互感电动势的能力。

线圈 2 中互感电动势的大小与两线圈的互感系数和线圈 1 中电流的变化率之积成正比，当线圈 1 中的电流变化时，线圈 2 中的互感电动势为

$$e_{M2}=M\frac{\Delta I_1}{\Delta t}$$

同理，当线圈 2 中的电流变化时，线圈 1 中的互感电动势为

$$e_{M1}=M\frac{\Delta I_2}{\Delta t}$$

二、互感线圈的同名端

利用互感原理可以很方便地将能量或信号由一个线圈传递到另一个线圈。当两个或两个以上的线圈彼此耦合时，常常需要知道互感电动势的极性。一般规定，把由于线圈绕向一致而使产生感应电动势的极性始终保持一致的接线端称为线圈的同名端，用“*”表示。同名端的确定当然可以用楞次定律来判断，但比较麻烦。尤其是对于已经制造好的互感器件，从外观上很难知道线圈的绕向，判断互感电动势的极性就很困难。在实际工作中，判别线圈的同名端，一是可以从外观上确定线圈绕向一致的端子为同名端；二是可以用实验的方法，在同一磁通变化下测量不同线圈，产生感应电动势极性一致的端子为同名端。

如图 2-5-6a 所示的三个互感线圈，如果可以知道各线圈的绕向，用楞次定律判定可知：在同一增大的磁通 Φ 作用下，三个线圈中感应出的电动势在 a、d、f 三端极性一致（正极性），为同名端。当然，也可以直接根据线圈在铁芯上的缠绕方向判别同名端，假想

将铁芯沿 J、K 切开拉直，从此时铁芯的一端看进去，如图 2-5-6b 所示，a、d、f 三端缠绕方向一致，为同名端。

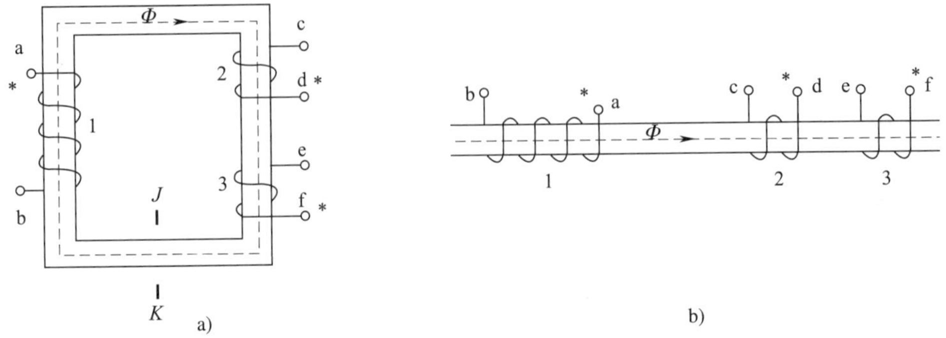

图 2-5-6　根据线圈缠绕方向判别同名端

a）判别同名端方法 1　b）判别同名端方法 2

如果无法知道线圈的绕向，可以用实验的方法判别同名端。从上面实验测试互感线圈感应电动势极性的结果可知，三个线圈的 a、d、f 端互感电动势极性一致（正极性），为同名端，当然 b、c、e 也为同名端。

三、互感的应用

图 2-5-7 所示电动机和变压器都是基于互感原理工作的电气设备。

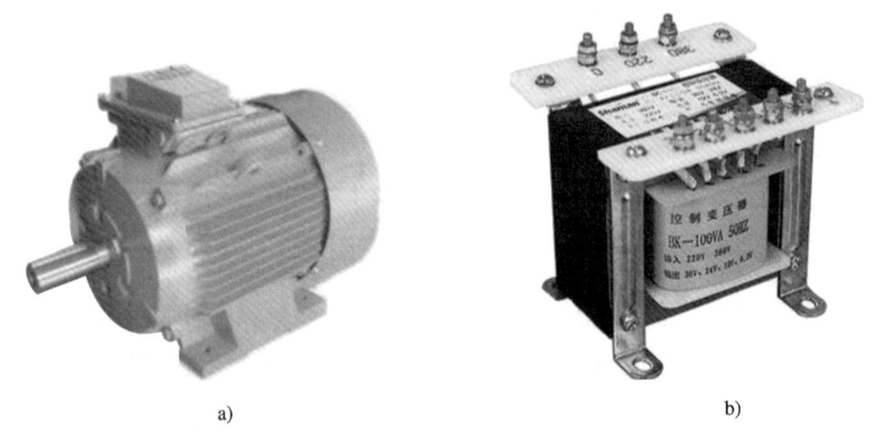

图 2-5-7　基于互感原理工作的电气设备

a）电动机　b）变压器

互感也有其不利的一面。例如，在有些电路中，若线圈的位置安放不当，各线圈产生的磁场就会相互干扰，严重时会使整个电路无法工作。由于受到设备或仪器体积的限制，加大线圈间距离的办法又往往行不通。这时，可采用以下办法。

1. 将两个线圈垂直放置，如图 2-5-8 所示。

2. 安装磁屏蔽罩，如图 2-5-9 所示。磁屏蔽罩由铁磁材料制成，由于铁磁材料的磁导率比空气的磁导率大得多，所以外磁场的磁通沿铁壁通过，进入空腔的磁通很少，从而起到了磁屏蔽的作用。

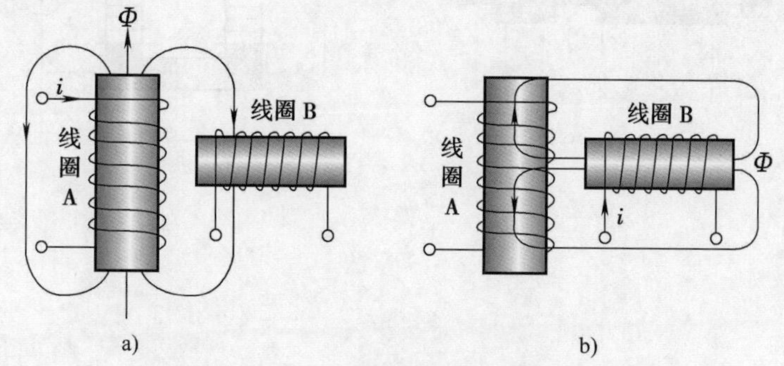

图 2-5-8　垂直放置线圈可以减小互感

a）线圈 A 产生的磁通不能进入线圈 B　b）线圈 B 产生的磁通在线圈 A 中自行抵消

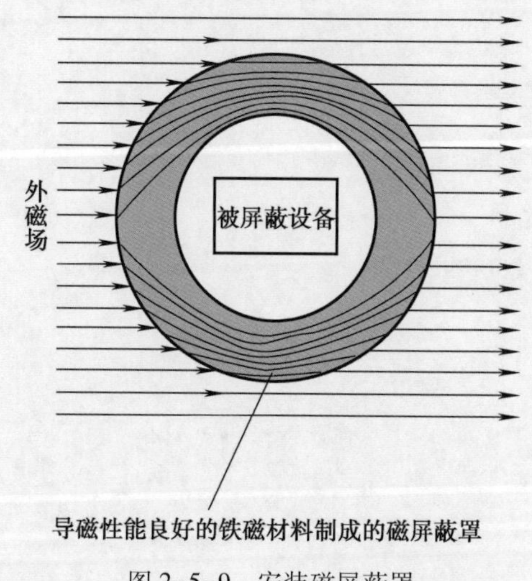

图 2-5-9　安装磁屏蔽罩

思考与练习

1. “因为自感电动势的方向总是阻碍线圈中原来电流的变化，所以自感电动势的方向总是和电流的方向相反”，你认为这种说法对吗？

2. 图 2-5-10 所示为半导体收音机的磁性线圈 L1、L2 及再生线圈 L3。试根据图示线圈的绕法标出它们的同名端。

3. 绕在同一铁芯上的一对互感线圈，不知其同名端，现按图 2-5-11 连接电路并测试，当开关接通时，发现电压表反向偏转。试确定两线圈的同名端。

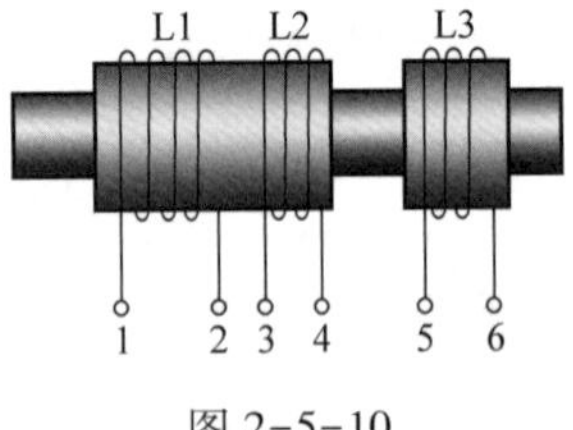

图 2-5-10

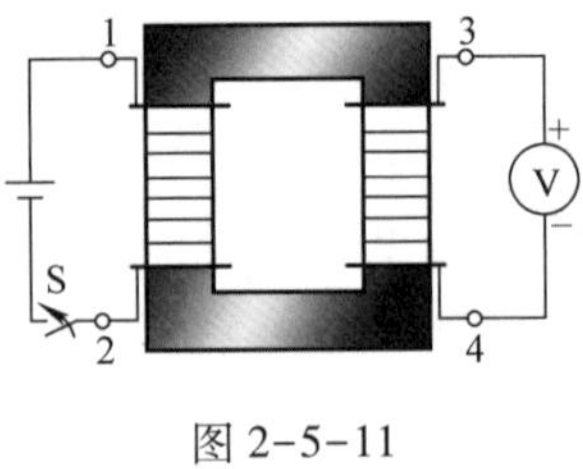

图 2-5-11

模块三　交流电路

课题一　正弦交流电的基本知识

任务 1　认识正弦交流电

学习目标

1. 了解正弦交流电的产生。
2. 能用示波器观察正弦交流电波形，用万用表测量正弦交流电压值。
3. 掌握正弦交流电的三要素及其含义。

工作任务

在生产和日常生活中，绝大多数用电设备都在使用交流电源，例如，220 V 的照明电源、380 V 的动力电源等，都是指交流电源。交流电有着极为广泛的应用，图 3-1-1 所示为某电热水器的铭牌数据，它的额定电压是交流 220 V，额定频率是 50 Hz。本课题将学习交流电的基本知识。

型　号	ES60H-Q1(ZE)	额定电压	220V～
额定容量	60L	额定频率	50Hz
额定最高温度	75℃	额定功率	2000W
防水等级	IPX4	额定内压	0.8MPa
出厂编号	Serial Number: GA0RQE00800GBC9E0179		
制造日期			

图 3-1-1　某电热水器的铭牌数据

本任务的内容是通过示波器观测交流电的波形，用万用表测量交流电压。

相关知识

一、交流电的概念

与前面学习中用到的电池、稳压电源等直流电源不同，电厂向用户提供的是交流电。交流电与直流电的根本区别是交流电的大小和方向随着时间的变化而变化。

下面以示波器显示的不同波形为例作一比较。

图 3-1-2a 所示为某直流电源的电压波形，电压的大小和方向都不随时间的变化而变化，所以也称**稳恒直流电**。

图 3-1-2b 所示为家庭插座上电压的波形，电压的大小和方向按正弦规律变化，所以称为**正弦交流电**。

实际应用的交流电并不仅限于正弦交流电，如图 3-1-2c 所示锯齿波交流电、图 3-1-2d 所示方波交流电等，它们都是非正弦交流电。非正弦交流电可以认为是一系列正弦交流电叠加合成的结果，所以正弦交流电也是研究非正弦交流电的基础。

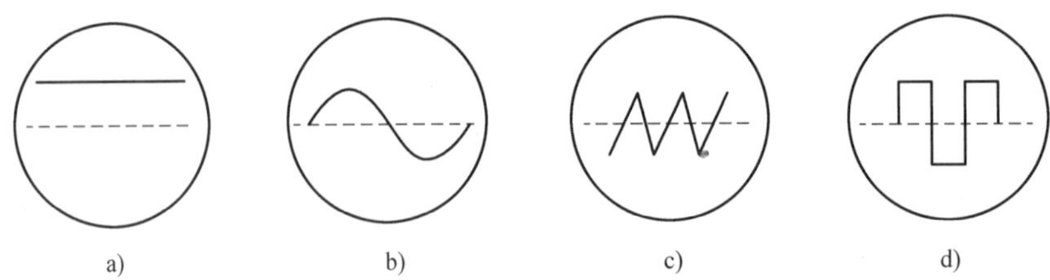

图 3-1-2　直流电和交流电波形

a）稳恒直流电　b）正弦交流电　c）锯齿波交流电　d）方波交流电

如果没有特别说明，本模块所讲的交流电是指正弦交流电。

二、交流电的产生

交流电既可以由交流发电机提供，也可以由振荡器产生。交流发电机主要用于提供电能，振荡器则主要用于产生各种交流信号。

图 3-1-3 所示为交流发电机的示意图和原理图。当线圈在磁场中以角速度 ω 逆时针匀速转动时，由于导线切割磁感线，线圈将产生感应电动势 e，如图 3-1-4 所示。

当线圈平面垂直于磁感线时，各边都不切割，没有感应电动势，称此平面为中性面，如图 3-1-3b 中面 OO'所示。将磁极间的磁场看作匀强磁场，设磁感应强度为 B，磁场中线圈切割磁感线的一边长度为 l，线圈平面从中性面开始转动，经过时间 t，线圈转过的角度为 ωt，这时其单侧线圈边切割磁感线的线速度为 v，与磁感线的夹角也为 ωt，所产生的感应电动势为$e'=Blv\sin\omega t$。所以整个单匝线圈所产生的感应电动势为

$$e=2Blv\sin\omega t$$

$2Blv$ 为感应电动势的最大值，设为 E_m，则

$$e=E_m\sin\omega t$$

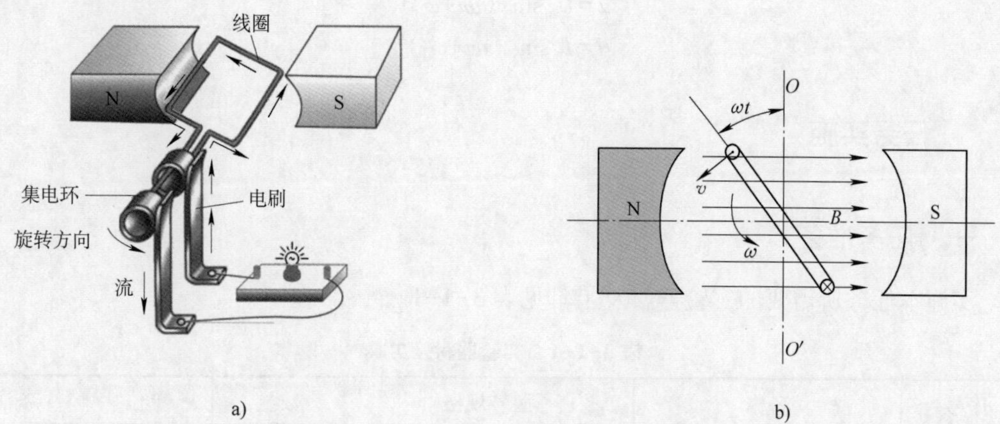

图 3-1-3　交流发电机的示意图和原理图

a）示意图　b）原理图

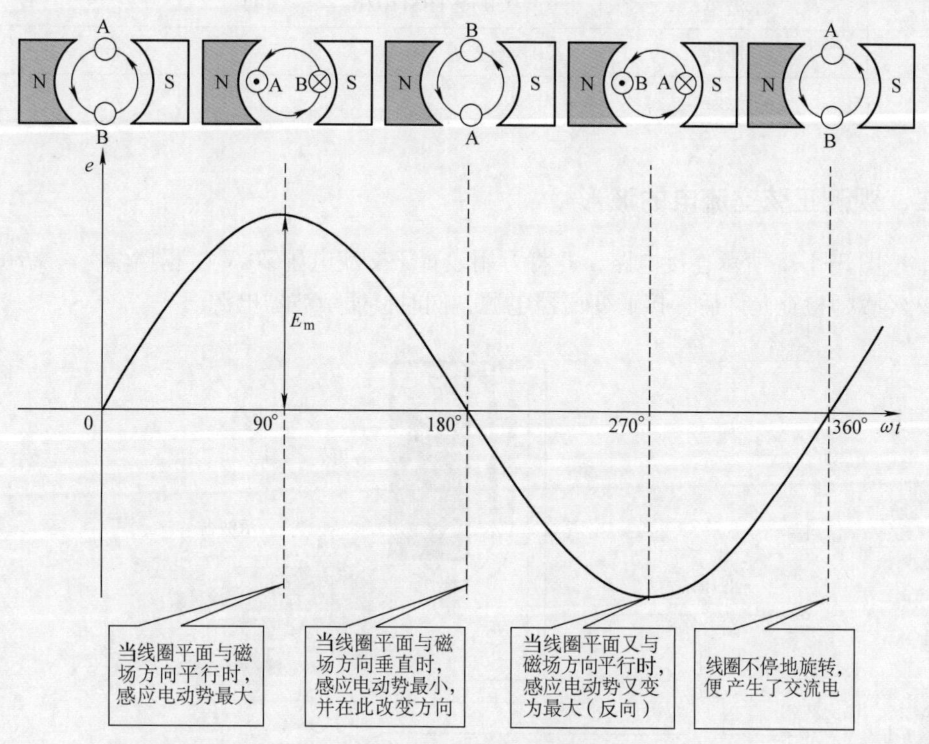

图 3-1-4　正弦交流电的产生

上式为正弦交流电动势的**瞬时值表达式**，也称**解析式**。若从线圈平面与中性面成一夹角 φ_0 时开始计时，则公式变为

$$e=E_m\sin\ (\omega t+\varphi_0)$$

正弦交流电压、电流等表达式与此相似，即

$$u=U_{m}\sin(\omega t+\varphi_0)$$
$$i=I_{m}\sin(\omega t+\varphi_0)$$

任务实施

一、任务准备

实施本任务所需要的实验器材及工具见表 3-1-1。

表 3-1-1　实验器材及工具

序号	名称	型号规格	数量	单位	备注
1	电工常用工具		1	套	
2	万用表	DT-9205B 或自定	1	块	
3	示波器	CA8020 或 TBS1102B	1	台	
4	变压器	220 V/12 V，10 V·A	1	台	
5	导线		若干	m	

二、观测正弦交流电的波形

1. 按图 3-1-5 所示连接电路，并将万用表置于交流电压 20 V 量程挡。
2. 经教师检查允许后，接通变压器电源，同时接通示波器电源。

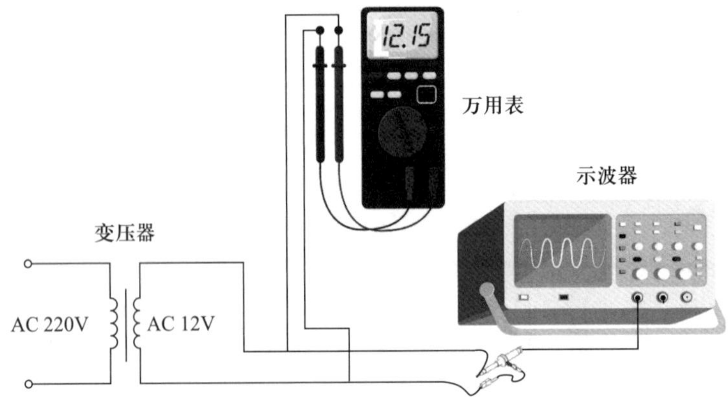

图 3-1-5　正弦交流电测量电路

3. 在教师的指导下适当调节示波器的“辉度”“聚焦”“*X* 轴位移”“*Y* 轴位移”等旋钮，使荧光屏上出现扫描线。调节“扫描范围”“扫描微调”旋钮，使荧光屏显示出完整稳定的正弦交流电波形，如图 3-1-6 所示。

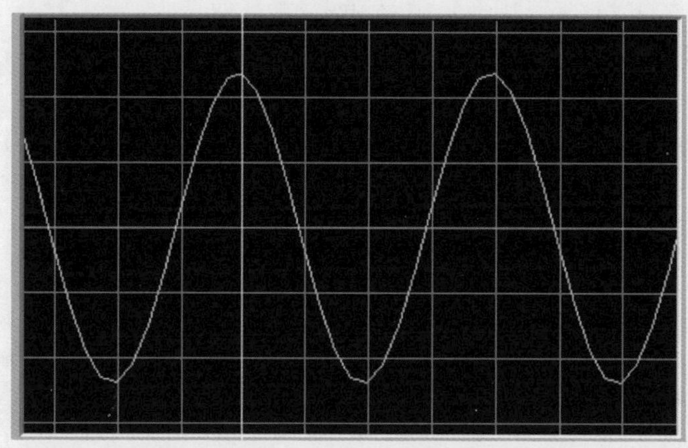

图 3-1-6 正弦交流电波形

三、测量交流电压

读出用万用表测量得到的交流电压值：______________。

四、整理现场

1. 断开变压器和示波器电源开关，拆除电路中的导线。
2. 整理实验器材与工具，清洁实验环境。

知识延伸

一、正弦交流电的周期、频率和角频率

正弦交流电波形如图 3-1-7 所示。

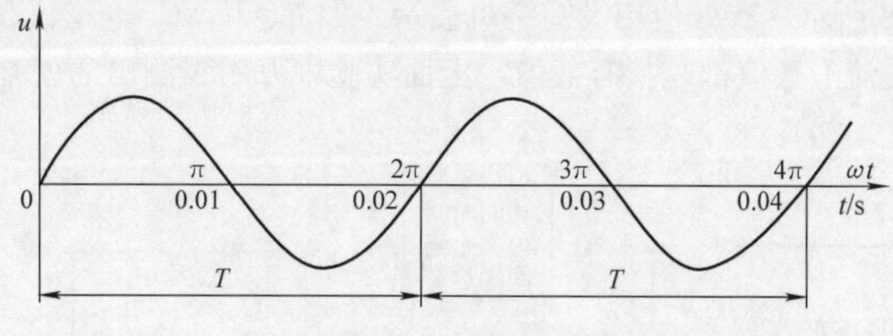

图 3-1-7 正弦交流电波形

1. 周期

交流电每重复变化一次所需的时间称为**周期**，用符号 T 表示，单位是秒（s）。图 3-1-7 所示交流电的周期为 0.02 s。

2. 频率

交流电在 1 s 内重复变化的次数称为**频率**，用符号 f 表示，单位是赫兹，简称赫，用

符号 Hz 表示。根据定义可知，周期和频率互为倒数，即

$$f=\frac{1}{T}\text{或 }T=\frac{1}{f}$$

例如，我国动力和照明用电的额定频率为 50 Hz（习惯上称为工频）。少数国家采用 60 Hz 的频率。又如，高频感应电炉的电源频率为 200～300 kHz，我国广播电视信号的频率为几十兆赫兹到几百兆赫兹。

3. 角频率

正弦交流电的变化也可以用电角度来计量，其变化一个周期为 2π（即 360°），正弦交流电每秒内变化的电角度称为**角频率**，用符号 ω 表示。角频率与周期、频率的关系为

$$\omega=\frac{2\pi}{T}=2\pi f$$

角频率的单位是弧度/秒，用 rad/s 表示。例如，50 Hz 所对应的角频率是 100π rad/s，即 314 rad/s。

引入角频率 ω 后，相应正弦交流电波形的横坐标也可以用 ωt 表示。

二、正弦交流电的瞬时值、最大值、有效值和平均值

1. 瞬时值

正弦交流电在某一时刻的数值称为**瞬时值**。瞬时值用小写字母表示，如 e、u、i。

2. 最大值

正弦交流电在一个周期所能达到的最大瞬时值称为正弦交流电的**最大值**（又称**峰值**、**幅值**）。最大值用大写字母加下标 m 表示，如 E_{m}、U_{m}、I_{m}。

3. 有效值

因为交流电的大小是随时间变化的，所以在研究交流电的功率时，采用最大值就不够方便，通常用**有效值**来表示。有效值是这样规定的：使交流电和直流电加在同样阻值的电阻上，如果在相同的时间内产生的热量相等，就把这一直流电的大小叫作相应交流电的有效值，如图 3-1-8 所示。有效值用大写字母表示，如 E、U、I。电工仪表测出的交流电数值及通常所说的交流电数值都是指有效值。上面实验中万用表测出的就是变压器输出电压的有效值。

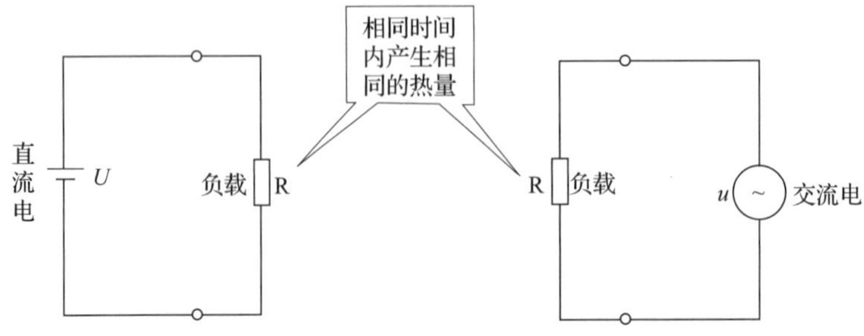

图 3-1-8　交流电的有效值

正弦交流电的有效值和最大值之间的关系为

$$有效值=\frac{1}{\sqrt{2}}\times最大值\approx 0.707\times最大值$$

4. 平均值

在一些实际问题中，有时要用到平均值的概念。所谓**平均值**，是指正弦交流电在半个周期内所有瞬时值的平均值。正弦交流电动势、电压和电流的平均值分别用符号 E_p、U_p、I_p 表示。

有效值与平均值之间的关系为

$$E\approx 1.1E_p \quad U\approx 1.1U_p \quad I\approx 1.1I_p$$

正弦交流电的最大值、有效值和平均值，如图 3-1-9 所示。

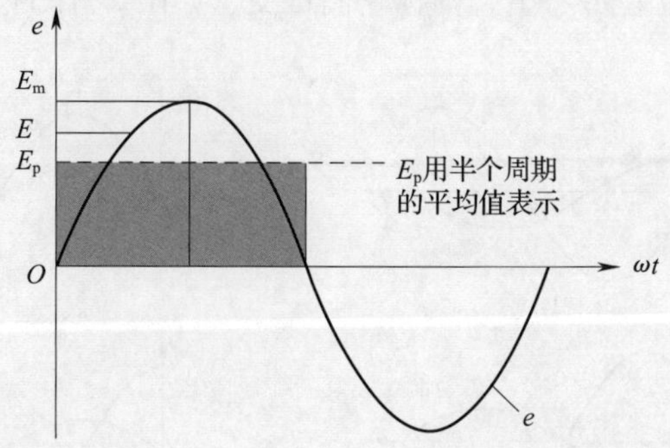

图 3-1-9　正弦交流电的最大值、有效值和平均值

三、正弦交流电的相位与相位差

1. 相位

在式 $e=E_m\sin(\omega t+\varphi_0)$ 中，$\omega t+\varphi_0$ 表示任意时刻线圈平面与中性面所成的角度，这个角度称为**相位角**，也称**相位**或**相角**，它反映了交流电变化的进程。式中，φ_0 为正弦量在 $t=0$ 时的相位，称为**初相位**，也称**初相角**或**初相**。

交流电的初相可以为正，也可以为负。若 $t=0$ 时正弦量的瞬时值为正，则初相为正，如图 3-1-10a 所示；若 $t=0$ 时正弦量的瞬时值为负，则初相为负，如图 3-1-10b 所示。

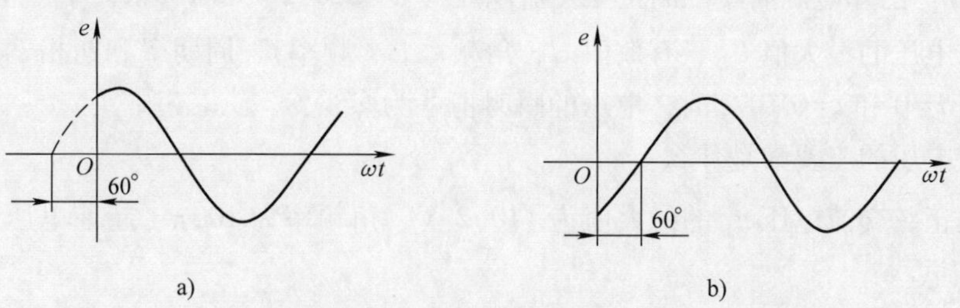

图 3-1-10　相位的正负

a）初相为正　b）初相为负

初相通常用$-180°\sim180°$的角来表示。例如，$e=E_m\sin(\omega t+240°)$ V 应记为 $e=E_m\sin(\omega t-120°)$ V。

2. 相位差

两个同频率交流电的相位之差称为**相位差**，用符号 φ 表示，即

$$\varphi=(\omega t+\varphi_{01})-(\omega t+\varphi_{02})=\varphi_{01}-\varphi_{02}$$

两个同频率交流电的相位差就等于它们的初相之差。如果一个交流电比另一个交流电提前达到零值或最大值，如图 3-1-11a 中 e_1 和 e_2，$\varphi=\varphi_{01}-\varphi_{02}>0$，则称 e_1 **超前** e_2，或称 e_2 **滞后** e_1；若两个交流电同时达到零值或最大值，即两者的初相相等，则称它们**同相位**，简称**同相**，如图 3-1-11b 所示；若一个交流电达到正的最大值时，另一个交流电同时达到负的最大值，即它们的初相相差 180°，则称它们**反相位**，简称**反相**，如图 3-1-11c 所示；若两个正弦交流电的相位差 $\varphi=90°$，则称它们**正交**，如图 3-1-11d 所示。

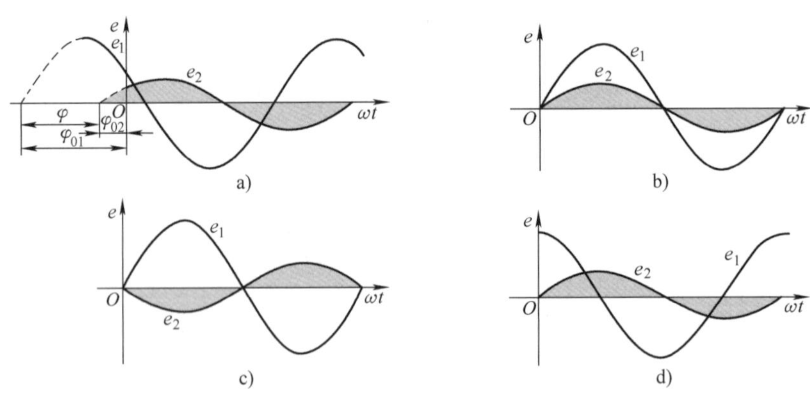

图 3-1-11　正弦交流电的相位关系

a）e_1 超前 e_2　b）e_1 与 e_2 同相　c）e_1 与 e_2 反相　d）e_1 与 e_2 正交

综上所述，正弦交流电的最大值反映了正弦交流电的变化范围，角频率反映了正弦交流电的变化快慢，初相反映了正弦交流电的起始状态。它们是表征正弦交流电的三个重要物理量。知道了这三个量就可以确定一个交流电，并写出其瞬时值表达式。因此，常把最大值、角频率和初相称为**正弦交流电的三要素**。

【例 3-1】已知电源插座中的正弦交流电压为 $u=220\sqrt{2}\sin(100\pi t-30°)$ V。

（1）求电压的最大值 U_m、有效值 U、角频率 ω、频率 f、周期 T 和初相 φ_0。

（2）当 $t=0$ 和 $t=0.01$ s 时，电压的瞬时值各为多少？

（3）该电压的三要素是什么？

（4）某正弦交流电压 u_1 的最大值为 $110\sqrt{2}$ V、角频率为 100π、超前电压 u 120°，写出 u_1 的解析式。

解：（1）把 $u=220\sqrt{2}\sin(100\pi t-30°)$ V 与 $u=U_m\sin(\omega t+\varphi_0)$ 对照得：

$$U_m=220\sqrt{2}\text{ V}=220\times1.414\text{ V}=311\text{ V}$$

$$U=\frac{U_m}{\sqrt{2}}=\frac{220\sqrt{2}}{\sqrt{2}}\ \text{V}=220\ \text{V}$$

$$\omega=100\pi=100\times3.14\ \text{rad/s}=314\ \text{rad/s}$$

$$f=\frac{\omega}{2\pi}=\frac{314}{2\times3.14}\ \text{Hz}=50\ \text{Hz}$$

$$T=\frac{1}{f}=\frac{1}{50}\ \text{s}=0.02\ \text{s}$$

$$\varphi_0=-30°$$

（2）$t=0$ 时的瞬时值为

$$u=220\sqrt{2}\sin\ (100\pi\times0-30°)\ \text{V}=311\sin\ (-30°)\ \text{V}=311\times\ (-0.5)\ \text{V}=-155.5\ \text{V}$$

$t=0.01$ s 时的瞬时值为

$$\begin{aligned}u&=220\sqrt{2}\sin\ (100\pi\times0.01-30°)\ \text{V}=311\sin\ (\pi-30°)\ \text{V}=311\sin30°\ \text{V}\\&=311\times0.5\ \text{V}=155.5\ \text{V}\end{aligned}$$

（3）该电压的三要素是最大值 $U_m=311$ V、角频率 $\omega=314$ rad/s、初相 $\varphi_0=-30°$。

（4）u_1 的解析式为

$$u_1=110\sqrt{2}\sin\ (100\pi t-30°+120°)\ \text{V}=110\sqrt{2}\sin\ (100\pi t+90°)\ \text{V}$$

由本例题可以得到，人们平时接触最多的 220 V 交流电源（也称为市电），其最大值为 311 V，频率为 50 Hz，周期为 0.02 s。

四、正弦交流电的三种表示方法

1. 波形表示法

用正弦函数图像来表示交流电的方法即波形表示法，在纵轴上可以确定瞬时值和最大值，在横轴上可以确定角频率和初相。

2. 解析式表示法

解析式表示法就是用正弦函数公式来表示交流电，其一般表示形式就是瞬时值表达式 $u=U_m\sin\ (\omega t+\varphi_0)$，可以确定最大值 U_m、角频率 ω 和初相 φ_0。解析式是交流电的基本表示方法。

3. 相量图表示法

如果要对正弦交流电进行加、减运算，无论是运用波形图还是瞬时值表达式，都不方便。为此，引入正弦交流电的相量图表示法。

怎样用相量图来表示正弦交流电呢？现以正弦交流电动势 $e=E_m\sin\ (\omega t+\varphi_0)$ 为例说明。如图 3-1-12 所示，在直角坐标系内，作一矢量 OA，其长度为正弦交流电动势 e 的最大值 E_m，它的起始位置与 x 轴正方向的夹角等于初相 φ_0，并以正弦交流电动势的角频率 ω 为角速度逆时针匀速旋转，则在任一瞬间旋转矢量与 x 轴的夹角即为正弦交流电动势的相位 $\omega t+\varphi_0$，它在 y 轴的投影（Oa）即为该正弦交流电动势的瞬时值。

例如，当 $t=0$ 时，旋转矢量在 y 轴的投影为 e_0，对应于图 3-1-12 中电动势波形的 a

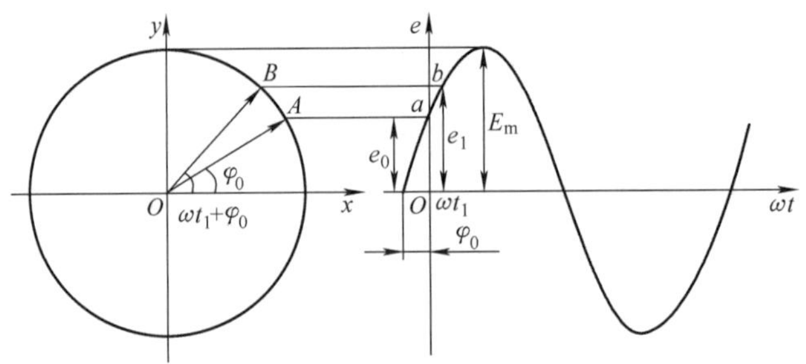

图 3-1-12　旋转矢量与波形图的对应关系

点；当 $t=t_1$ 时，矢量与 x 轴夹角为 $\omega t_1+\varphi_0$，此时矢量在 y 轴的投影为 e_1，对应于波形图上 b 点，如果矢量旋转一周，就与该正弦交流电一个周期的波形恰好对应。可见，旋转矢量能完全反映正弦交流电的三要素及变化规律。

为了与一般的空间矢量相区别，把表示正弦交流电的这一矢量称为**相量**。正弦交流电的相量用 $\dot{E}_m$、$\dot{U}_m$、$\dot{I}_m$ 表示。但实际应用更多的是**有效值相量**（图 3-1-13），相应符号则为 $\dot{E}$、$\dot{U}$、$\dot{I}$。

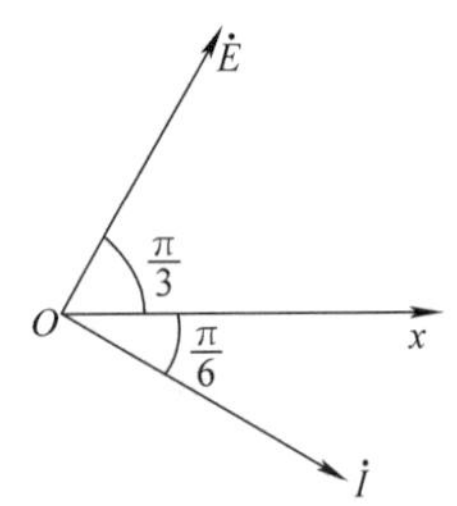

图 3-1-13　有效值相量

在物理学中，曾学习过速度矢量、力矢量等，它们都是既有大小，又有方向的量，一般称它们为空间矢量，其加、减运算遵循平行四边形法则。用以表示正弦交流电的相量与力学中的矢量不同，它只是相位随时间变化的量，虽然加、减运算也遵循平行四边形法则，但与方向无关。

应用相量图时要注意以下几点。

（1）在同一相量图中，各正弦交流电的频率应相同。

（2）在同一相量图中，相同物理量的相量应按相同比例画出。

（3）一般取直角坐标系的水平正方向为参考方向：逆时针转动的角度为正；反之，为负。

（4）用相量表示正弦交流电后，它们的加、减运算可按平行四边形法则进行。必须指出的是，一个正弦量的相量图、波形图、解析式是正弦量的几种不同的表示方法，它们有一一对应的关系，但在数学上并不相等，如果写成 $u=U_m\sin(\omega t+\varphi_0)=\dot{U}$ 则是错误的。

【例 3-2】 已知 $u_1=3\sqrt{2}\sin(314t+30°)$ V，$u_2=4\sqrt{2}\sin(314t-60°)$ V。利用相量图求 $u=u_1+u_2$ 和 $u'=u_1-u_2$ 的瞬时值表达式。

解： 先求 $u=u_1+u_2$。根据题意作相量图，如图 3-1-14 所示。可得

$$U=\sqrt{U_1^2+U_2^2}=\sqrt{3^2+4^2}\ \text{V}=5\ \text{V}$$

$$\varphi=\arctan\frac{U_2}{U_1}=\arctan\frac{4}{3}\approx 53°$$（u_1 超前 u 的角度）

于是可得 $u=u_1+u_2$ 的三要素为

$$U_m=5\sqrt{2}\ \text{V};\ \omega=314\ \text{rad/s};\ \varphi_u=30°-\varphi=30°-53°=-23°$$

所以

$$u=5\sqrt{2}\sin(314t-23°)\ \text{V}$$

再求 $u'=u_1-u_2$。由 $u'=u_1-u_2=u_1+(-u_2)$，画出相量图，如图 3-1-15 所示。可得

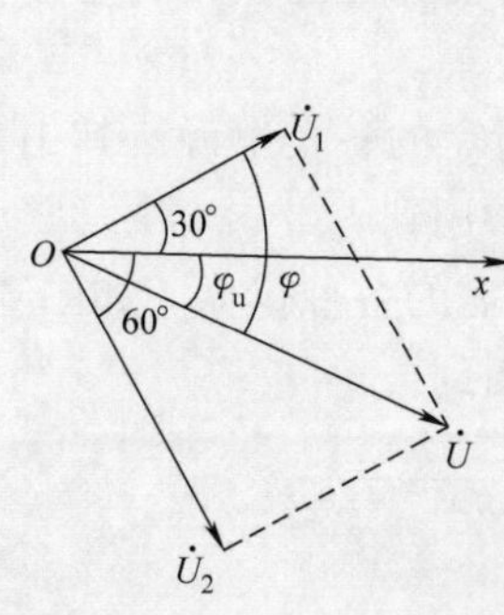

图 3-1-14　【例 3-2】的 u

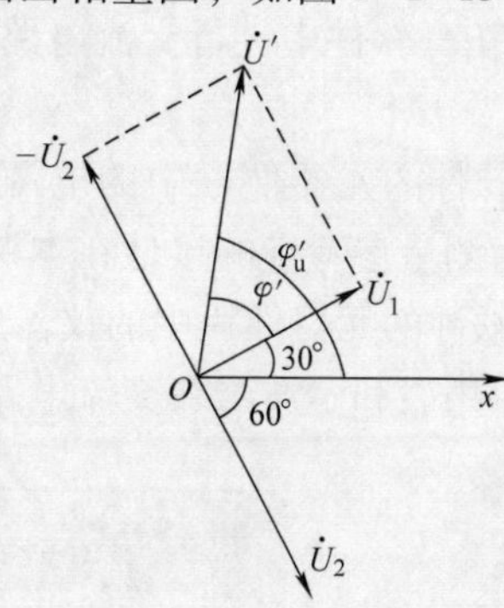

图 3-1-15　【例 3-2】的 u'

$$U'=\sqrt{U_1^2+U_2^2}=\sqrt{3^2+4^2}\ \text{V}=5\ \text{V}$$

$$\varphi'=\arctan\frac{U_2}{U_1}=\arctan\frac{4}{3}\approx 53°$$（u'超前 u_1 的角度）

于是可得 $u'=u_1-u_2$ 的三要素为

$$U_m'=5\sqrt{2}\ \text{V};\ \omega=314\ \text{rad/s};\ \varphi_u'=\varphi'+30°=53°+30°=83°$$

所以

$$u'=5\sqrt{2}\sin(314t+83°)\ \text{V}$$

任务 2　仿真观测正弦交流电的波形和参数

学习目标

1. 掌握 EWB 仿真软件中万用表和示波器的基本操作方法。
2. 能用 EWB 仿真软件观察正弦交流电波形并测量其相关参数。

工作任务

前面的学习中，已经用 EWB 仿真软件对直流电路进行了仿真实验，了解了其便捷和

实用的特点。EWB 仿真软件中还拥有示波器、信号发生器等许多虚拟仪器以及种类齐全的元器件，因此它也非常适合用于完成交流电路的仿真实验。

本任务的内容是在熟练掌握 EWB 仿真软件中万用表和示波器基本操作的基础上，观察正弦交流电波形并测量其相关参数。

相关知识

要在 EWB 仿真软件中进行交流电路仿真实验，需要软件提供交流电源以及相关的测量用仪器仪表。

EWB 仿真软件的元器件栏中的电源库里有实验所需的各类电源。其中，电池、交流电压源以及作为测量参考点的接地在本课程实验中经常用到。

EWB 仿真软件的元器件栏中的仪器库里有实验所需的各种仪器，如图 3-1-16 所示。其中，数字式万用表和示波器在交流电路实验中经常用到。

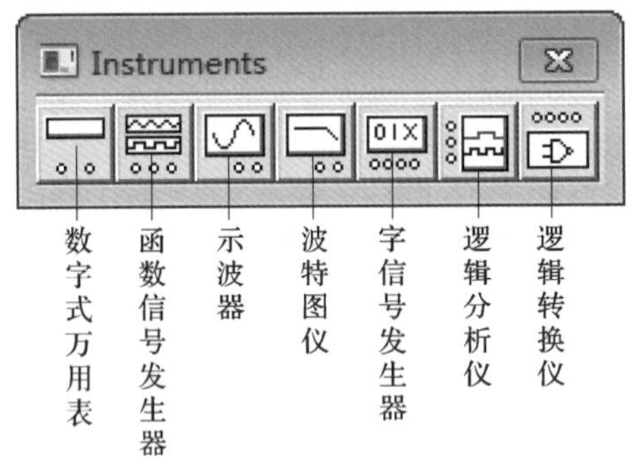

图 3-1-16　仪器库

任务实施

下面进行两个简单正弦交流电路的仿真实验。已知交流电源插座中的正弦交流电压有效值为 220 V、频率为 50 Hz、初相为 30°［瞬时值表达式 $u_1=220\sqrt{2}\sin(100\pi t+30°)$ V］。首先，用示波器显示此电压波形图，然后测量该电压的有效值 U、最大值 U_m 和周期 T。正弦交流电压 u_2 最大值为 $220\sqrt{2}$ V、角频率为 100π、超前电压 u_1 120°［瞬时值表达式 $u_2=220\sqrt{2}\sin(100\pi t+150°)$ V］，用示波器同时显示电压 u_1 和 u_2 的波形图。

一、运行 EWB 仿真软件

双击桌面上的图标，运行 EWB 仿真软件。

二、放置交流电压源、数字式万用表和示波器

单击元器件栏中的电源库按钮，打开电源库，在库中选择交流电压源后用鼠标拖至电路工作区中。单击元器件栏中的仪器库按钮，打开仪器库，在库中分别选择数字式万用表和示波器，用鼠标拖至电路工作区中，如图 3-1-17 所示。

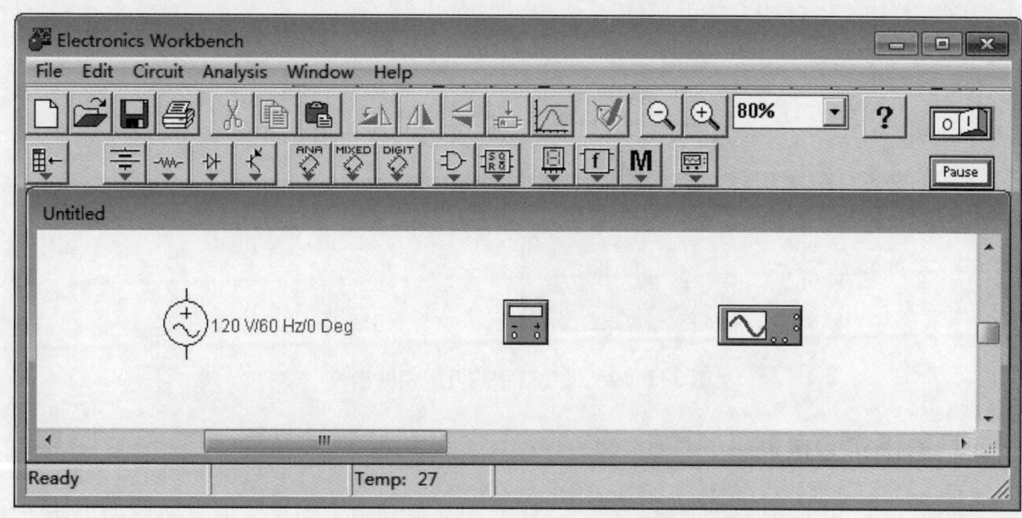

图 3-1-17　放置交流电压源、数字式万用表和示波器

三、设置交流电压源工作参数和数字式万用表挡位

双击电路工作区中的交流电压源符号，打开其属性对话框，在对话框中按照电压有效值 220 V、频率 50 Hz、初相 30°的数据进行工作参数设置，如图 3-1-18 所示。

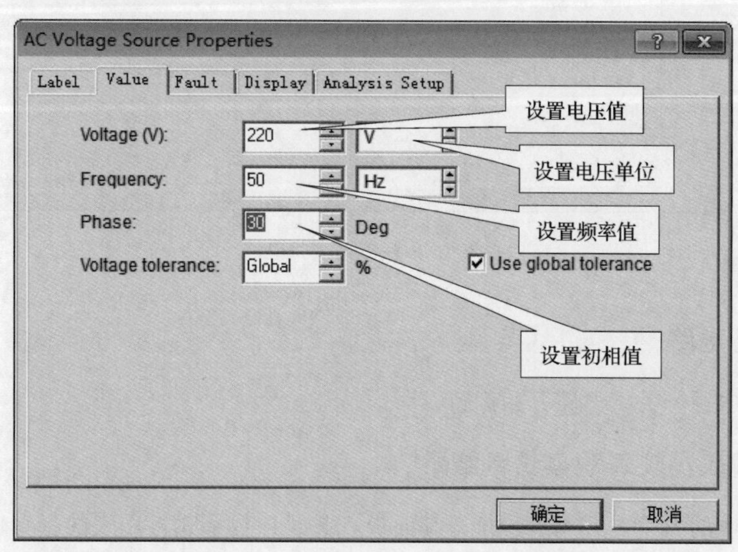

图 3-1-18　设置交流电压源的工作参数

双击电路工作区中的数字式万用表符号，打开其面板，如图 3-1-19 所示。这是一种四位数字式万用表，面板上有一个数字显示窗口和七个按钮，分别为电流（A）、电压（V）、电阻（Ω）、电平（dB）、交流（~）、直流（-）和设置（Settings）按钮，单击这些按钮便可进行相应的转换。用该万用表可测量交直流电压、交直流电流和电阻等，并具有自动量程转换功能。利用设置按钮可调整电流表内阻、电压表内阻等。单击相应按钮，将该数字式万用表设置到交流电压挡。

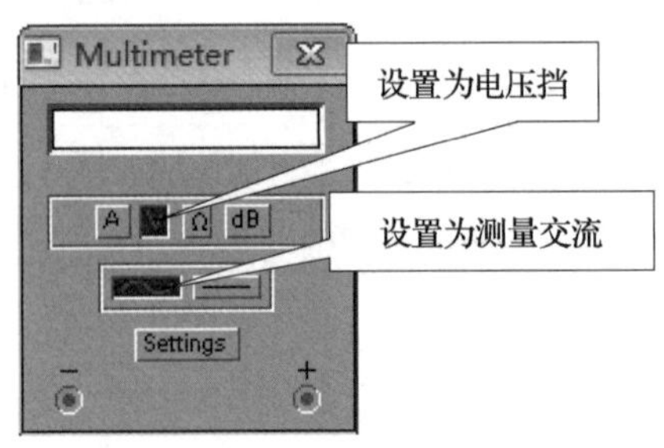

图 3-1-19　设置数字式万用表的挡位

四、连接实验电路

按照图 3-1-20 连接实验电路。其中，数字式万用表用于测量交流电压源的电压有效值，示波器用于测量该电源的波形图。注意：图 3-1-20 中的接地符号不可缺少，否则电路将不能正常仿真。

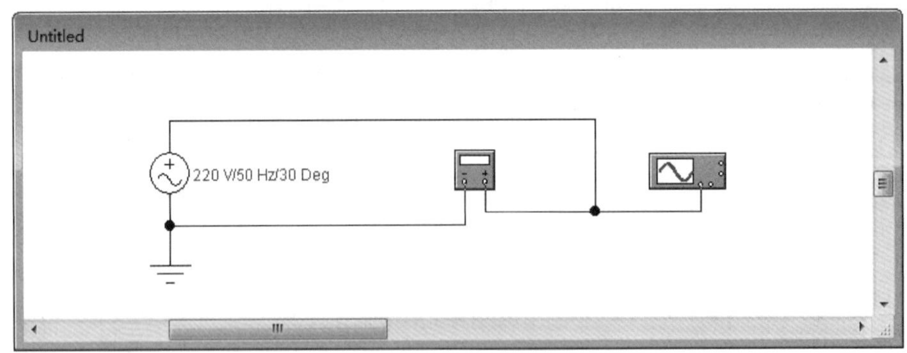

图 3-1-20　仿真实验电路

五、运行电路

单击仿真电源开关，电路开始运行。

六、通过仪器仪表观察仿真结果

双击电路中的数字式万用表，打开其面板。此时，数字式万用表的指示值为电压有效值：________________。

双击电路中的示波器图标，打开其面板，如图 3-1-21 所示。这是一种 1 000 MHz 双通道数字存储示波器。单击仿真电源开关，示波器便可马上显示波形，在图 3-1-21 中，信号幅度超出了显示区间，需要对 A 通道 *Y* 轴衰减进行设置。注意：当将探头移到新的测试点时，可以不关电源。

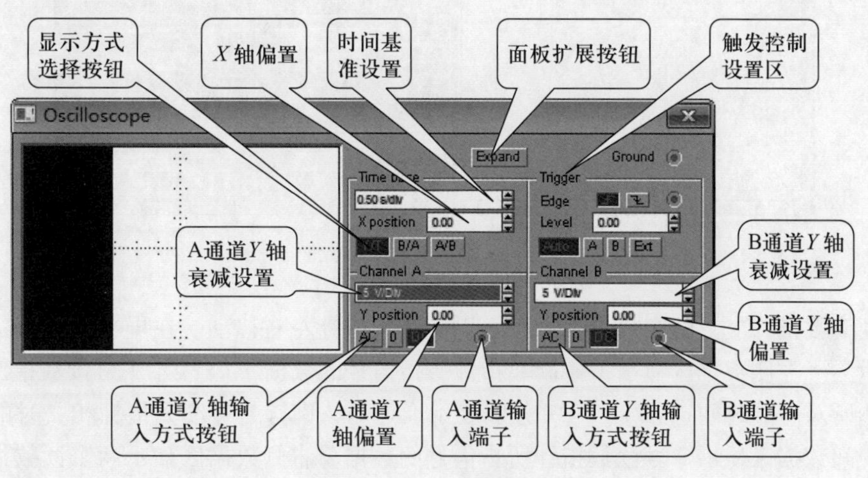

图 3-1-21　示波器面板

多次单击 A 通道 *Y* 轴衰减设置的增大按钮“▲”，使 A 通道 *Y* 轴衰减调节至 200 V/DIV（每格 200 V），此时信号幅度不再超出显示区间，如图 3-1-22 所示。

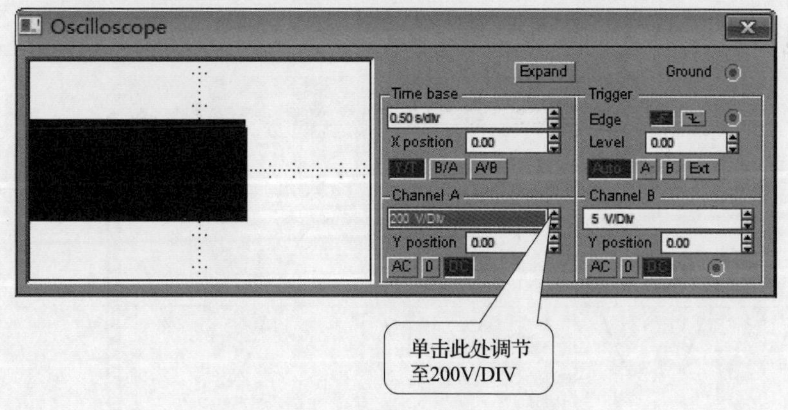

图 3-1-22　调整 A 通道 *Y* 轴衰减

此时，信号在水平方向被紧紧地压缩在一起，因此无法看出其波形。多次单击时间基准设置的减小按钮“▼”，使时间基准调节至 5 ms/DIV（每格 5 ms），此时信号波形被充分展开，单击仿真电源开关下面的暂停/恢复开关，可以清楚地看到正弦波的波形，如图 3-1-23 所示。再次单击暂停/恢复开关可恢复仿真运行。

单击示波器面板上的面板扩展按钮，可以得到扩展的示波器面板（图 3-1-24），此时面板上有两条可以左右移动的读数指针，可以用读数指针对电压和时间进行精确测量。用

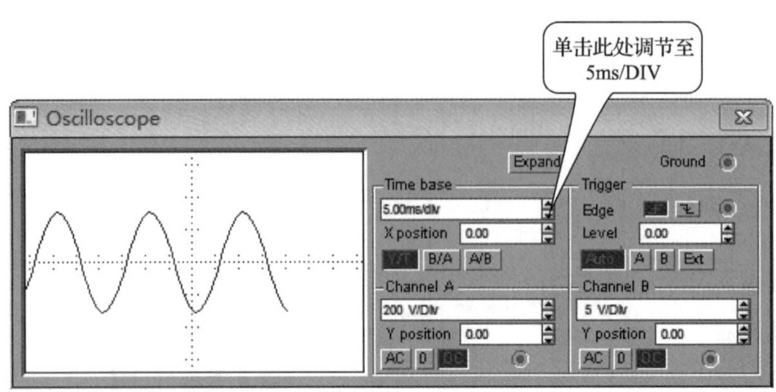

图 3-1-23　调整时间基准

鼠标拖动读数指针上方的三角形标志，可以使读数指针左右移动。在屏幕下方有三个测量数据显示区。左侧数据区显示 1 号读数指针所指信号的数据，T1 表示 1 号读数指针离开屏幕最左侧所对应的时间，VA1、VB1 分别表示通道 A、B 与 1 号读数指针相交时的信号瞬时值。中间数据区显示 2 号读数指针所指信号的数据。右侧数据区显示两个读数指针所指信号的差值。

为了测量方便、准确，单击仿真电源开关下方的暂停/恢复开关使波形冻结。拖动 1 号读数指针到正弦波的峰值处，拖动 2 号读数指针到正弦波的相邻峰值处，此时可以在测量数据显示区中读出正弦交流电压的最大值为＿＿＿＿＿＿＿＿，周期为＿＿＿＿＿＿＿＿＿，如图 3-1-24 所示。

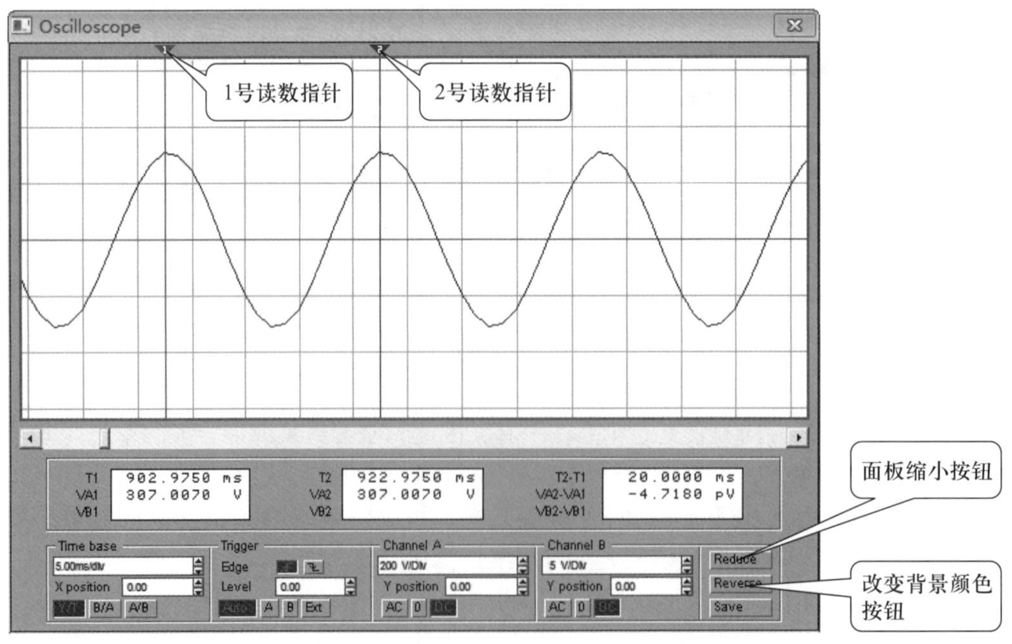

图 3-1-24　扩展的示波器面板

七、同时显示两个正弦交流电压波形

单击图 3-1-24 中的面板缩小按钮，缩小示波器面板。在电源库中再取出一个交流电压源，按照实验要求设置为有效值 220 V、频率 50 Hz、初相 150°，连接至示波器的 B 通道端子上，用鼠标右键单击连接示波器两个测量通道端子的连线，选择“Wire Properties...”后改变导线的颜色，如图 3-1-25 所示。

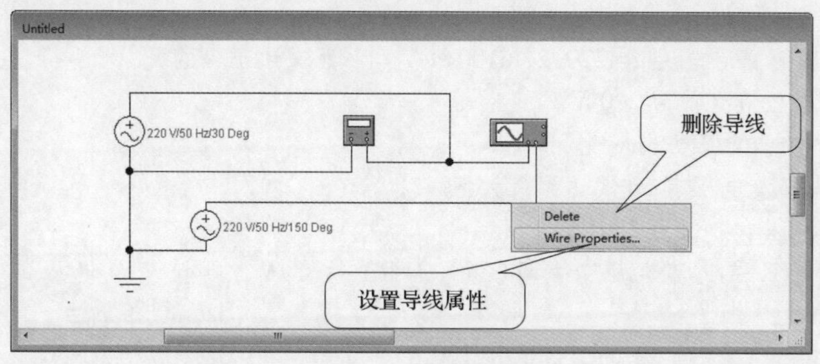

图 3-1-25　设置导线颜色

打开仿真电源开关，多次单击 B 通道 Y 轴衰减设置的增大按钮“▲”，使 B 通道 Y 轴衰减调节至 200 V/DIV（每格 200 V）。打开示波器的扩展面板，单击改变背景颜色按钮，更改示波器显示背景颜色。单击暂停/恢复开关，这时与接入导线颜色相同的两路正弦波电压波形清晰地显示在示波器上，如图 3-1-26 所示。

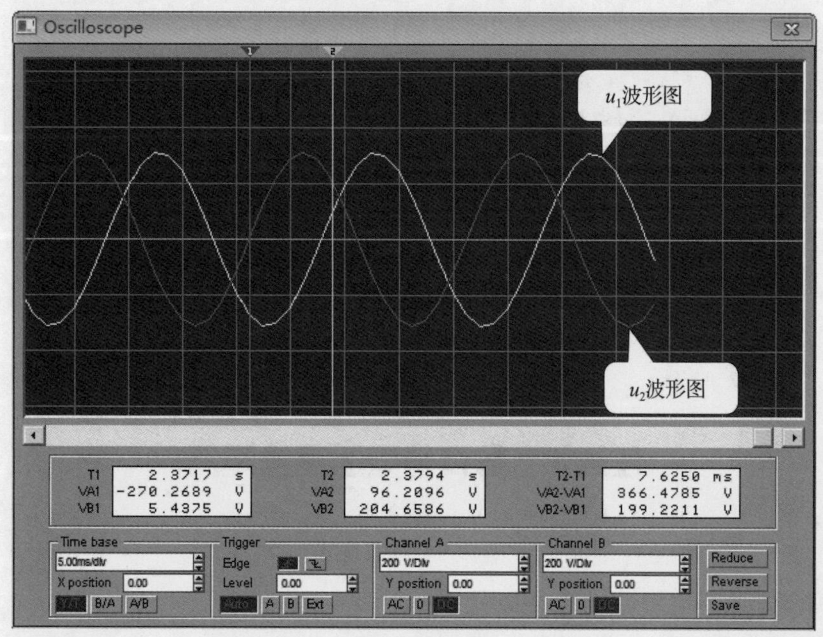

图 3-1-26　示波器同时显示两路波形

八、保存仿真电路文件

单击“File”菜单中的“Save As...”选项，将建立的仿真电路文件保存到指定的文件夹中。

思考与练习

1. 若照明用交流电压 $u=220\sqrt{2}\sin100\pi t$ V，下面说法正确的是（　　）。

A. 交流电压最大值为 220 V

B. 1 s 内交流电压方向变化 50 次

C. 1 s 内交流电压有 50 次达到最大值

D. 交流电压有效值为 220 V

2. 已知某正弦交流电压 $u=311\sin(314t+45°)$ V，则该交流电压的有效值 $U=$__________V，周期 $T=$__________s，频率 $f=$__________Hz，初相 $\varphi_0=$__________。

3. 已知某正弦交流电压的有效值为 100 V，频率为 50 Hz，初相为−30°，则该正弦交流电压的解析式 $u=$______________________________。

4. 已知某正弦交流电流的初相为 45°，求同频率正弦交流电压在下列情况下的初相。

（1）u 与 i 同相；（2）u 与 i 反相；（3）u 超前 i 30°；（4）u 滞后 i 75°。

5. 已知 $u_1=380\sqrt{2}\sin(314t-120°)$ V，$u_2=380\sqrt{2}\sin314t$ V，$u_3=380\sqrt{2}\sin(314t+120°)$ V，要求：

（1）在同一坐标系中画出三个正弦交流电压的波形图。

（2）在同一坐标系中画出三个正弦交流电压的相量图。

（3）用 EWB 仿真软件仿真显示 u_1、u_2 的波形图。

6. 已知 $i_1=10\sqrt{2}\sin(314t+30°)$ A，$i_2=20\sqrt{2}\sin(314t+90°)$ A，利用相量图求 $i=i_1+i_2$，并说明 i 和 i_1、i_2 的相位关系。

课题二　纯电阻、纯电感和纯电容交流电路

任务 1　探究纯电阻交流电路

学习目标

1. 能通过仿真实验，观测纯电阻交流电路中电流、电压的相位和数量关系。

2. 掌握纯电阻交流电路中电流、电压的相位关系和数量关系。
3. 掌握纯电阻交流电路中功率的概念和计算方法。

工作任务

在实际生活中，以白炽灯、电烙铁或电阻炉为负载组成的交流电路，可近似看成是电阻起主要作用，而电感和电容均可忽略不计的交流电路，都称为**纯电阻交流电路**。在交流电压作用下，在纯电阻交流电路中，电压与电流之间还存在类似于直流电路欧姆定律的关系吗？纯电阻交流电路中的功率与哪些因素有关？

本任务的内容是用EWB仿真软件进行仿真实验，观察纯电阻交流电路中电压、电流的波形和相位关系，进一步分析电压、电流间的数量关系。

任务实施

一、运行EWB仿真软件

双击桌面上的图标，运行EWB仿真软件。

二、放置交流电压源、负载元件、测量仪表和仪器并设置参数

单击元器件栏中的电源库按钮，在库中选择交流电压源，拖至电路工作区中。设置电源电压有效值为100 V、频率为50 Hz、初相为0°。

单击元器件栏中的基本元件库按钮，在库中选择电阻，拖至电路工作区中，设置其阻值为100 Ω。

单击元器件栏中的指示器件库按钮，在库中分别选择电压表和电流表，拖至电路工作区中。设置电压表和电流表均为交流仪表，系统默认的电压表内阻为1 MΩ、电流表内阻为1 mΩ，如图3-2-1所示。

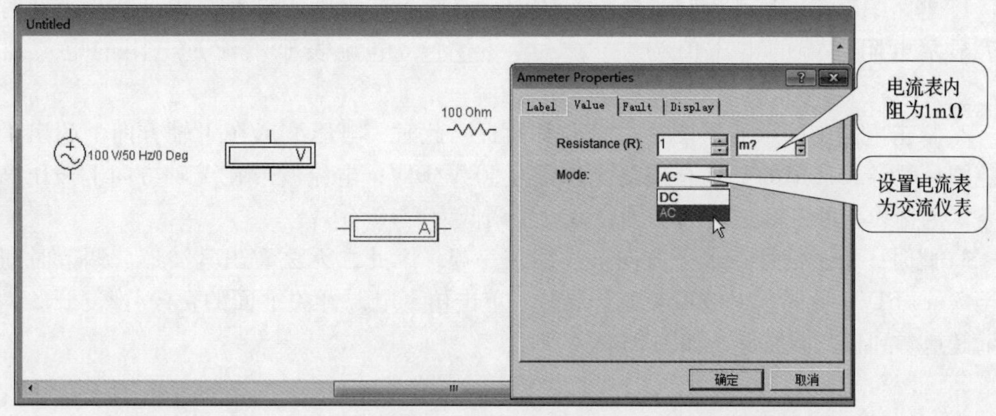

图3-2-1　设置电流表的参数

单击元器件栏中的仪器库按钮，将仪器库中的示波器拖至电路工作区中。

三、连接电路

调整电路工作区中元件和仪器仪表的位置及放置方向，并放置作为测量参考点的接地符号，按图 3-2-2 所示电路连接纯电阻交流电路。电路中的示波器 A 通道测量的是负载电阻两端的电压波形，设置为红色；B 通道测量的是电路中的电流波形（实际是电流流过 1 mΩ 的电流表内阻所产生的电压降波形），设置为绿色。

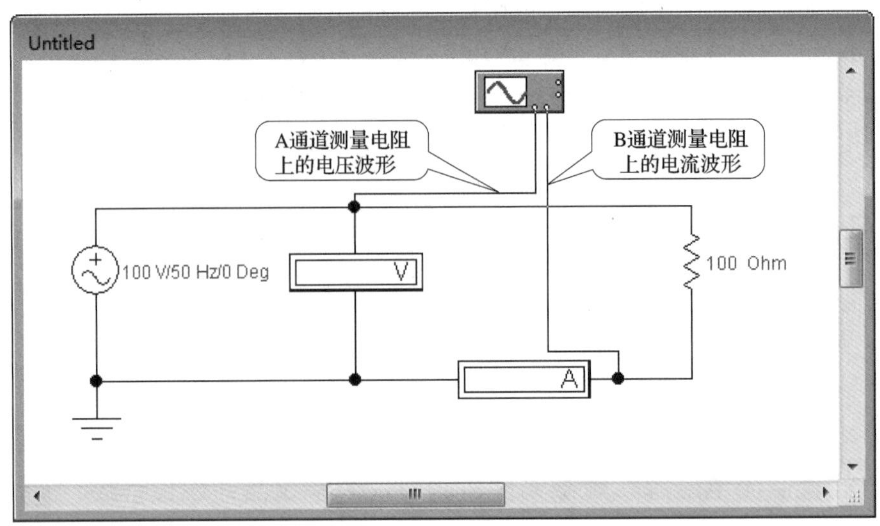

图 3-2-2　纯电阻交流电路的仿真

四、运行电路

单击仿真电源开关，电路开始运行。

五、通过仪器仪表观察仿真结果

1. 电路中交流电压表和交流电流表的指示值均为有效值。如图 3-2-3 所示，此时电压表显示电阻两端的电压值为________________，电流表显示流过电阻的电流值为____________。

2. 双击电路中的示波器图标，打开其面板。此时，电压波形在 Y 轴方向上超出了显示范围，可将 A 通道的 Y 轴衰减设置调高为 50 V/DIV；电流波形在 Y 轴方向上被压缩成一条绿色直线，可将 B 通道的 Y 轴衰减设置调低为 1 mV/DIV。

3. 此时，由于信号在水平方向被压缩在一起，因此，无法看出其波形。调节时间基准至 5 ms/DIV，此时信号波形被充分展开，单击仿真电源开关下面的暂停/恢复开关，可以清楚地看到正弦波波形，如图 3-2-4 所示。

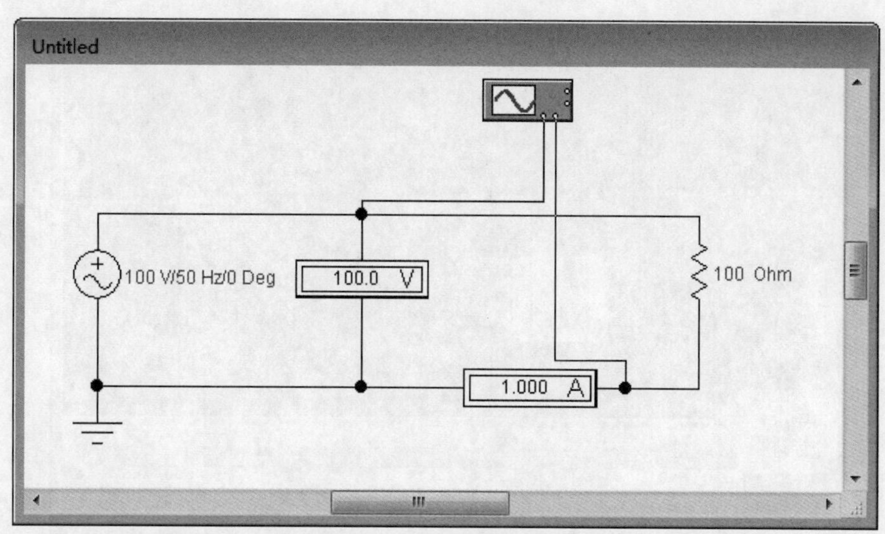

图 3-2-3 电压表和电流表显示的数值（纯电阻交流电路）

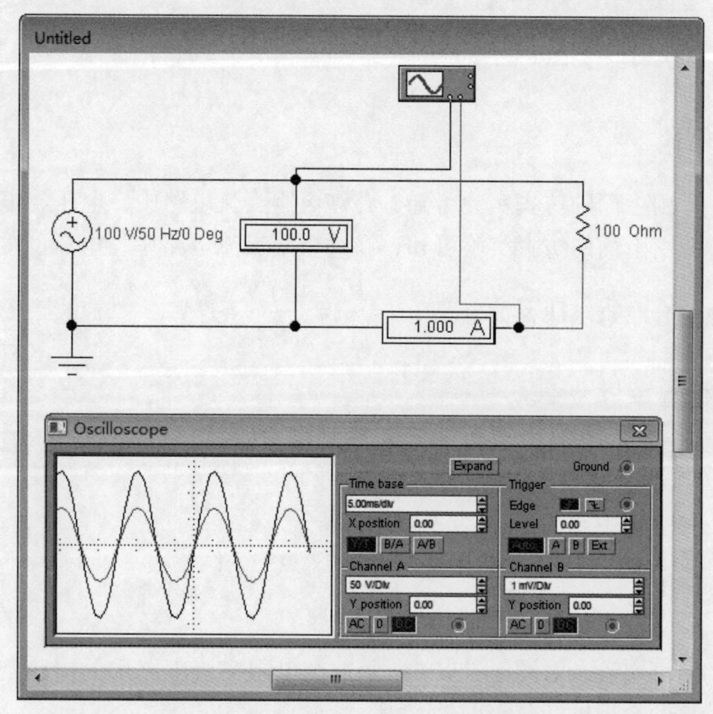

图 3-2-4 示波器显示的正弦波波形（纯电阻交流电路）

4. 单击示波器面板上的面板扩展按钮以及扩展面板中的改变背景颜色按钮后，可以更清楚地观察和测量波形图。用两个读数指针分别测量波形中相邻的两个正向过零点或负向过零点位置，如图 3-2-5 所示。

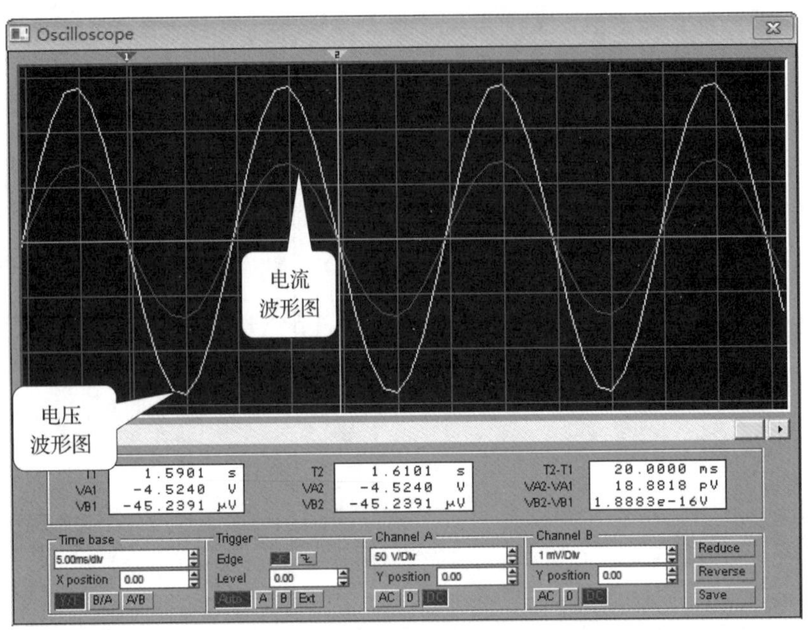

图 3-2-5　用两个读数指针分别测量波形中相邻的两个正向过零点或负向过零点位置（纯电阻交流电路）

六、实验结论

实验结论一：由上面的仿真实验可知，在纯电阻交流电路中，电压、电流相位相同。

实验结论二：由上面的仿真实验可知，在纯电阻交流电路中，电压、电流和电阻之间的数量关系仍然符合欧姆定律，如电路中 $I=\dfrac{U_{\mathrm{R}}}{R}=\dfrac{100\ \mathrm{V}}{100\ \Omega}=1\ \mathrm{A}$。

七、保存仿真电路文件

单击“File”菜单中的“Save As...”选项，可以保存仿真电路文件到指定的文件夹中。

知识延伸

结合上面的仿真实验，对图 3-2-6a 所示的纯电阻交流电路中的电流与电压相位关系以及电路中电功率的知识进行分析归纳。

一、电流与电压的关系

1. 相位关系

实验说明，在正弦交流电压作用下，电阻中通过的电流也是一个同频率的正弦交流电流，且与加在电阻两端的电压同相位。图 3-2-6b、c 所示分别为电流、电压的相量图和波

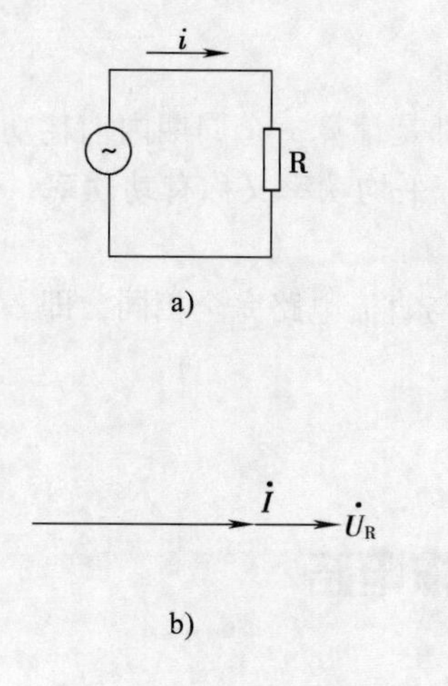

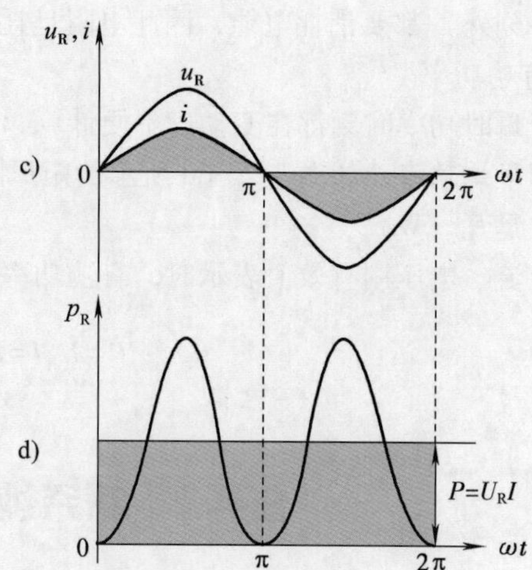

图 3-2-6　纯电阻交流电路

a）电路图　b）电流、电压的相量图　c）电流、电压的波形图　d）瞬时功率的变化曲线

形图。由于电流与电压同相，故相量图中两者的指向一致。

为了分析方便起见，设加在电阻两端的正弦交流电压 u_R 的初相为零，即

$$u_R = U_{Rm}\sin\omega t$$

根据欧姆定律，通过电阻的电流瞬时值为

$$i = \frac{u_R}{R} = \frac{U_{Rm}}{R}\sin\omega t$$

2. 数量关系

由上式可知，通过电阻电流的最大值为

$$I_m = \frac{U_{Rm}}{R}$$

若把上式两边同除以$\sqrt{2}$，则

$$I = \frac{U_R}{R} \text{或}\ U_R = IR$$

二、电路的功率

1. 瞬时功率

在任一瞬间，电阻中的电流瞬时值与同一瞬间电阻两端电压瞬时值的乘积，称为电阻获取的**瞬时功率**，用 p_R 来表示，即

$$p_R = u_R i = \frac{U_{Rm}^2}{R}\sin^2\omega t$$

瞬时功率的变化曲线如图 3-2-6d 所示。可以看出，纯电阻交流电路的瞬时功率是按 2ω 的角频率变化的。由于电流与电压同相，所以 p_R 的波形始终在横坐标的上方，这表示 p_R 在任一瞬间的数值都是正值或零。这就说明，电阻在交流电的任一瞬时（除瞬时功率

为零的时刻外）都要消耗电能，因此电阻是耗能元件。

2. 有功功率

由于瞬时功率时刻都在变动、不便计算，因而通常都是计算一个周期内消耗功率的平均值，即**平均功率**，如图 3-2-6d 所示的矩形阴影部分。平均功率又称**有功功率**，用 P 表示，单位是瓦（W）。

当电流、电压用有效值表示时，有功功率 P 的计算与直流电路完全相同，即

$$P=U_{\mathrm{R}}I=I^2R=\frac{U_{\mathrm{R}}^2}{R}$$

任务 2　探究纯电感交流电路

学习目标

1. 能通过仿真实验，观测纯电感交流电路中电流、电压的相位和数量关系。
2. 掌握纯电感交流电路中电流、电压的相位关系和数量关系。
3. 掌握纯电感交流电路中功率的概念和计算方法。
4. 了解电感器在交流电路中的作用。

工作任务

由阻值很小的电感线圈组成的交流电路，可以近似地看作纯电感交流电路。在纯电感交流电路中，电压与电流之间的关系以及与功率间的关系是怎样的？电感线圈在交流电路中究竟起什么作用？

本任务的内容是用 EWB 仿真软件进行仿真实验，观察纯电感交流电路中电压和电流的波形及其相位关系，进一步分析电压、电流间的数量关系。

任务实施

一、运行 EWB 仿真软件

双击桌面上的图标，运行 EWB 仿真软件。

二、放置交流电压源、负载元件、测量仪表和仪器并设置参数

单击元器件栏中的电源库按钮，在库中选择交流电压源，拖至电路工作区中，设置交流电压源的电压有效值为 100 V、频率为 50 Hz、初相为 0°。单击元器件栏中的基本元件

库按钮，在库中选择电感器，拖至电路工作区中，设置电感器的电感为 10 mH。单击元器件栏中的指示器件库按钮，在库中分别选择电压表和电流表，拖至电路工作区中，设置电压表和电流表均为交流仪表。单击元器件栏中的仪器库按钮，把库中的示波器拖至电路工作区中。

三、连接电路

按图 3-2-7 所示，调整元件和仪器仪表的位置及放置方向，并连接实验电路。

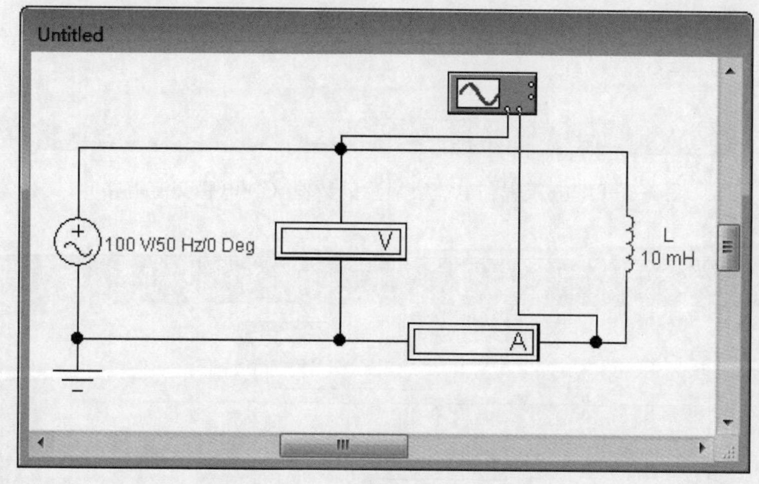

图 3-2-7　纯电感交流电路的仿真

电路中的示波器 A 通道测量的是电感器两端的电压波形，设置为红色；B 通道测量的是流过电感器的电流波形（实际是电流流过 1 mΩ 的电流表内阻所产生的电压降波形），设置为绿色。

四、运行电路

单击仿真电源开关，电路开始运行。

五、通过仪器仪表观察仿真结果

1. 电路中交流电压表和交流电流表的指示值均为有效值。如图 3-2-8 所示，此时电压表显示电感器两端的电压值为________，电流表显示流过电感器的电流值为__________。

2. 双击电路中的示波器图标，打开其面板。此时，电压波形在 Y 轴方向上超出了显示范围，可将 A 通道的 Y 轴衰减设置调高为 50 V/DIV；电流波形在 Y 轴方向上被压缩成一条直线，可将 B 通道的 Y 轴衰减设置调低为 20 mV/DIV。

3. 此时，由于信号在水平方向被压缩在一起，因此无法看出其波形。调节时间基准至 5 ms/DIV，此时信号波形被充分展开，单击仿真电源开关下面的暂停/恢复开关，可以清楚地看到正弦波波形，如图 3-2-9 所示。

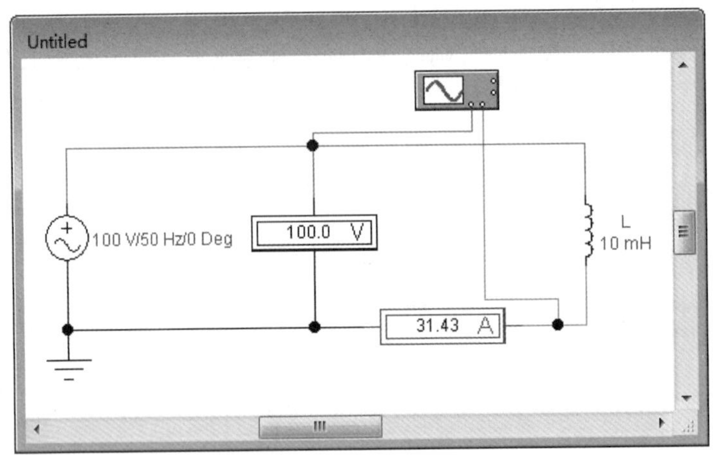

图 3-2-8　电压表和电流表显示的数值（纯电感交流电路）

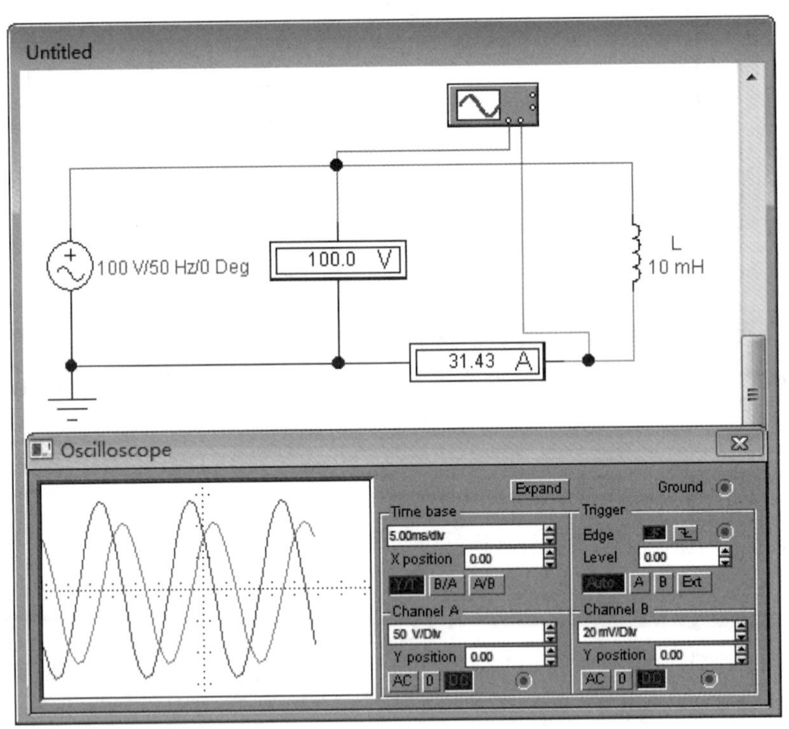

图 3-2-9　示波器显示的正弦波波形（纯电感交流电路）

4. 单击示波器面板上的面板扩展按钮后，可以更清楚地观察和测量波形图。用两个读数指针分别测量电压和电流波形相邻的两个正向过零点或负向过零点位置，时间差为 $T_2-T_1=$＿＿＿＿＿＿＿＿＿＿＿＿（电角度为 90°），如图 3-2-10 所示。

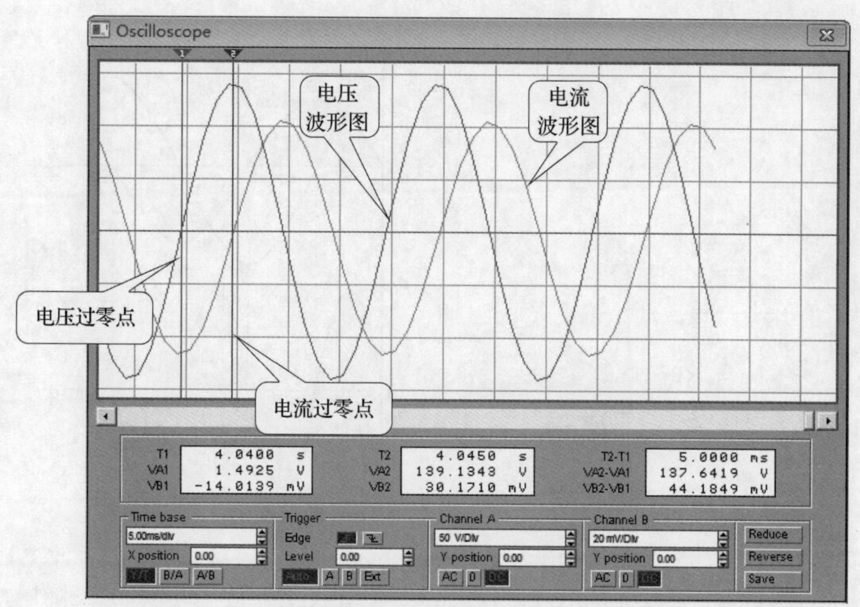

图 3-2-10　用两个读数指针分别测量电压和电流波形相邻的两个正向过零点或负向过零点位置（纯电感交流电路）

六、不同电感、电源频率对电流的影响

关闭示波器扩展面板。保持其他参数不变，将电感更改为 20 mH，重新测量电路中的电流大小，此时流过电感器的电流为________________；再将电源频率更改为 100 Hz，重新测量电路中的电流大小，此时流过电感器的电流为________________。

七、实验结论

实验结论一：由上面的仿真实验可知，在纯电感交流电路中，在相位上电压超前电流 90°。

实验结论二：由上面的仿真实验可知，在纯电感交流电路中，当电源电压一定时，电感增大或者电源频率提高都会使电流减小，即电感器对交流电流的阻碍作用与电感和电源频率均成正比。

八、保存仿真电路文件

单击“File”菜单中的“Save As...”选项，可以保存仿真电路文件到指定的文件夹中。

知识延伸

结合上面的仿真实验，对图 3-2-11a 所示的纯电感交流电路中，电流与电压的相位关系以及电功率的知识进行分析归纳。

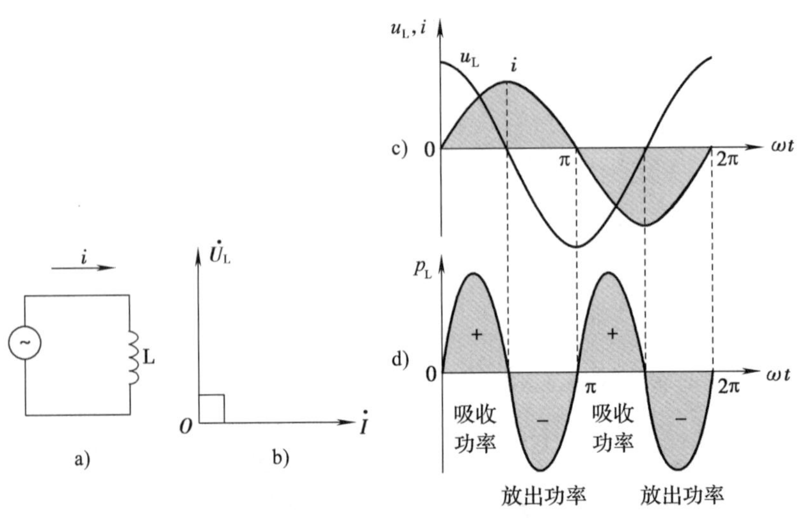

图 3-2-11　纯电感交流电路

a）电路图　b）电流、电压的相量图　c）电流、电压的波形图　d）瞬时功率的变化曲线

一、电流与电压的关系

1. 相位关系

实验说明，在正弦交流电压作用下，电感线圈中通过的电流也是一个同频率的正弦交流电流，且**纯电感线圈两端的电压超前电流 90°**，这就是电流和电压的相位关系。图 3-2-11b 所示为电流、电压的相量图。

设流过电感线圈的正弦交流电流的初相为 0°，则电流、电压的瞬时值表达式为

$$i=I_m\sin\omega t$$

$$u_L=U_{Lm}\sin\left(\omega t+\frac{\pi}{2}\right)$$

2. 数量关系

电感线圈对直流电和交流电的阻碍作用是不同的。对于直流电，起阻碍作用的只是线圈本身的电阻；而对于交流电，除了线圈的电阻外，电感也起阻碍作用。通常把电感对交流电的阻碍作用称为**感抗**，用 X_L 表示，其单位也是欧姆（Ω）。

感抗的大小与哪些因素有关呢？上面的仿真实验说明，电源频率越高、线圈的电感越大，线圈的感抗越大，因此，电路中电流就越小。

感抗的计算式为

$$X_L=2\pi fL=\omega L$$

在纯电感交流电路中，电流与电压成正比，与感抗成反比，即

$$I=\frac{U_L}{X_L}$$

这就是纯电感交流电路的欧姆定律。它说明，在纯电感交流电路中，电流与电压的有

效值仍满足欧姆定律。但由于电流与电压的相位不同，故电流与电压的瞬时值不满足欧姆定律。

感抗是用来表示电感线圈对交流电流起阻碍作用的一个物理量。感抗的大小取决于线圈的电感 L 和流过它的电流的频率 f。对具有某一固定电感的线圈而言，f 越高则 X_L 越大，在相同电压作用下，线圈中的电流就会减小。在直流电路中，因频率 $f=0$，故线圈的感抗也等于零。由于一般线圈的电阻很小，故电感线圈在直流电路中可视为短路。图 3-2-12 所示为线圈的感抗随频率变化的关系曲线。

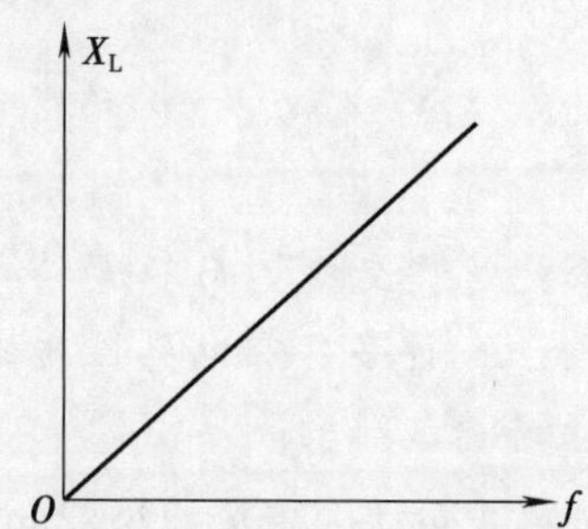

图 3-2-12　线圈的感抗随频率变化的关系曲线

可见，电感器在电路中的主要作用是通直流、阻交流，简称“隔交通直”。

二、电路的功率

1. 瞬时功率

纯电感交流电路的瞬时功率也是以 2ω 的角频率按正弦规律变化的，其变化曲线如图 3-2-11d 所示。由图可以看出，在第一个和第三个 $\frac{1}{4}$ 周期内，p_L 是正值，这表示线圈要从电源吸取电能并把它转换为磁能，储存在线圈周围的磁场中，此时线圈起着一个负载的作用。但是在第二个和第四个 $\frac{1}{4}$ 周期内，p_L 是负值，这表示线圈是向电源输送能量，也就是线圈把磁能再转换为电能而送回电源，此时线圈起着一个电源的作用。

纯电感交流电路的瞬时功率为

$$
\begin{aligned}
p_L=u_L i&=U_{Lm}\sin\left(\omega t+\frac{\pi}{2}\right)I_m\sin\omega t\\
&=U_{Lm}I_m\sin\omega t\cos\omega t\\
&=\frac{1}{2}U_{Lm}I_m\sin2\omega t\\
&=U_L I\sin2\omega t
\end{aligned}
$$

2. 平均功率

当纯电感线圈接通交流电源后，时而吸收功率，时而放出功率，在一个周期内的**平均功率为零**，即 $P_L=0$，这表明电感线圈不是耗能元件，而是储能元件。

3. 无功功率

由前面讨论可知，用平均功率不能反映线圈与电源之间能量交换的规模，因而人们就用瞬时功率的最大值来反映这种能量交换的规模，并把它叫作电路的**无功功率**。电感线圈的无功功率用 Q_L 表示。Q_L 的大小为

$$Q_L = U_L I = I^2 X_L = \frac{U_L^2}{X_L}$$

为与有功功率相区别，无功功率的单位用乏表示，符号为 var。

必须指出的是，“无功”的含义是“交换”而不是“消耗”，它是相对“有功”而言的，绝不能理解为“无用”。实际上，许多具有电感性质的负载，如电动机、变压器等，都是根据电磁转换原理利用无功功率来工作的。

【例 3-3】 一个 0.7 H 的纯电感线圈，接在 $u=220\sqrt{2}\sin(314t+30°)$ V 的交流电源上。试求通过线圈的电流大小，写出电流的瞬时值表达式，画出电流、电压的相量图，并求出电路的无功功率。

解： 感抗为

$$X_L = \omega L = 314 \times 0.7\ \Omega \approx 220\ \Omega$$

通过线圈的电流大小为

$$I = \frac{U}{X_L} = \frac{220}{220}\ \text{A} = 1\ \text{A}$$

电流的瞬时值表达式为

$$i = \sqrt{2}\sin(314t+30°-90°)\ \text{A} = \sqrt{2}\sin(314t-60°)\ \text{A}$$

电路的无功功率为

$$Q_L = UI = 220 \times 1\ \text{var} = 220\ \text{var}$$

电流、电压的相量图如图 3-2-13 所示。

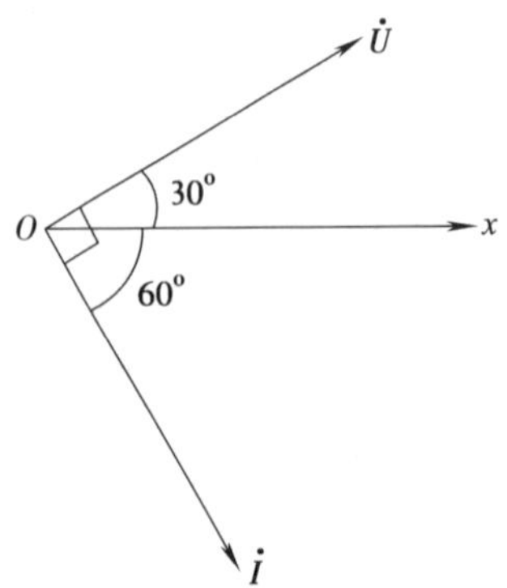

图 3-2-13 电流、电压的相量图

三、扼流圈

利用电感对交流电的阻碍作用可以制成各种类型的扼流圈。常见的有低频扼流圈、高频扼流圈和共模扼流圈三种。低频扼流圈主要对低频交流电有较强的阻碍作用，如电风扇的调速器中串联低频扼流圈可以调节电风扇的转速；而高频扼流圈可以对高频交流电有阻碍作用；共模扼流圈常用于电子设备中的开关电源，起过滤电磁干扰信号的作用。常见的扼流圈如图 3-2-14 所示。

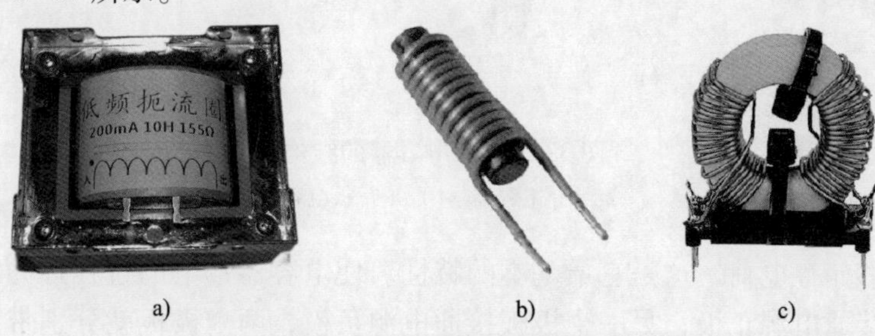

图 3-2-14　常见的扼流圈

a）低频扼流圈　b）高频扼流圈　c）共模扼流圈

任务 3　认识电容器

学习目标

1. 熟悉电容器的组成和电容量的定义。
2. 能完成电容器充放电实验。
3. 掌握电容器的充放电过程及特点。

工作任务

电路常用的基本元件除前面用到的电阻器、电感器之外，还有电容器，它在电气设备和电子产品中也有广泛的应用。

本任务的内容是用 EWB 仿真软件进行仿真实验，连接电容器充放电实验电路，验证电容器在交直流电路中的不同作用。

相关知识

一、电容器

两个相互绝缘又靠得很近的导体就组成了一个电容器。这两个导体称为电容器的两个

极板，中间的绝缘材料称为电容器的介质。图 3-2-15a 所示为纸介电容器，它是在两块铝箔之间插入纸介质，卷绕成圆柱形而构成的。图 3-2-15b 所示为平行板电容器。

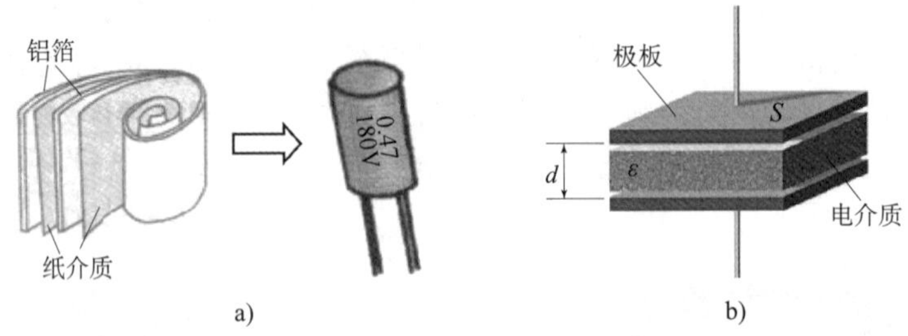

图 3-2-15　电容器的结构

a）纸介电容器　b）平行板电容器

电容器能够储存电荷，这是它最基本的特性。使电容器带电的过程称为**充电**。把电容器的一个极板接通电源正极，另一个极板接通电源负极，两个极板就分别带上等量的异种电荷。电容器在储存了一定量电荷的同时也储存了电能。

充电后的电容器失去电荷的过程称为**放电**。用一根导线把电容器的两极板接通，两极板上的电荷相互中和，电容器就不带电了。

在电路中使用的电容器，当切断电源后，电容器中仍有剩余电荷，因此，在检测电容器之前必须先将其放电，以避免损坏测试设备或对操作者造成电击。

二、电容量

原来不带电的电容器接上直流电源后，它的两个极板就会储存电荷，而且所加的电压越高，电容器所储存的电荷就越多。对某一个电容器来说，电荷量与电压的比值是一个常数，但是对于不同的电容器，这个比值一般是不相同的。因此，可以用这一比值来反映电容器储存电荷的能力，通常称为电容器的**电容量**，简称**电容**，用符号 C 表示。它在数值上等于电容器在单位电压作用下所储存的电荷量，即

$$C=\frac{Q}{U}$$

电容量的单位为法拉，简称法，用 F 表示，较小的常用单位有微法（μF）和皮法（pF）。

电容量是电容器的固有属性，它只与电容器的极板正对面积、极板间距离以及极板间电介质的特性有关，而与外加电压的大小等外部条件无关。

设某平行板电容器的极板正对面积为 S，两极板间的距离为 d，极板间电介质的介电常数为 ε，则平行板电容器的电容量可按下式计算：

$$C=\frac{\varepsilon S}{d}$$

式中，S、d、C 的单位分别是 m^2、m、F，介电常数 ε 的单位是 F/m。

真空的介电常数 $\varepsilon_0\approx8.86\times10^{-12}$ F/m，某种介质的介电常数 ε 与 ε_0 之比，称为该介质

的**相对介电常数**，用 ε_r 表示。气体的相对介电常数约为 1，石蜡、油、云母等的相对介电常数 ε_r 较大。

三、电容器的主要参数

1. 电容量

大多数电容器的电容量都直接标在电容器的表面，如图 3-2-16 所示。

图 3-2-16　电容器的主要参数

2. 额定电压

电容器的**额定电压**是指电容器在电路中能长期可靠工作而不被击穿的直流电压，又称**耐压**。如果电容器工作在交流电路中，则应保证所加交流电压的最大值不能超过电容器的额定电压。

任务实施

一、运行 EWB 仿真软件

双击桌面上的图标，运行 EWB 仿真软件。

二、直流电路中电容器的充放电实验

1. 连接实验电路

在电路工作区中，按照图 3-2-17 所示电路连接电容器充放电实验电路。设置电容器 C 的电容量为 20 000 μF，直流电源电动势 E 为 12 V，灯泡 HL 的参数为 0.5 W/12 V，电流表和电压表均设置为直流仪表。

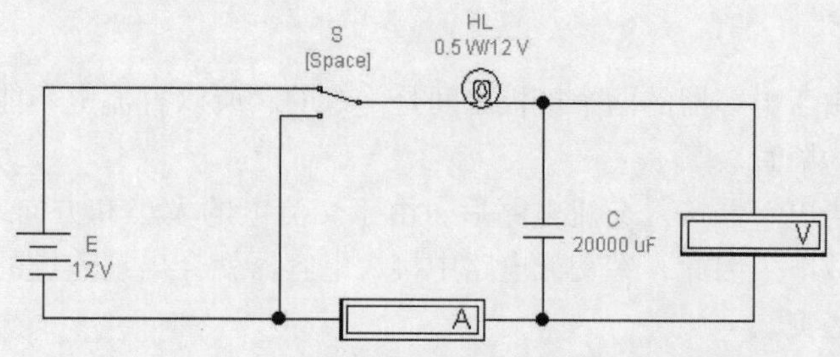

图 3-2-17　直流电路中电容器的充放电实验电路

2. 运行电路

单击仿真电源开关，电路开始运行。

3. 电容器的充电

将开关 S 置于向上的位置，电源通过灯泡向电容器充电。此时的实验现象：由于充电电流的作用，灯泡＿＿＿＿＿，从电流表可以观察到充电电流＿＿＿＿＿＿＿＿＿的变化，从电压表可以观察到电容器两端电压＿＿＿＿＿＿＿＿＿的变化。经过短短一段时间，灯泡＿＿＿＿＿。电流表指示＿＿＿＿＿＿＿＿＿，电压表所示电压值接近于＿＿＿＿＿＿＿＿＿，这表明电容器已充满电荷。

4. 电容器的放电

待电容器充电结束后，按下空格键将开关置于向下位置，电容器通过灯泡放电。此时的实验现象：＿＿＿＿＿＿＿＿＿＿＿＿＿＿＿＿＿＿＿＿。这是由于电容器放电引起的，这时的电容器相当于一个等效电源。随着放电过程的进行，电容器两端的电压也随之下降，放电电流逐渐减小，直至两极板上电荷完全中和。这时，电容器两极板间电压为零，电路中电流也为零。

三、交流电路中电容器的作用

按照图 3-2-18 所示电路连接实验电路。设置电容器 C 的电容量为 100 μF，交流电源电动势有效值为 12 V、频率为 50 Hz、初相为 0°，灯泡 HL 的参数为 10 W/12 V，电流表和电压表均设置为交流仪表。单击仿真电源开关，电路开始运行。此时，灯泡被持续点亮，电路中的电流值约为 0.35 A。也就是说交流电流通过电容器在持续流动。

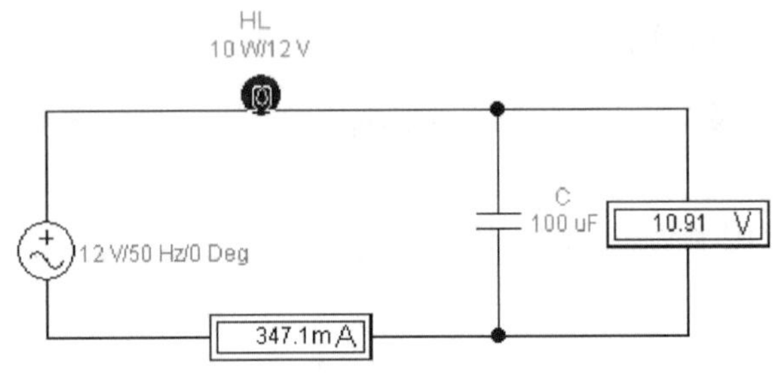

图 3-2-18　交流电路中电容器的作用

四、实验结论

实验结论一：由于电容器的两个极板之间是绝缘的，所以直流电不能通过电容器，电容器的这一特性称为**隔直**。

实验结论二：当电容器接入交流电路后，由于交流电的大小和方向不停地交替变化，电容器就反复地充放电。因此，在交流电路中接入电容器就会出现连续的交变电流。电容器的这一特性称为**通交**。

五、保存仿真电路文件

单击“File”菜单中的“Save As...”选项，可以保存仿真电路文件到指定的文件夹中。

任务 4 探究纯电容交流电路

学习目标

1. 能通过仿真实验，观测纯电容交流电路中电流、电压的相位及数量关系。
2. 掌握纯电容交流电路中电流、电压的相位关系和数量关系。
3. 掌握纯电容交流电路中功率的概念和计算方法。

工作任务

将电容器接在交流电源两端，如果电容器的电阻和分布电感可以忽略不计，便可把这种电路近似地看作纯电容交流电路。在纯电容交流电路中，电容两端的电压与电流之间的关系如何？电容器在交流电路中又能起什么作用？

本任务的内容是用 EWB 仿真软件进行仿真实验，观察纯电容交流电路中电压和电流的波形及其相位关系，进一步分析电压、电流间的数量关系。

任务实施

一、运行 EWB 仿真软件

双击桌面上的图标，运行 EWB 仿真软件。

二、放置交流电压源、负载元件、测量仪表和仪器并设置参数

在电源库中选择交流电压源，拖至电路工作区中，设置交流电压源的电压有效值为 100 V、频率为 50 Hz、初相为 0°。在基本元件库中选择电容器，拖至电路工作区中，设置电容量为 100 μF，如图 3-2-19 所示。在指示器件库中分别选择电压表和电流表，拖至电路工作区中，设置电压表和电流表均为交流仪表。

单击元器件栏中的仪器库按钮，把库中的示波器拖至电路工作区中。

三、连接电路

调整电路工作区中的元件和仪器仪表等的位置及放置方向，并放置作为测量参考点的

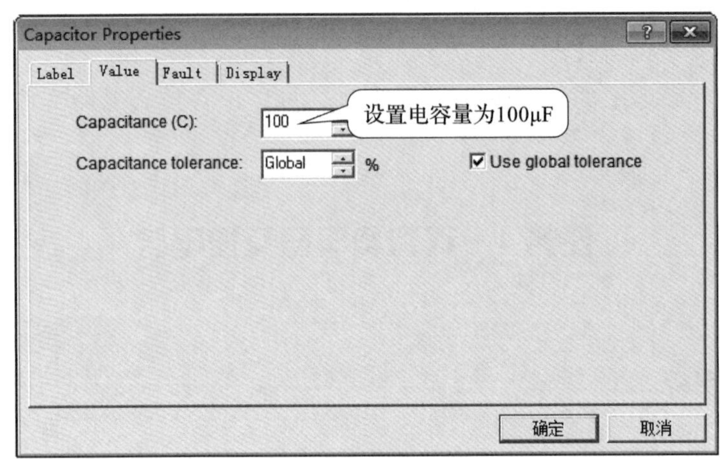

图 3-2-19　设置电容器的参数

接地符号，按图 3-2-20 所示电路连接实验电路。电路中的示波器 A 通道测量的是电容器两端的电压波形，设置为红色；B 通道测量的是流过电容器的电流波形，设置为绿色。

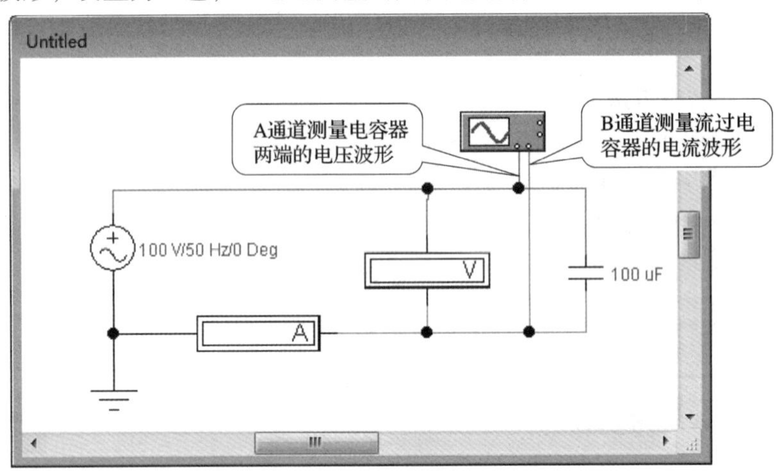

图 3-2-20　纯电容交流电路的仿真

四、运行电路

单击仿真电源开关，电路开始运行。

五、通过仪器仪表观察仿真结果

1. 电路中交流电压表和交流电流表的指示值均为有效值。如图 3-2-21 所示，此时电压表显示电容器两端的电压值为＿＿＿＿＿＿＿＿＿＿，电流表显示流过电容器的电流值为＿＿＿＿＿＿＿＿＿＿。

2. 双击电路中的示波器图标，打开其面板。此时，电压波形在 Y 轴方向上超出了显

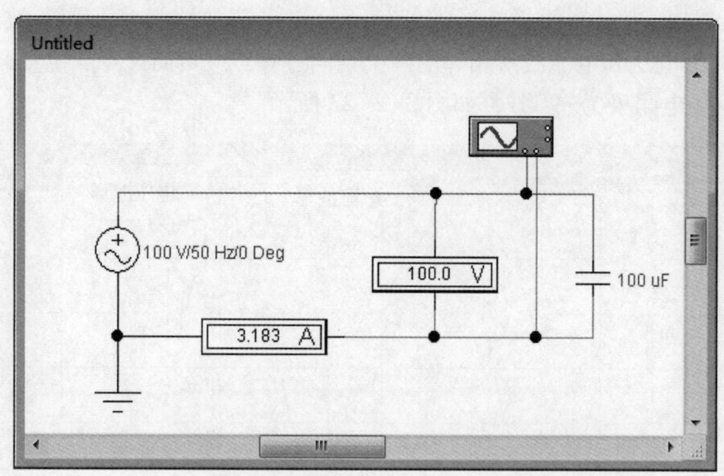

图 3-2-21 电压表和电流表显示的数值（纯电容交流电路）

示范围，可将 A 通道的 Y 轴衰减设置调高为 50 V/DIV；电流波形在 Y 轴方向上被压缩成一条绿色直线，可将 B 通道的 Y 轴衰减设置调低为 2 mV/DIV。

3. 此时，由于信号在水平方向被压缩在一起，因此无法看出其波形。调节时间基准至 5 ms/DIV，此时信号波形被充分展开，单击仿真电源开关下面的暂停/恢复开关，可以清楚地看到正弦波波形，如图 3-2-22 所示。

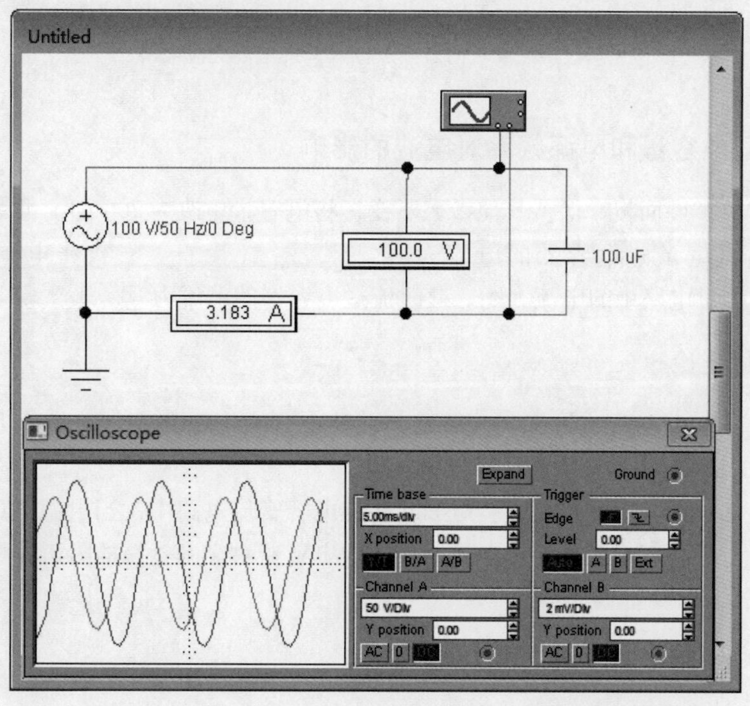

图 3-2-22 示波器显示的正弦波波形（纯电容交流电路）

4. 单击示波器面板上的面板扩展按钮后，可以更清楚地观察和测量波形图。用两个读数指针分别测量电压和电流波形相邻的两个正向过零点或负向过零点位置，时间差为 $T_2-T_1=$__________（电角度为-90°），如图 3-2-23 所示。

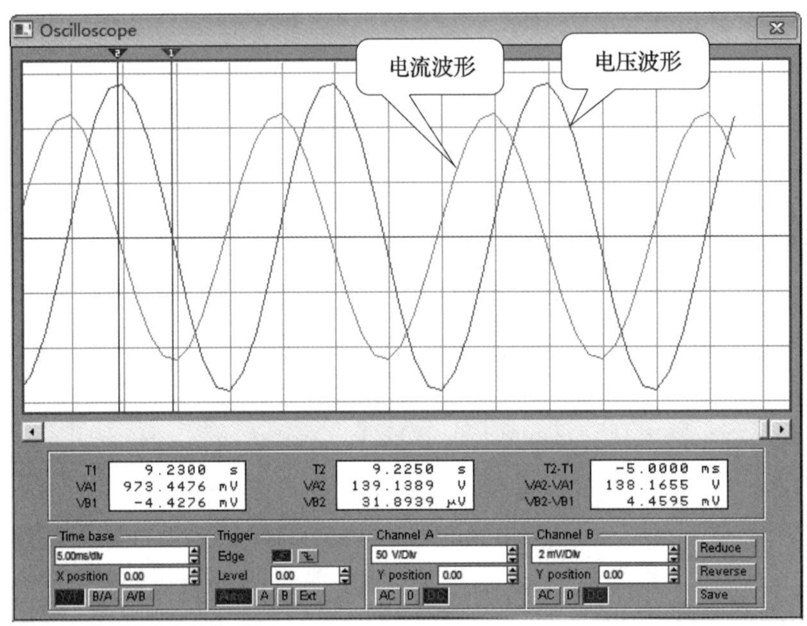

图 3-2-23　用两个读数指针分别测量电压和电流波形相邻的两个正向过零点或负向过零点位置（纯电容交流电路）

六、不同电容量和电源频率对电流的影响

关闭示波器扩展面板。保持其他参数不变，将电容量更改为 200 μF，重新测量电路中的电流大小，此时流过电容器的电流为________________；再将电源频率更改为 100 Hz，重新测量电路中的电流大小，此时流过电容器的电流为________________。

七、实验结论

实验结论一：由上面的仿真实验可知，在纯电容交流电路中，在相位上电流超前电压 90°。

实验结论二：由上面的仿真实验可知，在纯电容交流电路中，当电源电压一定时，电容量增大或者电源频率提高都会使电流增大，即电容器对交流电流的阻碍作用与电容量和电源频率均成反比。

八、保存仿真电路文件

单击“File”菜单中的“Save As...”选项，可以将仿真电路文件保存到指定的文件夹中。

知识延伸

结合上面的仿真实验，对图 3-2-24a 所示的纯电容交流电路中电流与电压的相位关系以及电功率的知识进行分析归纳。

一、电流与电压的关系

1. 相位关系

实验说明，在正弦交流电压作用下，电容中通过的电流也是一个同频率的正弦交流电流，且**纯电容交流电路中电流超前电压 90°**，这就是电流和电压的相位关系。图 3-2-24b 所示为电流、电压的相量图。

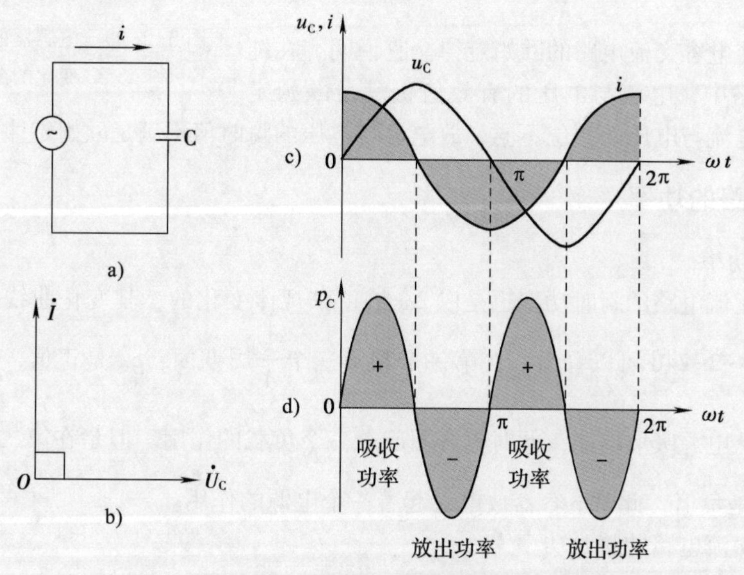

图 3-2-24　纯电容交流电路

a）电路图　b）电流、电压的相量图　c）电流、电压的波形图　d）瞬时功率的变化曲线

设加在电容两端的交流电压的初相为 0°，则电压、电流的瞬时值表达式为

$$u_C = U_m \sin\omega t$$

$$i = I_m \sin\left(\omega t + \frac{\pi}{2}\right)$$

2. 数量关系

电容器具有“隔直”“通交”的特性。同时，电容器对交流电也有一定的阻碍作用，电容器对交流电的阻碍作用称为**容抗**，用 X_C 表示，容抗的单位也是欧姆（Ω）。

容抗的大小与哪些因素有关呢？上面的仿真实验说明，电容器的电容量越大，电源频率越高，电路中电流越大，因此电容器的容抗越小。

容抗的计算式为

$$X_C=\frac{1}{2\pi fC}=\frac{1}{\omega C}$$

电容器的容抗随频率变化的曲线如图 3-2-25 所示。在直流电路中，因频率$f=0$，故电容器的容抗等于无穷大。

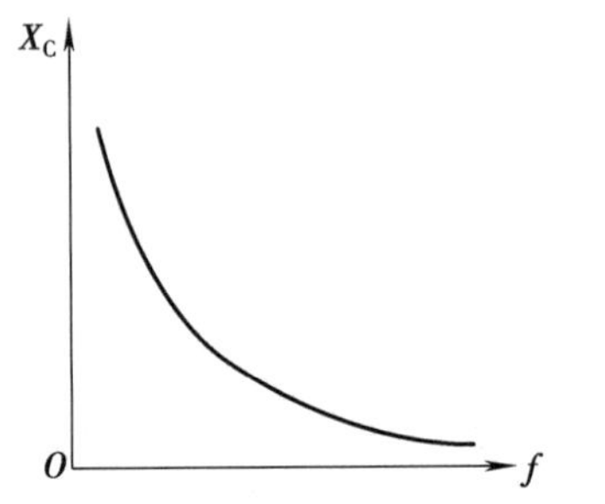

图 3-2-25　电容器的容抗随频率变化的曲线

电容器在电路中的作用可以进一步概括为隔直流、通交流、阻低频、通高频。

在纯电容交流电路中，电流与电压成正比，与容抗成反比，即

$$I=\frac{U}{X_C}$$

这就是纯电容交流电路的欧姆定律。它说明，在纯电容交流电路中，电流与电压的有效值仍满足欧姆定律。但由于电流与电压的相位不同，故电流与电压的瞬时值不满足欧姆定律。

二、电路的功率

1. 瞬时功率

纯电容交流电路的瞬时功率也是以 2ω 按正弦规律变化的，其变化曲线如图 3-2-24d 所示。由图 3-2-24d 可以看出，在第一个和第三个$\frac{1}{4}$周期内，p_C 是正值，这表示电容器被充电，要从电源吸取电能，此时电容器起着一个负载的作用。但是在第二个和第四个$\frac{1}{4}$周期内，p_C 是负值，此时电容器放电，起着一个电源的作用。

纯电容交流电路的瞬时功率为

$$\begin{aligned}p_C&=u_Ci=U_{Cm}\sin\omega t\cdot I_m\sin\left(\omega t+\frac{\pi}{2}\right)\\&=U_{Cm}I_m\sin\omega t\cos\omega t\\&=\frac{1}{2}U_{Cm}I_m\sin2\omega t\\&=U_CI\sin2\omega t\end{aligned}$$

2. 平均功率

在纯电容交流电路中，电容器也是时而吸收功率，时而放出功率，因而电容器本身不消耗有功功率，在一个周期内的平均功率为零。

3. 无功功率

与纯电感交流电路类似，为了衡量电容器和电源之间的能量交换，用瞬时功率的最大值来表示其交换的规模，也称为**无功功率**，用 Q_C 来表示电容器的无功功率，它的计算公式为

$$Q_C = U_C I = I^2 X_C = \frac{U_C^2}{X_C}$$

无功功率 Q_C 的单位也是乏（var）。

【例 3-4】一个 10 μF 的电容器，接在 $u=220\sqrt{2}\sin$（$314t+30°$）V 的交流电源上。试写出电流的瞬时值表达式，画出电流、电压的相量图，并求出电路的无功功率。

解：容抗为

$$X_C = \frac{1}{\omega C} = \frac{1}{314 \times 10 \times 10^{-6}}\ \Omega \approx 318\ \Omega$$

通过电容器的电流大小为

$$I = \frac{U_C}{X_C} = \frac{220}{318}\ \text{A} \approx 0.69\ \text{A}$$

电流的瞬时值表达式为

$$\begin{aligned} i &= 0.69\sqrt{2}\sin(314t+30°+90°)\ \text{A} \\ &\approx 0.98\sin(314t+120°)\ \text{A} \end{aligned}$$

电路的无功功率为

$$Q_C = U_C I = 220 \times 0.69\ \text{var} \approx 152\ \text{var}$$

电流、电压的相量图如图 3-2-26 所示。

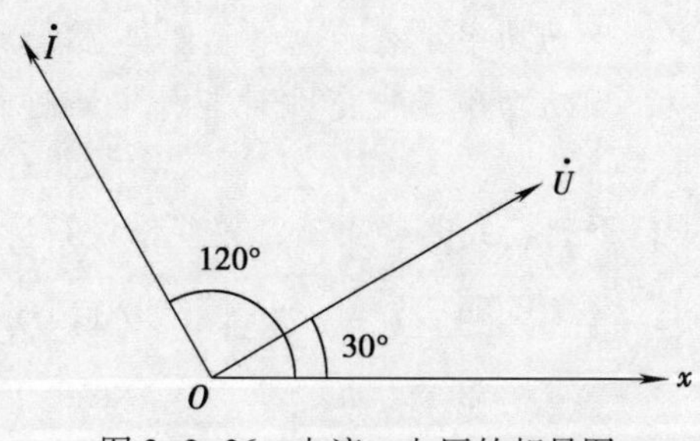

图 3-2-26　电流、电压的相量图

思考与练习

1. 在纯电阻交流电路中，下列各式哪些是错误的？

（1）$i=\frac{U}{R}$；　（2）$I=\frac{U}{R}$；　（3）$i=\frac{U_m}{R}$；　（4）$i=\frac{u}{R}$；　（5）$I_m=\frac{U_m}{R}$；

（6）$P=UI$；　（7）$P=U_m I_m$。

2. 在纯电阻交流电路中，已知端电压 $u=220\sqrt{2}\sin\left(314t+\frac{\pi}{6}\right)$ V，电阻 $R=10\ \Omega$，那么电流 $i=$__________，电压与电流的相位差 $\varphi=$________，电阻上消耗的功率 $P=$__________。

3. 已知一个电阻上的电压 $u=10\sqrt{2}\sin\left(314t-\frac{\pi}{2}\right)$ V，测得电阻上消耗的功率为 20 W，则这个电阻的阻值为（　　）Ω。

A. 5　　　　B. 10　　　　C. 40

4. 在纯电感交流电路中，下列各式哪些正确？哪些错误？请把错误的改正过来。

（1）$i=\frac{u}{X_L}$；（2）$I=\frac{U_m}{\omega L}$；（3）$I=\frac{U}{fL}$；（4）$I=\frac{U}{X_L}$；（5）$P=0$。

5. 在纯电感交流电路中，当电流 $i=\sqrt{2}I\sin\left(314t-\frac{\pi}{2}\right)$ A 时，电感两端电压为（　　）。

A. $u_L=\sqrt{2}IL\sin\left(314t+\frac{\pi}{2}\right)$ V

B. $u_L=\sqrt{2}I\omega L\sin\left(314t-\frac{\pi}{2}\right)$ V

C. $u_L=\sqrt{2}I\omega L\sin 314t$ V

6. 在纯电感交流电路中，保持其他参数不变，只增加电源频率，电路中电流将（　　）。

A. 增大　　　　B. 减小　　　　C. 不变

7. 下列说法正确的是（　　）。

A. 无功功率是无用的功率

B. 在纯电感交流电路中，无功功率是表示电感元件建立磁场能量的平均功率

C. 在纯电感交流电路中，无功功率是电感元件与外电路进行能量交换的瞬时功率的最大值

8. 在纯电容交流电路中，下列各式哪些正确？哪些错误？请把错误的改正过来。

（1）$I=fCU$；（2）$i=\frac{U}{X_C}$；（3）$I_m=\omega CU_m$；（4）$Q_C=UI$；

（5）$Q_C=U^2\omega C$。

9. 在纯电容交流电路中，保持其他参数不变，只增加电源频率，电路中电流将（　　）。

A. 增大　　　　B. 减小　　　　C. 不变

10. 在纯电容交流电路中，当电流 $i=\sqrt{2}I\sin\left(314t+\frac{\pi}{2}\right)$ A 时，电容两端电压为（　　）。

A. $u_C=\sqrt{2}I\omega C\sin\left(314t+\frac{\pi}{2}\right)$ V

B. $u_C=\sqrt{2}I\frac{1}{\omega C}\sin 314t$ V

C. $u_C=\sqrt{2}I\frac{1}{\omega C}\sin\left(314t+\frac{\pi}{2}\right)$ V

11. 若电路中某元件两端的电压 $u=36\sin(314t-180°)$ V，电流 $i=4\sin(314t+180°)$ A，则该元件是（　　）。

A. 电阻　　　　B. 电感　　　　C. 电容

12. 若电路中某元件两端的电压 $u = 10\sin(314t + 45°)$ V，电流 $i = 5\sin(314t + 135°)$ A，则该元件是（　　）。

A. 电阻　　　　B. 电感　　　　C. 电容

课题三　RLC 串联电路和谐振电路

任务 1　探究 RLC 串联电路

学习目标

1. 能通过仿真实验观测 RLC 串联电路中电流、电压的相位和数量关系。
2. 掌握 RLC 串联电路中电压与电流的相位和数量关系。
3. 掌握 RLC 串联电路中功率的关系。

工作任务

前面分别学习了纯电阻、纯电感、纯电容交流电路，知道了单一元件的正弦交流电路中电压、电流的数量关系和相位关系以及电路的功率。下面通过仿真实验来观测电阻、电感和电容串联电路的特点。

本任务的内容是用 EWB 仿真软件进行仿真实验，观察电阻、电感和电容串联的交流电路中电压和电流的波形及其相位和数量关系。

任务实施

一、运行 EWB 仿真软件

双击桌面上的图标，运行 EWB 仿真软件。

二、放置交流电压源、负载元件、测量仪表和仪器并设置参数（图 3-3-1）

单击元器件栏中的电源库按钮，在库中选择交流电压源，拖至电路工作区中，设置交流电压源的电压有效值为 100 V、频率为 50 Hz、初相为 0°。在基本元件库中分别选择电阻、电感和电容，拖至电路工作区中，设置电阻为 10 Ω、电感为 10 mH、电容为 470 μF。

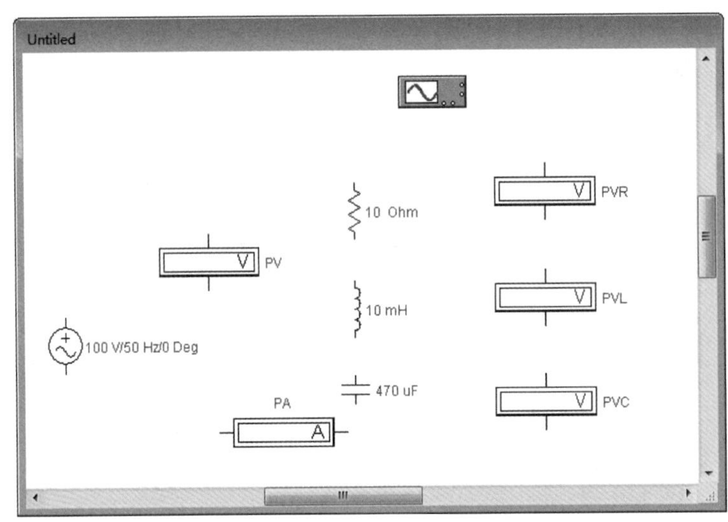

图 3-3-1　放置交流电压源、负载元件、测量仪表和仪器并设置参数

单击元器件栏中的指示器件库按钮，在库中分别选择四块电压表和一块电流表，拖至电路工作区中，双击电路工作区中电压表图标，可以设置电压表的标号，设置电压表和电流表均为交流仪表。把仪器库中的示波器拖至电路工作区中。

三、连接电路

调整电路工作区中的元件和仪器仪表等的位置及放置方向，并放置作为测量参考点的接地符号，按图 3-3-2 所示电路连接实验电路。电路中的示波器 A 通道测量的是电源电压波形，设置为红色；B 通道测量的是电路中的电流波形，设置为绿色。

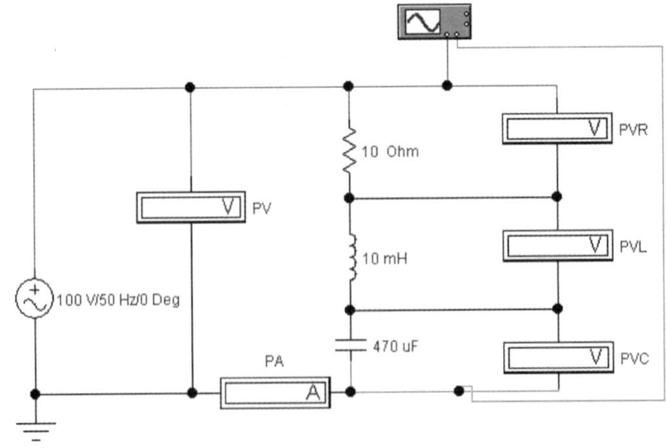

图 3-3-2　RLC 串联电路的仿真

四、运行电路

单击仿真电源开关，电路开始运行。

五、通过仪器仪表观察仿真结果

1. 电路中交流电压表和交流电流表的指示值均为有效值。如图 3-3-3 所示，此时电流表显示电路中的电流值 I= __________ A；四块电压表分别显示电路中总电压（PV）U= __________ V，电阻两端电压（PVR）U_R = __________ V，电感两端电压（PVL）U_L = __________ V，电容两端电压（PVC）U_C = __________ V。

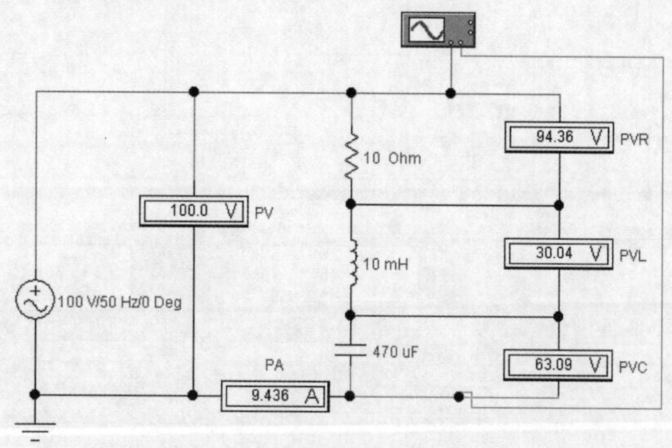

图 3-3-3 电流表和电压表显示的数值（RLC 串联电路）

2. 双击电路中的示波器图标，打开其面板。此时，电压波形在 Y 轴方向上超出了显示范围，可将 A 通道的 Y 轴衰减设置调高为 50 V/DIV；电流波形在 Y 轴方向上被压缩成一条绿色直线，可将 B 通道的 Y 轴衰减设置调低为 10 mV/DIV。此时，由于信号在水平方向被压缩在一起，因此无法看出其波形。调节时间基准至 5 ms/DIV，此时信号波形被充分展开，单击仿真电源开关下面的暂停/恢复开关，便可以清楚地看到正弦波波形，如图 3-3-4 所示。

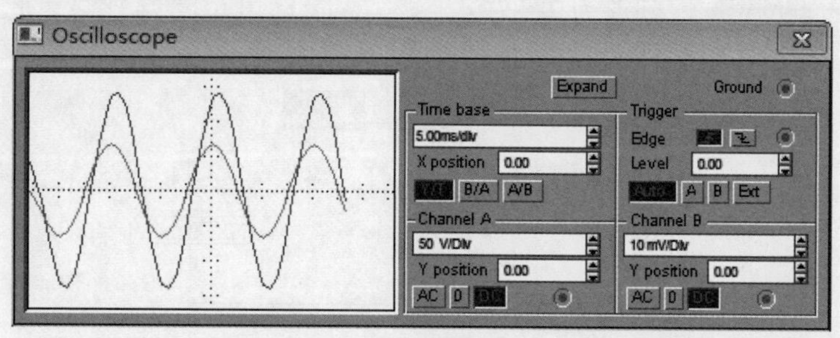

图 3-3-4 示波器显示的正弦波波形（RLC 串联电路）

3. 单击示波器面板上的面板扩展按钮后，可以更清楚地观察和测量波形图。用两个读数指针分别测量电压和电流波形相邻的两个正向过零点或反向过零点位置，时间差为 T_2-T_1 = __________（电角度为-22.5°），如图 3-3-5 所示。此时，电流的相位超前于电压，电路呈电容性。

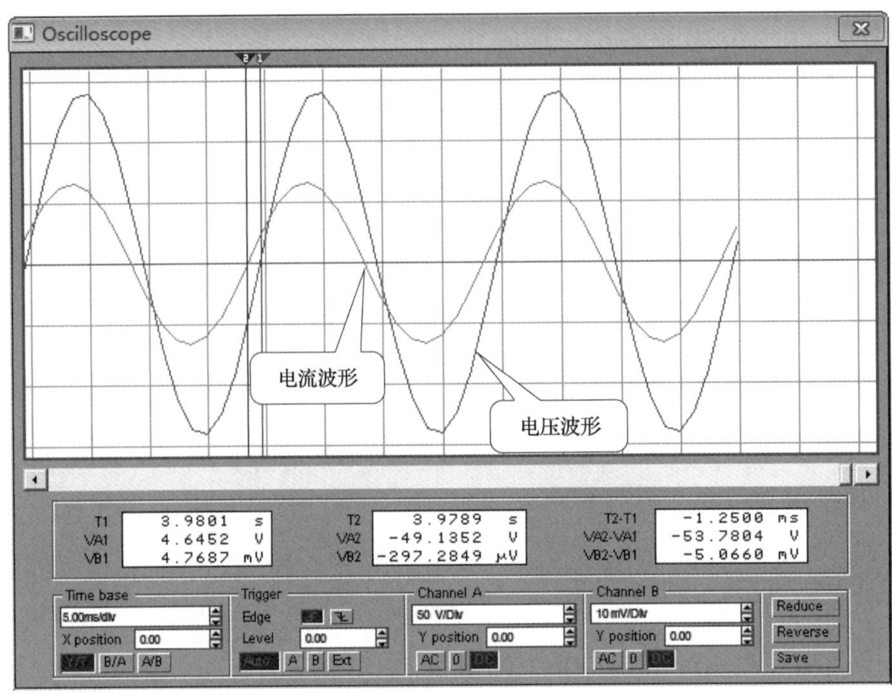

图 3-3-5　用两个读数指针分别测量电压和电流波形相邻的两个正向过零点或反向过零点位置（RLC 串联电路）

六、元件参数变化对电路的影响

关闭示波器扩展面板。保持其他参数不变，将电感更改为 33 mH，重新测量电路中的电流大小，此时流过电感的电流为__________A，如图 3-3-6 所示。电路中的电压和电流波形如图 3-3-7 所示，用图中的两个读数指针分别测量电压和电流波形相邻的两个正向过零点或反向过零点位置，时间差为 $T_2-T_1=$__________（电角度为 18°）。此时，电压的相位超前于电流，电路呈电感性。

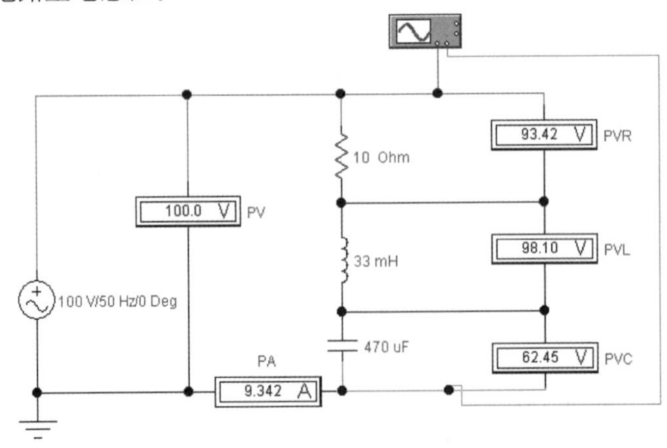

图 3-3-6　参数更改后电流表和电压表显示的数值

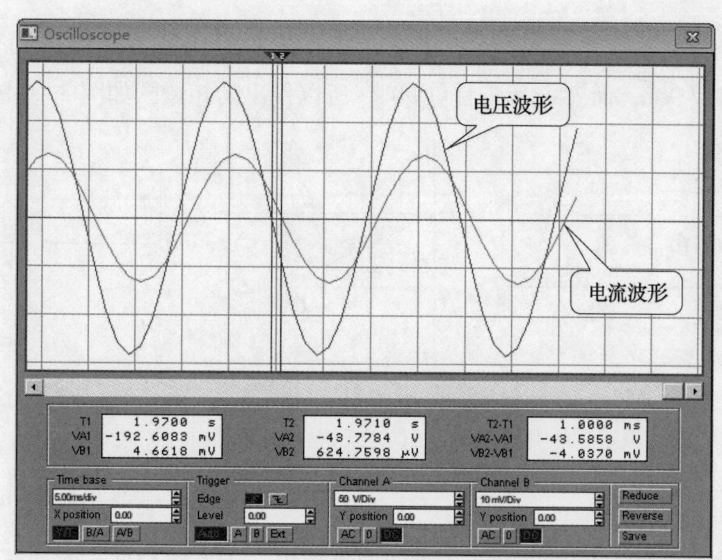

图 3-3-7　参数更改后的电压和电流波形

七、实验结论

实验结论一：由上面的仿真实验可知，在正弦交流电源供电的 RLC 串联电路中，电路电压和电流的大小及相位关系随电路中元件参数的变化而变化。

实验结论二：由上面的仿真实验可知，串联电路两端的总电压并不等于各元件上电压的和，即 $U \neq U_R+U_L+U_C$。

八、保存仿真电路文件

单击“File”菜单中的“Save As...”选项，可以保存仿真电路文件到指定的文件夹中。

知识延伸

对于图 3-3-8 所示电路，通过上面的仿真实验得知，在电路接通交流电源后，用交流电压表分别测量串联电路两端电压 U、电阻两端电压 U_R、电感两端电压 U_L、电容两端电压 U_C，发现 $U \neq U_R+U_L+U_C$。这是为什么呢？

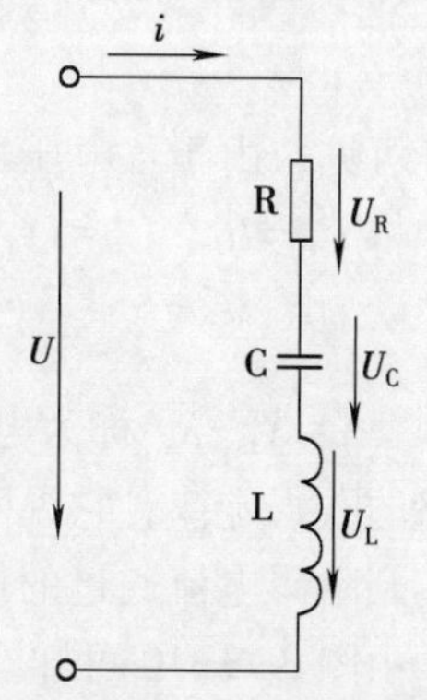

图 3-3-8　RLC 串联电路

一、电流与电压的关系

1. 相位关系

对于图 3-3-8 所示的 RLC 串联电路，首先通过作相量图的办法来讨论总电压与电流的相位关系，再根据相量图求有关各量间的数量关系。由于串联电路中电流处处相等，故选电流为参考量，又因 $\dot{U}_R$ 与 $\dot{I}$ 同相，$\dot{U}_L$ 超前 $\dot{I}$ 90°，而 $\dot{U}_C$ 又滞后 $\dot{I}$ 90°，所以作出的相量图如图 3-3-9 所示。

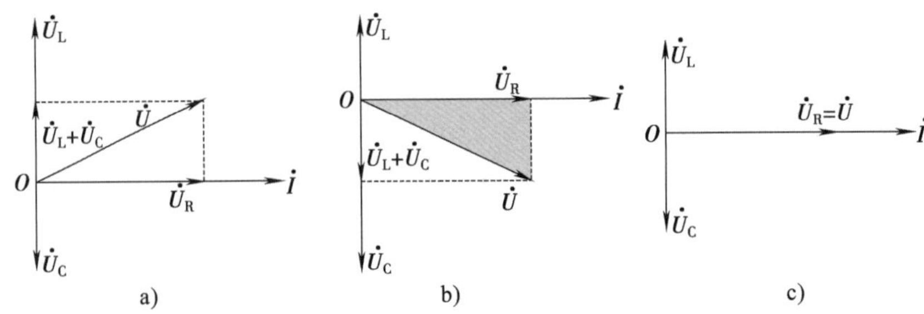

图 3-3-9　RLC 串联电路的相量图

a）$U_L>U_C$　b）$U_L<U_C$　c）$U_L=U_C$

由于 $\dot{U}_L$ 和 $\dot{U}_C$ 的相位相反，在相量图中表现为二者方向相反，因而它们的相量和也就是代数差，即 $\dot{U}_L+\dot{U}_C$ 在数值上就等于 $|U_L-U_C|$，其方向取决于 U_L 和 U_C 的大小，分为以下三种情况。

（1）当 $U_L>U_C$ 时，电压 $\dot{U}$ 超前电流 $\dot{I}$，此时电路是**电感性电路**，相量图如图 3-3-9a 所示。

（2）当 $U_L<U_C$ 时，电流 $\dot{I}$ 超前电压 $\dot{U}$，此时电路是**电容性电路**，相量图如图 3-3-9b 所示。

（3）当 $U_L=U_C$ 时，电压 $\dot{U}$ 和 $\dot{I}$ 同相位，电路中虽然有元件 L 和 C 存在，但电路呈**纯电阻性**，相量图如图 3-3-9c 所示。这是一种特殊情况，称为**串联谐振**。串联谐振的有关问题将在后面讨论。

2. 数量关系

由图 3-3-9a、b 所示相量图可以看出，电压 U、U_R 和 $|U_L-U_C|$ 构成一个直角三角形，称为**电压三角形**，如图 3-3-10 所示。由电压三角形可求得总电压的数值为

$$U=\sqrt{U_R^2+(U_L-U_C)^2}$$

可见，由于各电压之间的相位不同，所以 $U\neq U_R+U_L+U_C$，这点与直流电路是不同的。

将 $U_R=IR$、$U_L=IX_L$、$U_C=IX_C$ 代入上式则有

$$U=I\sqrt{R^2+(X_L-X_C)^2}=I\sqrt{R^2+X^2}=IZ$$

式中，$X=X_L-X_C$ 称为电抗，$Z=\sqrt{R^2+X^2}$ 称为阻抗，单位都是欧姆。公式 $U=IZ$ 称为交流电路的欧姆定律，它说明当电压一定时，阻抗 Z 越大，电流 I 越小。可见，阻抗 Z 在电路中起到阻碍电流通过的作用。

由图 3-3-10 可知，在电压三角形的基础上稍加改造，还能得到另外两个三角形。其中，由 P、Q、S 组成的三角形称为**功率三角形**；由 Z、R、X 构成的三角形称为**阻抗三角**

形。显然，功率三角形、阻抗三角形和电压三角形都是相似三角形。

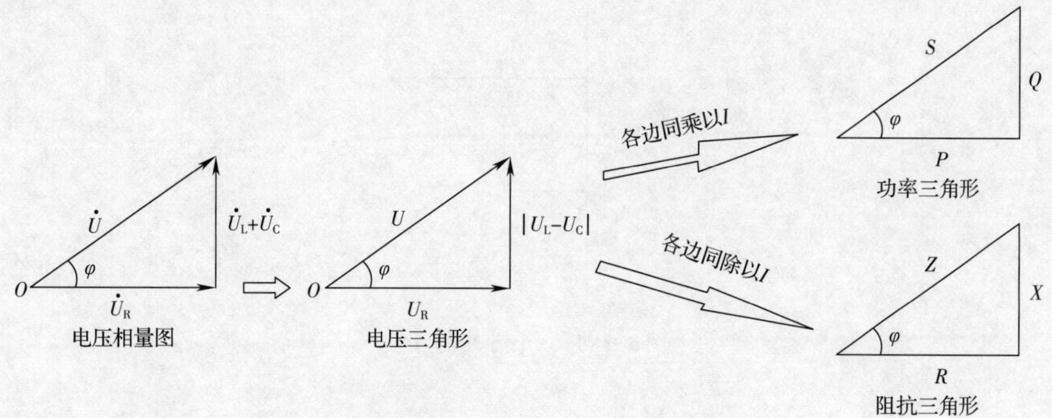

图 3-3-10　RLC 串联电路的几个三角形

用电压三角形和阻抗三角形都可以求出总电压与电流的相位差 φ 的大小。

$$\varphi=\arctan\frac{U_L-U_C}{U_R}=\arctan\frac{X_L-X_C}{R}$$

因此，φ 也被称为阻抗角。

（1）电压三角形由电压相量图演变而来，而阻抗三角形和功率三角形都不是相量三角形，因此不能用相量表示。

（2）当 $X_C=0$ 时，上述公式即变成计算 RL 串联电路的公式。当 $X_L=0$ 时，上述公式则变成计算 RC 串联电路的公式。

【例 3-5】 在 RLC 串联交流电路中，已知 $R=30\ \Omega$，$X_L=40\ \Omega$，$X_C=80\ \Omega$，电源电压 $U=220$ V，试求电路中的电流有效值，并作出相量图。

解： 根据已知条件可得

$$Z=\sqrt{R^2+(X_L-X_C)^2}=\sqrt{30^2+(40-80)^2}\ \Omega=50\ \Omega$$

$$I=\frac{U}{Z}=\frac{220}{50}\ \text{A}=4.4\ \text{A}$$

$$\varphi=\arctan\frac{X_L-X_C}{R}=\arctan\frac{40-80}{30}=-53°$$

φ 为负值，电路呈电容性，电流超前电压 53°，相量图如图 3-3-11 所示。

【例 3-6】 电阻和电感线圈串联后接在 $U=5\sqrt{2}$ V 的交流电源上，如图 3-3-12a 所示。已知电阻上的电压 $U_R=5$ V，则电感线圈两端的电压 U_L 为多少？电源电压和电流的相位差 φ 是多少？

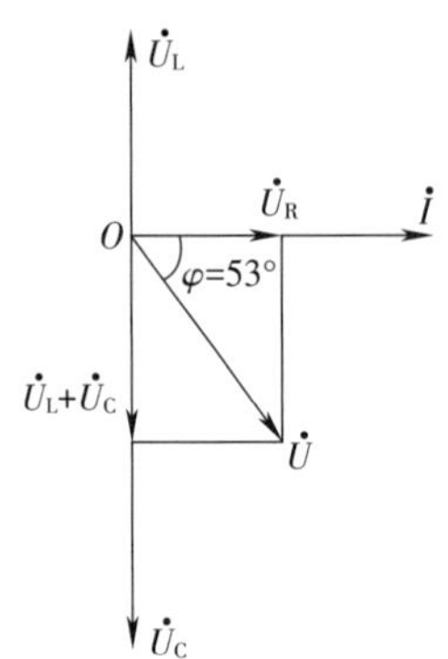

图 3-3-11 【例 3-5】图

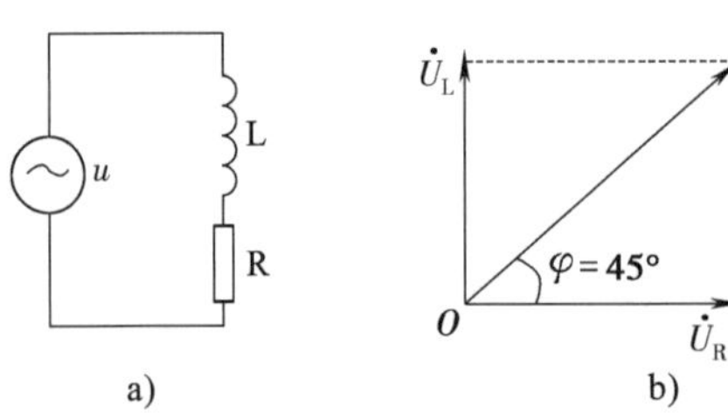

图 3-3-12 【例 3-6】图

a）电路图 b）相量图

解：作相量图时，应先选择参考相量。在串联电路中，由于通过各元件的电流为同一电流，因此通常以电流作为参考相量。$\dot{U}_R$ 与 $\dot{I}$ 同相位，$\dot{U}_L$ 超前 $\dot{I}$ 的相位为90°，分别作出 $\dot{U}_R$、$\dot{U}_L$ 相量，然后用平行四边形法则作出总电压 $\dot{U}$，如图 3-3-12b 所示。由图可见：

$$U_L=\sqrt{U^2-U_R^2}=\sqrt{(5\sqrt{2})^2-5^2}\ \text{V}=5\ \text{V}$$

$$\varphi=\arctan\frac{U_L}{U_R}=\arctan\frac{5}{5}=\arctan1=45°$$

二、电路的功率

在 RLC 串联电路中，电源要向电路提供总功率，而电路中既有能量的消耗又有能量的交换；既有视在功率，又有有功功率和无功功率。

1. 视在功率 S

在 RLC 串联电路中，**视在功率**表示电源提供的总功率，即表示需要交流电源容量的大小，其定义为电压与电流有效值的乘积，即

$$S=UI$$

为区别有功功率和无功功率，视在功率的单位一般用伏·安（V·A）。

视在功率仅表示占用电源的容量大小，而不代表电路中消耗的功率。负载消耗的功率

要视实际运行中负载的性质和大小而定。

2. 有功功率 P

在 RLC 串联电路中，只有电阻是消耗功率的，所以 RLC 串联电路中的有功功率就是电阻上所消耗的功率，即

$$P=U_R I=UI\cos\varphi$$

3. 无功功率 Q

由于电感和电容两端的电压相位相反，所以当电感吸收能量时，电容正好放出能量；当电容吸收能量时，电感也正好放出能量。二者能量相互补偿后的不足部分才由电源进行提供，所以电路的无功功率为电感和电容上的无功功率之差，即

$$Q=Q_L-Q_C=(U_L-U_C)\ I=UI\sin\varphi$$

无功功率表示了电源与 RLC 串联电路之间能量“吞吐”的规模大小。

视在功率 S、有功功率 P、无功功率 Q 之间的关系由功率三角形可得

$$S=\sqrt{P^2+Q^2}$$
$$P=S\cos\varphi=UI\cos\varphi$$
$$Q=S\sin\varphi=UI\sin\varphi$$

由功率三角形可以得到 $\cos\varphi=\frac{P}{S}$，$\cos\varphi$ 称为**功率因数**。功率因数表示电源的输出功率被负载利用的程度，它是供电线路重要的运行指标之一。实际上，要求负载的功率因数尽量接近于 1，以充分利用电源输出能力。

任务 2　探究 RLC 串联谐振电路

学习目标

1. 能通过仿真实验观测 RLC 串联谐振电路中电流、电压的相位和数量关系。
2. 掌握 RLC 串联谐振电路中电压与电流的相位和数量关系。
3. 掌握串联谐振的特点。

工作任务

在具有电感和电容的电路中，如果电流和电压达到同相位，则电路就会产生谐振现象，处于谐振状态的电路称为**谐振电路**。谐振电路分为串联谐振电路和并联谐振电路两种。谐振电路在电子技术中应用很广，如收音机的调谐电路、振荡器等。

本任务的内容是用 EWB 仿真软件进行仿真实验，观察 RLC 串联谐振电路中电压和电流的关系，掌握串联谐振的特点。

任务实施

一、运行 EWB 仿真软件

双击桌面上的图标，运行 EWB 仿真软件。

二、准备并连接实验电路

按照上一任务中的图 3-3-2 所示电路，在电路工作区中放置交流电压源、电路元件以及测量用仪器仪表等。设置电源电压有效值为 100 V、频率为 50 Hz、初相为 0°。设置电阻为 1 Ω、电感为 98.72 mH、电容为 100 μF。设置电压表和电流表均为交流仪表。

调整电路工作区中的元件和仪器仪表等的位置及放置方向，并放置作为测量参考点的接地符号，连接实验电路。电路中的示波器 A 通道测量的是电源电压波形，设置为红色；B 通道测量的是电路中的电流波形，设置为绿色。

三、运行电路

单击仿真电源开关，电路开始运行。

四、通过仪器仪表观察仿真结果

1. 电路中交流电压表和交流电流表的指示值均为有效值。如图 3-3-13 所示，电流表显示电路中的电流值 I=____________ A；四块电压表分别显示电路中总电压（PV）U=____________ V，电阻两端电压（PVR）U_R =____________ V，电感两端电压（PVL）U_L=____________ V，电容两端电压（PVC）U_C=____________ V。

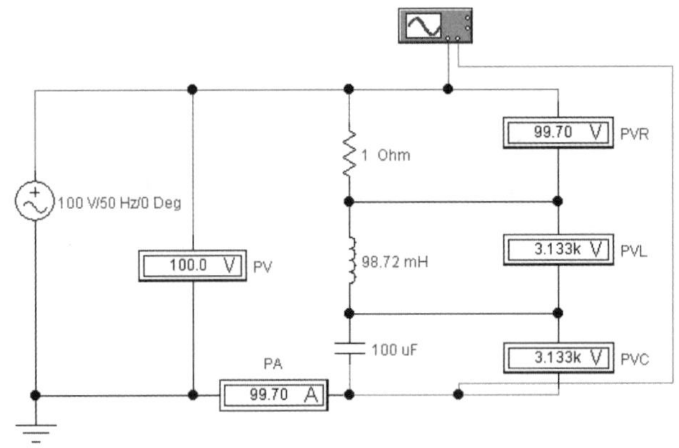

图 3-3-13 电流表和电压表显示的数值（RLC 串联谐振电路）

2. 双击电路中的示波器图标，打开其面板。A 通道的 Y 轴衰减设置为 50 V/DIV，B 通道的 Y 轴衰减设置为 100 mV/DIV，调节时间基准至 5 ms/DIV，此时信号波形被充分展开。单击示波器面板上的面板扩展按钮后，可以更清楚地观察和测量波形图，如图 3-3-14 所示。用两个读数指针分别测量电压和电流波形相邻的两个正向过零点或负向过零点位置，时间差为 $T_2-T_1=$__________（电角度 0°）。

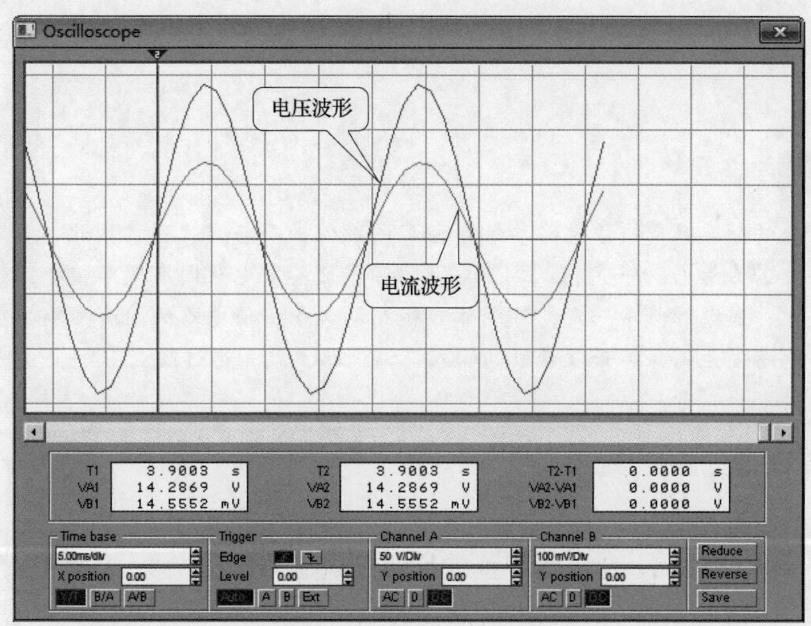

图 3-3-14　示波器面板扩展后的两个波形图（RLC 串联谐振电路）

五、实验结论

实验结论一：由上面的仿真实验可知，在正弦交流电源供电的 RLC 串联谐振电路中，电源电压和电流相位相同，电路呈电阻性。

实验结论二：由上面的仿真实验可知，电感元件和电容元件两端分别产生了大小相等的高电压，且达到数千伏。此电压远远高于供电电源电压。

六、保存仿真电路文件

单击“File”菜单中的“Save As...”选项，可以保存仿真电路文件到指定的文件夹中。

知识延伸

一、串联谐振的条件

在上面的实验中，RLC 串联交流电路的电流与电压同相位，这种现象称为**串联谐振**。因此，串联谐振的条件是 $X_L=X_C$，由此可知

$$2\pi f_0 L=\frac{1}{2\pi f_0 C}$$

可得谐振时的频率为

$$f_0=\frac{1}{2\pi\sqrt{LC}}$$

串联谐振的频率只取决于电路参数 L 和 C 的数值，而与 R 无关。因此，f_0 又称为电路的**固有频率**。若 L 和 C 为一定值，调节电源的频率使其与电路固有频率相等，电路就会发生谐振；反之，若电源频率一定，可调节 L 和 C 的大小，使电路的固有频率等于电源的频率，也能使电路发生谐振。如收音机的输入调谐电路，就是通过改变 C 的大小，来选择不同广播频率的电台信号。

二、串联谐振的特点

串联谐振具有以下特点。

1. 发生串联谐振时，电路的总阻抗最小，且呈电阻性。

$$Z_0=\sqrt{R^2+(X_L-X_C)^2}=R$$

2. 发生串联谐振时，电流最大，且与电压同相位。谐振电流为

$$I_0=\frac{U}{Z}=\frac{U}{R}$$

3. 发生串联谐振时，电感两端的电压 U_L 与电容两端的电压 U_C 大小相等，方向相反，因此

$$U_L=U_C=I_0X_L=\frac{U}{R}X_L=\frac{X_L}{R}U=QU$$

即发生串联谐振时，电感、电容两端的电压为总电压的 Q 倍。一般串联谐振电路中的 R 很小，所以 Q 值总大于 1，其数值约为几十，有的可达数百。由于串联谐振会在电感、电容上产生高电压，所以串联谐振又称为**电压谐振**。Q 值通常称为谐振电路的**品质因数**。

谐振时 $U_L=U_C$，则说明电源只提供电阻消耗的电能，电路与电源间不再发生能量交换，但是电感和电容间却在进行着磁能和电能的相互转换。

三、串联谐振的应用

在无线电技术中，常利用谐振电路从众多的电磁波中选出人们所需要的信号，这一过程称为**调谐**（通过调节使电路发生谐振）。图 3-3-15 所示为收音机的调谐电路。当各种不同频率的电磁波在天线上产生感应电流时，电流经过线圈 L1 感应到线圈 L2。如果想收听的电台频率为 700 kHz，只需调节可变电容器的电容量，即可使 LC 串联谐振（L2 与 C 组成）频率等于 700 kHz。这时，在 LC 回路中该频率信号的电流最大，在电容器两端该

频率信号的电压也最大，取出该电压信号，便能收听到 700 kHz 这个电台的节目。而其他各频率的信号，由于没有发生谐振，在回路中的电流很小，因此就被抑制掉了。

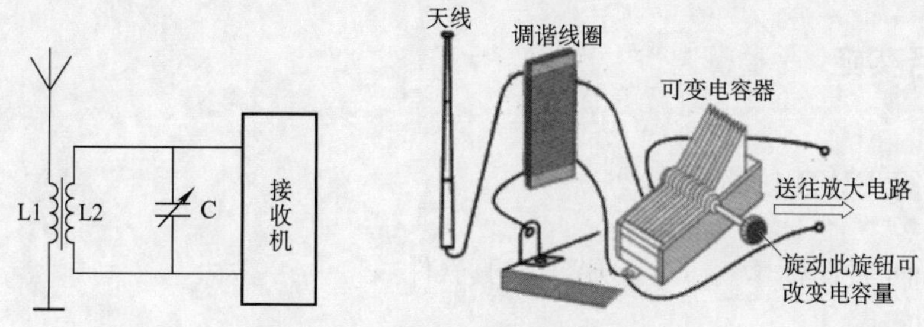

图 3-3-15　收音机的调谐电路

一般情况下，串联谐振电路的 Q 值越大，选频作用越好，但是如果 Q 值过大，则会造成通频带变窄，从而引起波形的失真。串联电路的谐振曲线如图 3-3-16 所示。

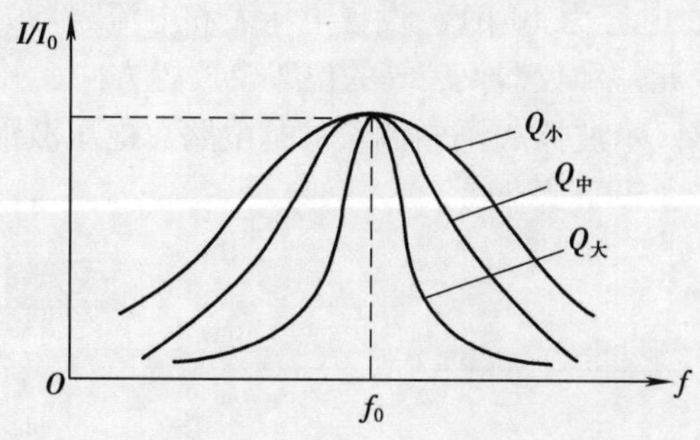

图 3-3-16　串联电路的谐振曲线

任务 3　探究 RLC 并联谐振电路

学习目标

1. 能通过仿真实验观测 RLC 并联谐振电路中电流、电压的相位和数量关系。
2. 掌握 RLC 并联谐振电路中电压与电流的相位和数量关系。
3. 掌握并联谐振的特点。

工作任务

串联谐振电路只适用于电源内阻较小的场合，当电源内阻较大时，电路的品质因数变小，选频特性变差。这时，宜采用并联谐振电路。

本任务的内容是用 EWB 仿真软件进行仿真实验，观察 RLC 并联谐振电路中电压和电流的关系，掌握并联谐振的特点。

任务实施

一、运行 EWB 仿真软件

双击桌面上的图标，运行 EWB 仿真软件。

二、准备并连接实验电路

按照图 3-3-17 所示电路，在电路工作区中放置交流电压源、电路元件以及测量用仪器仪表等。设置电源电压有效值为 100 V、频率为 1.571 kHz、初相为 0°。设置线圈电感为 1 mH、电阻为 0.1 Ω、电容为 10 μF。设置电压表和电流表均为交流仪表。

调整电路工作区中的元件和仪器仪表等的位置及放置方向，并放置作为测量参考点的接地符号，连接实验电路。示波器 A 通道测量的是电路总电压波形，设置为红色；B 通道测量的是电路总电流波形，设置为蓝色。

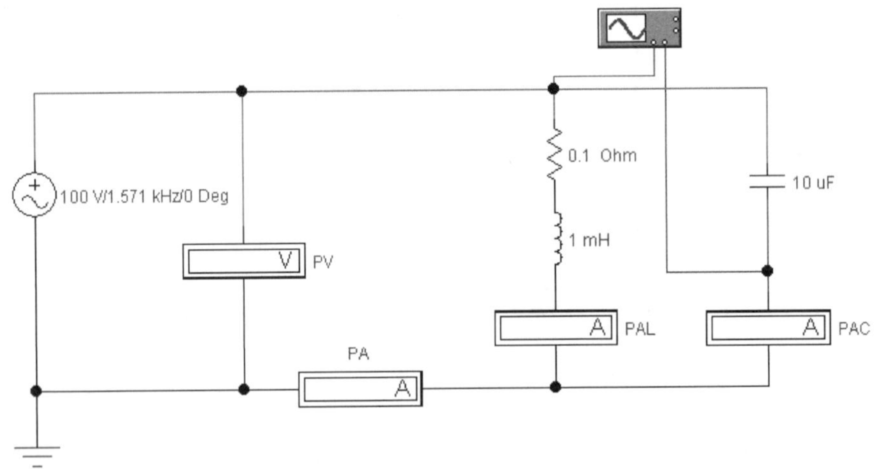

图 3-3-17　RLC 并联谐振电路的仿真

三、运行电路

单击仿真电源开关，电路开始运行。

四、通过仪器仪表观察仿真结果

1. 电路中交流电压表和交流电流表的指示值均为有效值。如图 3-3-18 所示，电流表显示电感支路中的电流值（PAL）I_L = ____________ A，电容支路中的电流值（PAC）

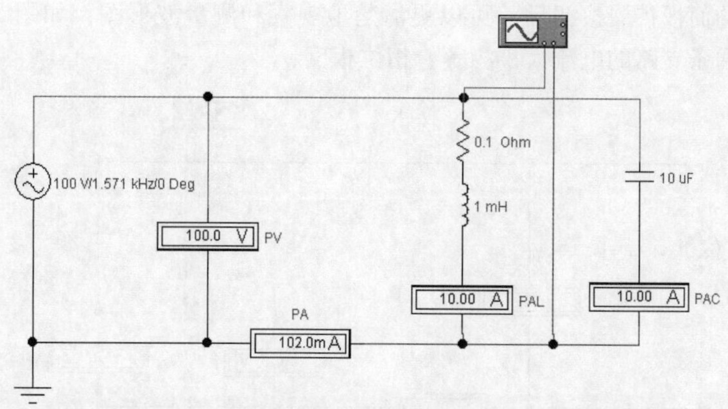

图 3-3-18　电流表和电压表显示的数值（RLC 并联谐振电路）

I_C =__________ A，总电流（PA）I =__________ A。

2. 双击电路中的示波器图标，打开其面板。A 通道的 Y 轴衰减设置为 50 V/DIV，B 通道的 Y 轴衰减设置为 100 μV/DIV，调节时间基准至 0.2 ms/DIV，此时信号波形被充分展开。单击示波器面板上的面板扩展按钮后，可以更清楚地观察和测量波形图，如图 3-3-19 所示。此时，电路总电压和总电流相位相同，电路处于谐振状态。

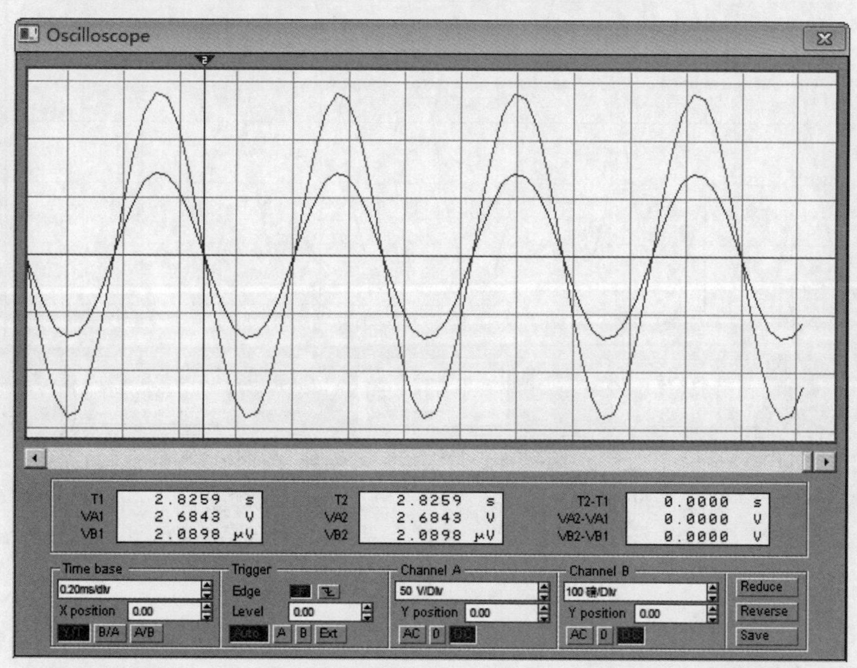

图 3-3-19　示波器面板扩展后的两个波形图（RLC 并联谐振电路）

3. 用示波器测量两条支路中的电流波形，如图 3-3-20 所示。A 通道的 Y 轴衰减设置为 5 mV/DIV，B 通道的 Y 轴衰减也设置为 5 mV/DIV，时间基准调节至 0.2 ms/DIV。单击示波器面板上的面板扩展按钮后，可以更清楚地观察和测量波形图，如图 3-3-21 所示。此时，电路中两条支路的电流大小相等、相位相反。

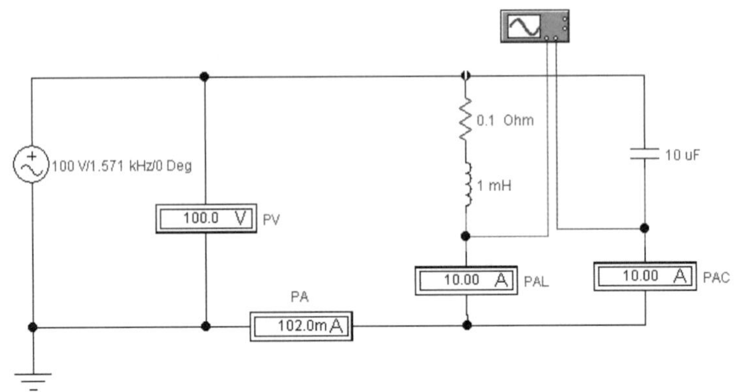

图 3-3-20　用示波器测量两条支路中的电流波形

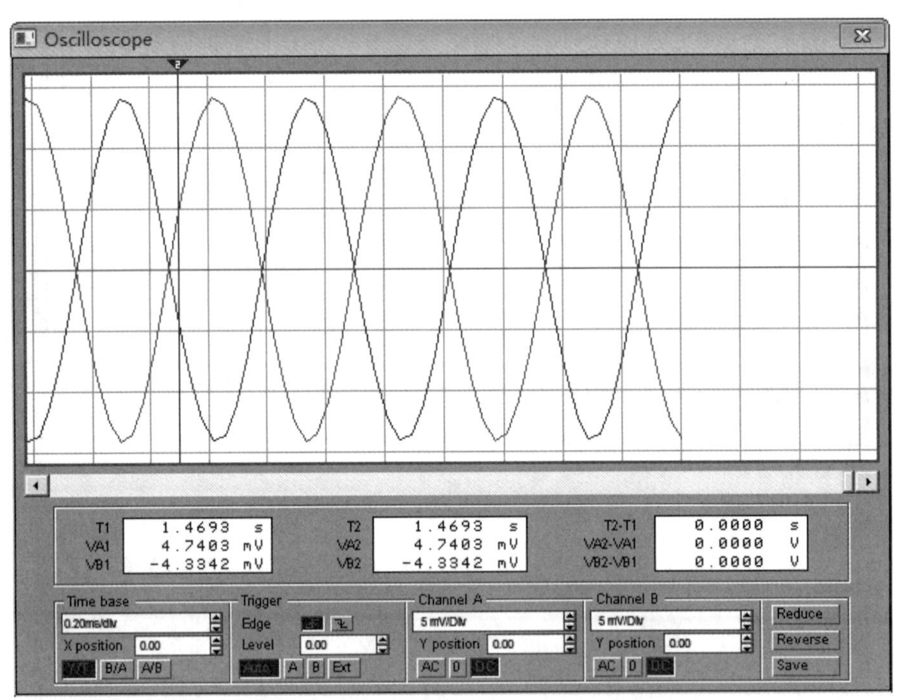

图 3-3-21　电路中两条支路的电流波形

五、实验结论

实验结论一：由上面的仿真实验可知，在此正弦交流电源供电的 RLC 并联谐振电路中，电感支路和电容支路中的电流大小相等，且相位互差 180°（即相位相反）。

实验结论二：由上面的仿真实验可知，支路中的电流远远大于电源提供的电流。

六、保存仿真电路文件

单击“File”菜单中的“Save As...”选项，可以保存仿真电路文件到指定的文件夹中。

知识延伸

一、并联谐振的定义

在电子电路中，经常会遇到并联谐振电路。实际的并联谐振电路往往由一个电感线圈与一个电容并联组成，一般线圈的电阻较小，可以忽略不计，如图 3-3-22 所示。如同上面的仿真实验，在某一频率处，电路中的 $I_L=I_C$，总电流与电压同相，这种现象称为**并联谐振**。

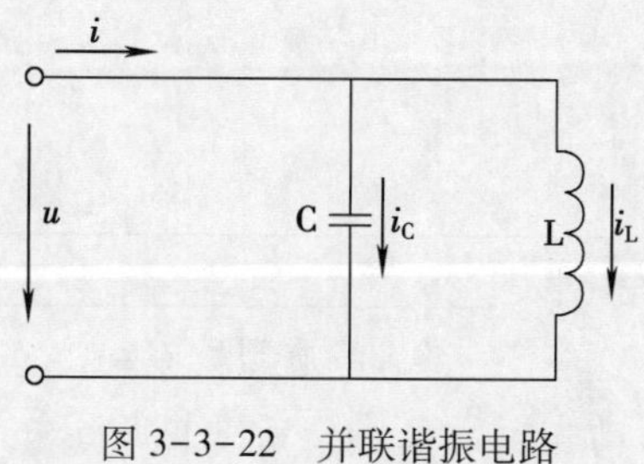

图 3-3-22　并联谐振电路

二、并联谐振频率

发生并联谐振时，$I_L=I_C$，由于

$$I_L=\frac{U}{X_L}=\frac{U}{2\pi f_0 L}$$

$$I_C=\frac{U}{X_C}=2\pi f_0 CU$$

所以，$X_L=X_C$，即$\frac{1}{2\pi f_0 L}=2\pi f_0 C$。

由此可得，并联谐振的谐振频率为

$$f_0=\frac{1}{2\pi\sqrt{LC}}$$

三、并联谐振的特点

并联谐振有以下几个特点。

1. 发生并联谐振时，总电流最小，电路的总阻抗最大，且呈电阻性。

2. 发生并联谐振时，电感支路和电容支路的电流大小近似相等，方向近似相反，且为总电流的 Q 倍。其中，Q 称为电路的**品质因数**，即

$$Q=\frac{I_L}{I_0}=\frac{I_C}{I_0}=\frac{X_L}{R}=\frac{X_C}{R}$$

一般电路的 Q 值可达几十到数百，这说明发生并联谐振时，电感支路和电容支路的电流会大大超过总电流，所以并联谐振又称为**电流谐振**。

四、并联谐振的应用

在电子技术中，常利用并联谐振电路组成选频器或振荡器。图 3-3-23 所示为收音机选频电路，前级放大器内阻很大，调节电容 C 使谐振频率等于要选择的频率 f_0，这时谐振电路呈电阻性，总阻抗最大，输出信号电压 u_0 也最大。其他不需要的频率信号，由于不产生谐振，其阻抗小，输出信号电压低，因此受到了抑制。

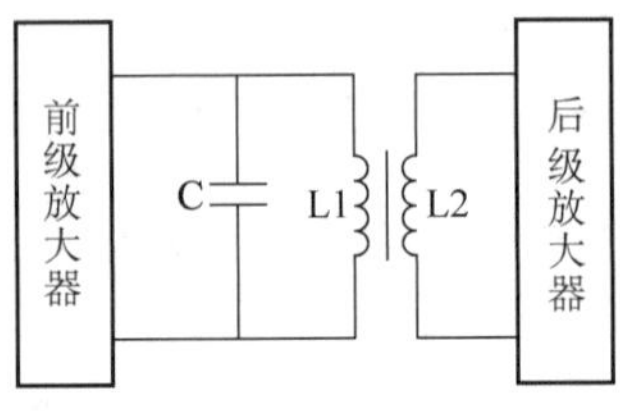

图 3-3-23 收音机选频电路

思考与练习

1. RLC 串联电路中出现________________的现象，称为串联谐振。RLC 串联电路发生谐振的条件是________________。当发生串联谐振时，谐振频率 $f_0=$__________，品质因数 $Q=$__________。

2. 交流电路如图 3-3-24 所示，若电阻、电感和电容两端的电压都是 50 V，则电路的端电压是______V。

3. RLC 串联电路发生谐振时，输入阻抗为最小值还是最大值？对于并联谐振又是如何呢？

4. 某晶体管收音机输入回路的电感 $L=310\ \mu H$，欲收听载波频率为 540 kHz 的电台，这时调谐电容应为多少？

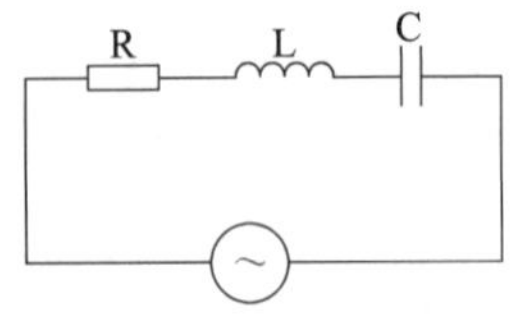

图 3-3-24

5. 在图 3-3-22 所示并联谐振电路中，若 $L=0.8$ mH，线圈电阻可忽略，所需要的信号频率 $f_0=465$ kHz，则电容 C 应调到多大？

6. 在电子技术中，常用到电阻和电容串联组成的 RC 移相电路，如图 3-3-25a 和图 3-3-25b 所示。请通过 EWB 仿真实验验证，两个电路的输出电压 u_o 与输入电压 u_i 之间的相位关系（设置输入电压频率为 1 kHz、电阻为 2 kΩ、电容为 1 μF）。

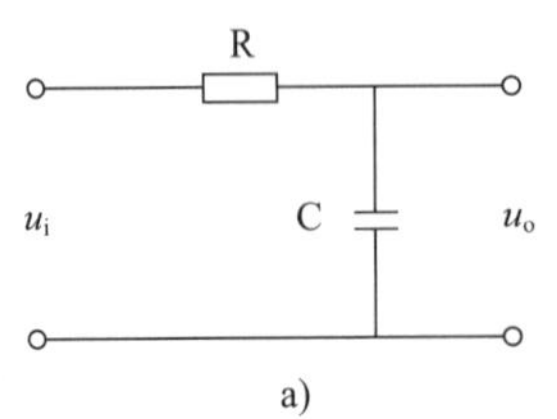

a)

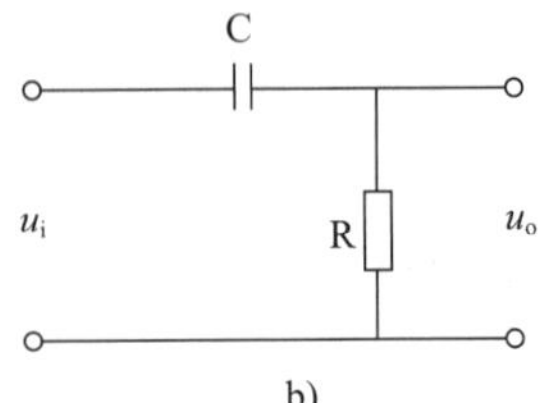

b)

图 3-3-25

课题四　三相交流电路

任务 1　认识三相交流电源

学习目标

1. 能通过仿真实验观测三相交流电源的电压波形。
2. 了解三相交流电的优点。
3. 熟悉三相四线制供电线路。

工作任务

前面学习中用到的交流电源，只有一个交变的电动势和两根输电线，称为**单相交流电路**。目前，电能的生产、输送和分配绝大多数都是采用**三相交流电路**。图 3-4-1 所示为在室外经常见到的由三根输电线组成的三相三线制交流供电线路。三相交流电路是由三相交流电源、三相输电线和三相负载等组成的交流电路。单相交流电源都是从三相交流电源中获得的。

图 3-4-1　三相三线制交流供电线路

本任务的内容是通过 EWB 仿真软件观察三相交流电的波形特点。

相关知识

三相交流电之所以能得到广泛的应用，是因为它具有以下优点。

1. 三相发电机比同样尺寸的单相发电机的输出功率大。

2. 在输送相同功率、相同电压和距离、线路损失相等的情况下，采用三相输电比单相输电节省约25%的线材。

3. 工农业生产上广泛使用的三相异步电动机与单相电动机相比，具有结构简单、价格低廉、性能良好、工作可靠等优点。

三相交流电动势是由三相交流发电机产生的。图3-4-2a所示为三相交流发电机的示意图，它主要由定子和转子组成。转子是由线圈励磁的磁铁，其磁极表面的磁场按正弦规律分布。定子铁芯中嵌放三个尺寸、匝数和绕法完全相同的绕组，三相绕组始端分别用U1、V1、W1表示，末端用U2、V2、W2表示，分别称为U相、V相、W相，如图3-4-2b所示。三个绕组在空间位置上彼此相隔120°。

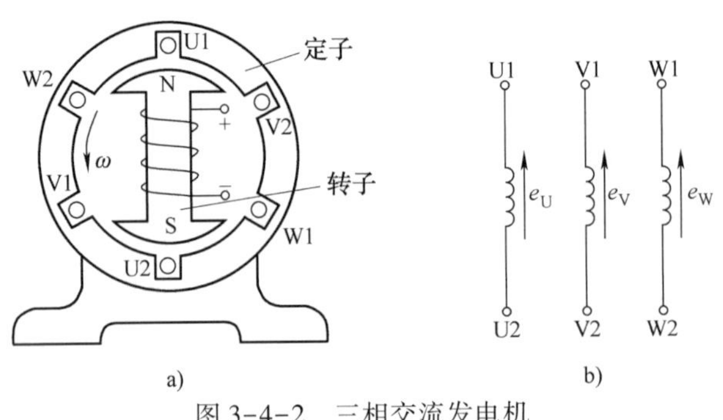

图3-4-2　三相交流发电机

a）三相交流发电机示意图　b）三相绕组及其电动势

当转子在原动机带动下以角速度 ω 做逆时针匀速转动时，三相定子绕组依次切割磁感线，产生三个对称的正弦交流电动势，其解析式分别为

$$e_U=E_m\sin\omega t$$

$$e_V=E_m\sin(\omega t-120°)$$

$$e_W=E_m\sin(\omega t+120°)$$

规定每相电动势的正方向是从线圈的末端指向始端（图3-4-2b），即电流从始端流出时为正；反之，为负。

任务实施

一、运行EWB仿真软件

双击桌面上的图标 ，运行EWB仿真软件。

二、准备并连接实验电路

按照图3-4-3在电路工作区中放置三个独立的交流电源和一台示波器。设置交流电源电压有效值均为220 V，频率均为50 Hz，初相分别为0°、-120°（240°）、120°。由于示波器的输入仅有两个通道，因此一次只能测量两个交流电源的波形。示波器A通道测量的

是 e_U 的电压波形，设置为红色；B 通道测量的是 e_V 的电压波形，设置为绿色。

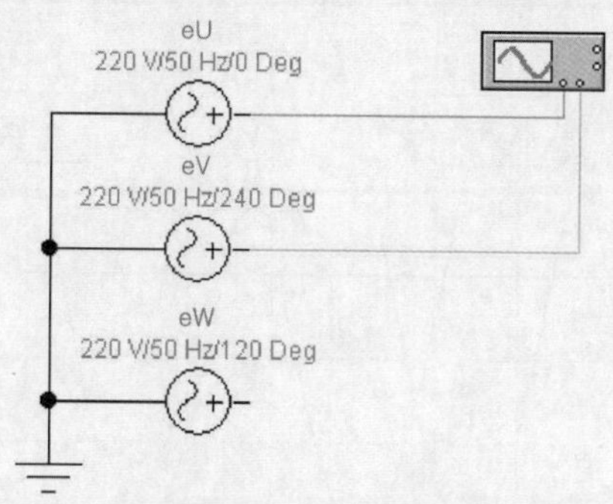

图 3-4-3　仿真实验电路

三、运行电路

单击仿真电源开关，电路开始运行，示波器显示 U 相和 V 相电压波形，如图 3-4-4 所示。其中，示波器 A 通道和 B 通道的 Y 轴衰减均设置为 100 V/DIV，调节时间基准至 5 ms/DIV。

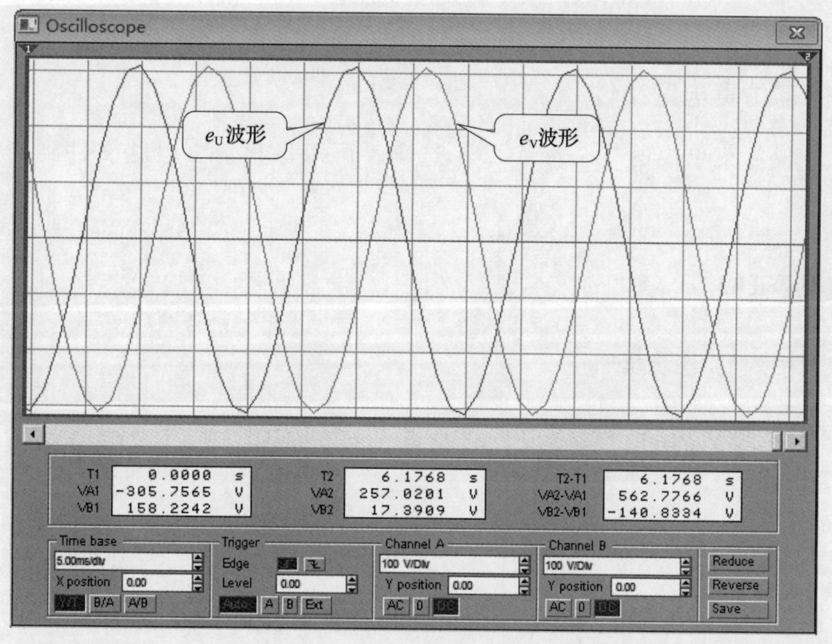

图 3-4-4　示波器显示 U 相和 V 相电压波形

用示波器 A 通道测量 e_U 的电压波形不变，将 B 通道改为测量 e_W 的电压波形，并设置为蓝色。示波器显示的 U 相和 W 相电压波形如图 3-4-5 所示。

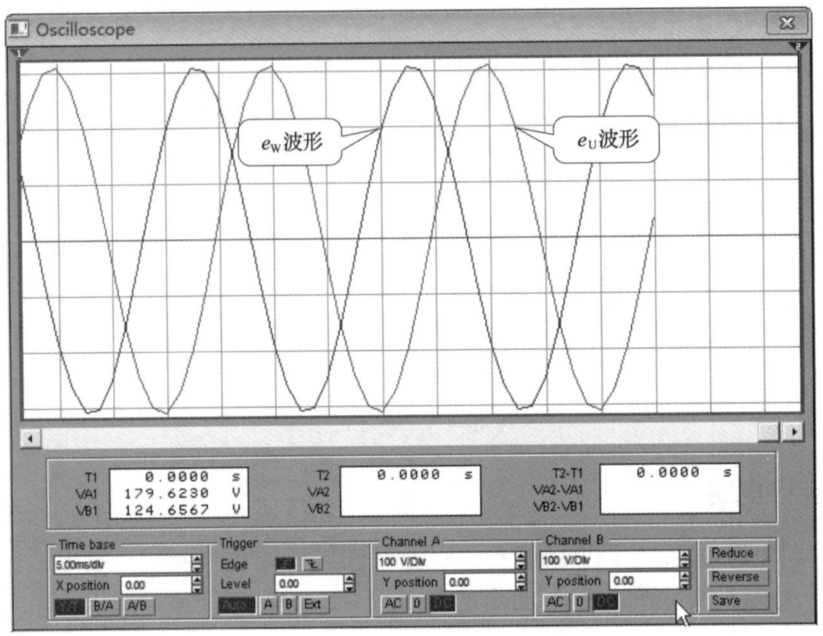

图 3-4-5　示波器显示的 U 相和 W 相电压波形

四、保存仿真电路文件

单击“File”菜单中的“Save As...”选项，可以保存仿真电路文件到指定的文件夹中。

知识延伸

一、三相对称电动势

根据仿真实验的情况，把图 3-4-4 和图 3-4-5 所示的波形画到一张图中，可以得到三相对称电动势波形图，如图 3-4-6a 所示。图 3-4-6b 所示为其相量图。

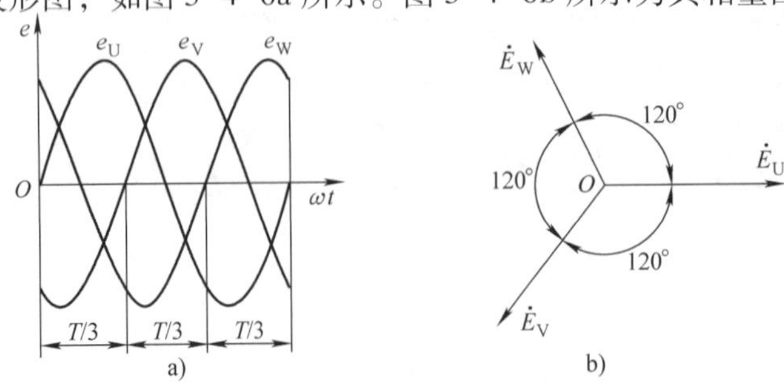

图 3-4-6　三相对称电动势的波形图和相量图

a）波形图　b）相量图

三个交流电动势到达最大值（或零）的先后次序称为**相序**。如按 U-V-W-U 的次序循环称为**正序**；如按 U-W-V-U 的次序循环则称为**负序**。依据三相对称交流电动势的波形图可知，三相电动势的瞬时值的和为零；依据三相对称交流电动势的相量图可知，三相电动势的相量和为零。

二、三相四线制供电线路

上述发电机的每个绕组各接上一个负载，就得到三个独立的单相电路，如图 3-4-7 所示。这样，要用六根导线，很不经济。目前，在低压供电系统中多采用三相四线制供电，如图 3-4-8a 所示。三相四线制是把发电机三个绕组的末端连接在一起，成为一个公共端点（称为**中性点**），用符号“N”表示。从中性点引出的输电线称为中性线，简称**中线**。中线通常与大地相接，并把接地的中性点称为零点，而把接地的中性线称为**零线**。工程上，零线或中线所用导线一般用蓝色表示。从三个绕组始端引出的输电线称为**相线**，俗称**火线**。U、V、W 三根相线分别用黄、绿、红三种颜色作为标志。有时为了简便，常不画发电机的绕组连接方式，只画四根输电线表示相序，如图 3-4-8b 所示。

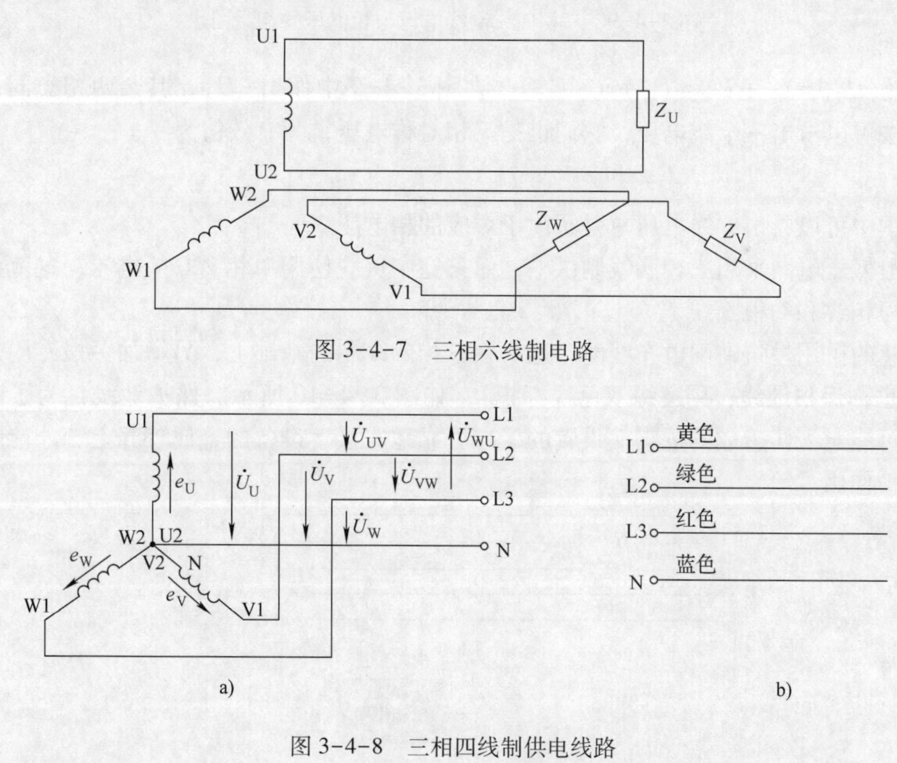

图 3-4-7　三相六线制电路

图 3-4-8　三相四线制供电线路

a）原理图　b）接线图

在三相四线制中，相线与相线之间的电压称为**线电压**，分别用 $\dot{U}_{UV}$、$\dot{U}_{VW}$、$\dot{U}_{WU}$ 表示。工业动力用电 380 V 就是指的线电压。相线与中线之间的电压称为**相电压**，分别用 $\dot{U}_U$、$\dot{U}_V$、$\dot{U}_W$ 表示。日常生活中的照明电压为 220 V 就是指的相电压。

作出 $\dot{U}_U$、$\dot{U}_V$、$\dot{U}_W$的相量图，如图 3-4-9 所示。线电压与相电压之间的关系为

$$\dot{U}_{UV}=\dot{U}_U-\dot{U}_V$$

$$\dot{U}_{VW}=\dot{U}_V-\dot{U}_W$$

$$\dot{U}_{WU}=\dot{U}_W-\dot{U}_U$$

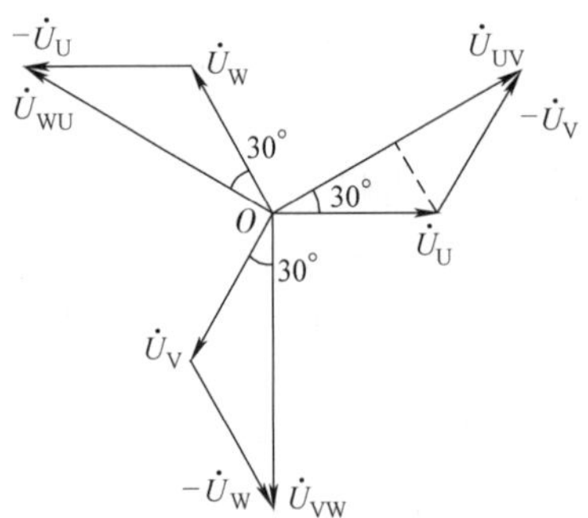

图 3-4-9　三相四线制线电压与相电压的相量图

因为 $\dot{U}_{UV}=\dot{U}_U-\dot{U}_V=\dot{U}_U+(-\dot{U}_V)$，在图 3-4-9 中作出$-\dot{U}_V$，其余两相类同，利用几何方法可以求出三个线电压，它们也是三相对称电压，其有效值为

$$U_{线}=\sqrt{3}U_{相}$$

从图中可以看出，线电压总是超前于对应的相电压 30°。

一般低压电网采用三相四线制供电，而家庭中负载使用单相 220 V 电压，这就必然要引入一根相线和一根零线。

新建的民用建筑在配电布线时，通常在三相四线制的基础上，另增加一根专门的**保护零线**（也称**保护地线**，用黄绿双色线标识），如图 3-4-10 所示。保护地线是为了防止设备漏电可能对人体造成的危害而设置的，应可靠地连接于设备的金属外壳上，才能起到良好的保护作用。

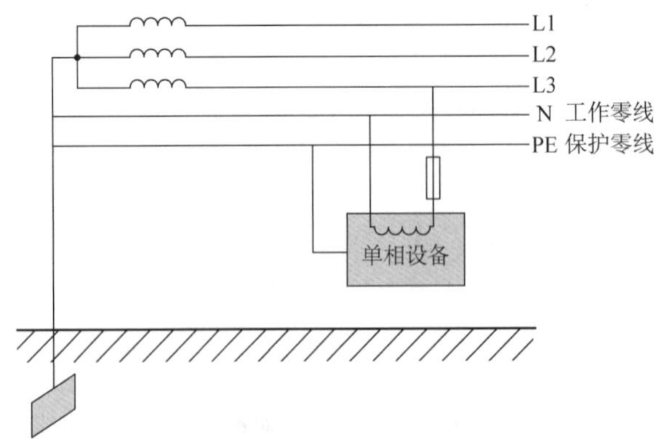

图 3-4-10　增加保护零线的三相四线制供电线路

任务 2 探究三相负载的连接方式

学习目标

1. 熟悉三相负载星形联结的特点和使用范围。
2. 熟悉三相负载三角形联结的特点和使用范围。
3. 能通过仿真实验验证三相负载中电流和电压的关系。
4. 掌握三相负载功率的计算方法。

工作任务

在生产和日常生活中，把接在三相电源上的负载统称为**三相负载**，并且把各相负载相同（负载大小和性质均相同）的三相负载称为**三相对称负载**，如工厂中广泛使用的三相异步电动机、三相电炉等。如果三相负载不同，则称为**三相不对称负载**，如整个教学楼的照明负载。

本任务的内容是通过 EWB 仿真软件观察三相负载工作中电流和电压间的关系。

相关知识

根据负载额定电压的不同，三相负载有星形（Y）联结和三角形（△）联结两种接法。实际接法应使各相负载实际承受的电压与每相负载的额定电压相等，以保证三相负载安全可靠地工作。

一、三相负载的星形联结

将三相负载分别接在三相电源的一根相线与中线之间的接法称为星形联结，如图 3-4-11 所示。由图 3-4-11a 可看出，各相负载的相电压 $U_{\text{Y相}}$ 就等于电源的相电压。因此，电源的线电压为负载相电压的$\sqrt{3}$倍，即

$$U_{\text{线}}=\sqrt{3}\,U_{\text{Y相}}$$

三相电路中流过每根相线的电流叫**线电流**，流过每相负载的电流叫**相电流**，流过中线的电流叫**中线电流**。由图 3-4-11a 可以看出，在星形联结中，线电流等于相电流，即

$$I_{\text{Y线}}=I_{\text{Y相}}=\frac{U_{\text{Y相}}}{Z_{\text{相}}}$$

对于感性负载来说，各相电流滞后对应相电压的角度为

$$\varphi=\arctan\frac{X_L}{R}$$

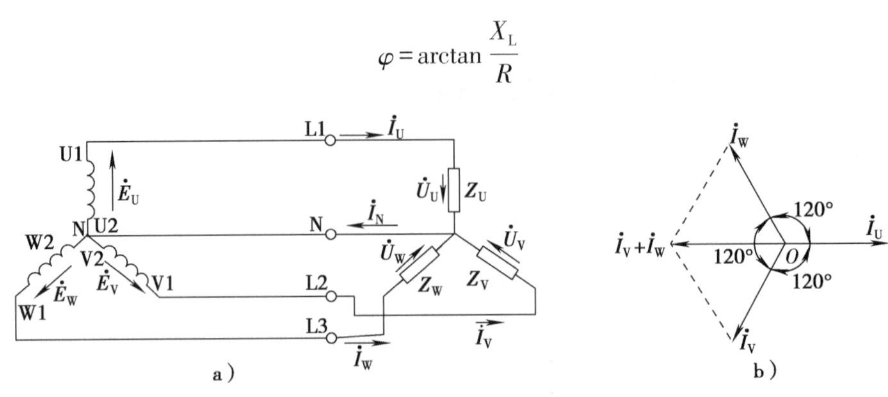

图 3-4-11　三相负载的星形联结

a）星形联结　b）相量图

对于阻抗值和阻抗角都相等的三相对称负载，三相电流的相位差也互为 120°，其相量图如图 3-4-11b 所示。由图 3-4-11b 可知，三相电流的相量和为零，即

$$\dot{I}_N=\dot{I}_U+\dot{I}_V+\dot{I}_W=0$$

上式表明，当三相对称负载作星形联结时，中线电流为零。由于中线上没有电流流过，故可省去中线，此时并不影响三相电路的工作，各相负载的相电压仍为对称的电源相电压，这样三相四线制就变成了三相三线制，如图 3-4-12 所示。显然，在这种情况下，达到了既节约线路成本又不会影响线路正常工作的目的。

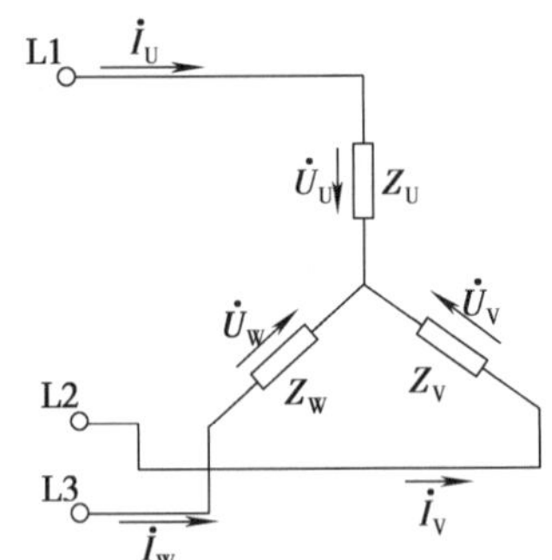

图 3-4-12　三相对称负载的星形联结

【例 3-7】 将一台星形（Y）联结的三相异步电动机接在线电压为 380 V 的三相电源上，若电动机每相绕组的电阻为 6 Ω，感抗为 8 Ω，试求流过各相绕组的电流、各相线上的电流、相电流与相电压的相位差。

解： 由于电源电压对称、各相负载对称，则各相电流应相等，各线电流也相等。所以有

$$U_{Y相}=\frac{U_{线}}{\sqrt{3}}=\frac{380}{\sqrt{3}}\ \text{V}=220\ \text{V}$$

$$Z_{相}=\sqrt{R_{相}^2+X_L^2}=\sqrt{6^2+8^2}\ \Omega=10\ \Omega$$

$$I_{\text{Y线}}=I_{\text{Y相}}=\frac{U_{\text{Y相}}}{Z_{\text{相}}}=\frac{220}{10}\ \text{A}=22\ \text{A}$$

因为线圈是感性负载，所以相电压超前相电流，其阻抗角也就是相位差。所以有

$$\varphi=\arctan\frac{X_L}{R}=\arctan\frac{8}{6}\approx 53°8'$$

通常在低压供电系统中，由于三相负载经常变动（如照明电路中灯具的开和关），各相不同负载组成了三相不对称负载。在这种情况下，各相电流的大小不一定相等，相位差不一定为120°，三相四线制电路中的中线电流不为零，中线不能取消。这时，只有中线存在才能保证三相电路成为三个独立回路，且不会因负载的变动而相互影响。如果中线断开，各相负载的电压就不再等于电源的相电压，这时阻抗较小负载的相电压可能低于其额定电压而无法正常工作；阻抗较大（即额定功率较小）负载的相电压可能高于其额定电压而烧毁，甚至会造成严重的事故。

在三相四线制中，一方面，规定中线不准安装熔断器或开关，有时中线还采用钢芯导线来加强其机械强度，以免断开。另一方面，在分配三相负载时，应尽量使其平衡以减小中线电流，如在三相照明线路中，就应将照明负载平均分配在三相上，而不应过分集中在某一相或两相上。在三相四线制的配电系统中，照明线路的中线粗细应该和相线一样；而动力和照明混用的线路，中线的截面积可以比相线的截面积小一些，一般选用比相线小一个规格的导线。

二、三相负载的三角形联结

将三相负载分别接在三相电源每两根相线之间的接法称为三角形联结，如图 3-4-13 所示。这时，不论负载是否对称，各相负载所承受的电压均为电源线电压，即

$$U_{\text{线}}=U_{\triangle\text{相}}$$

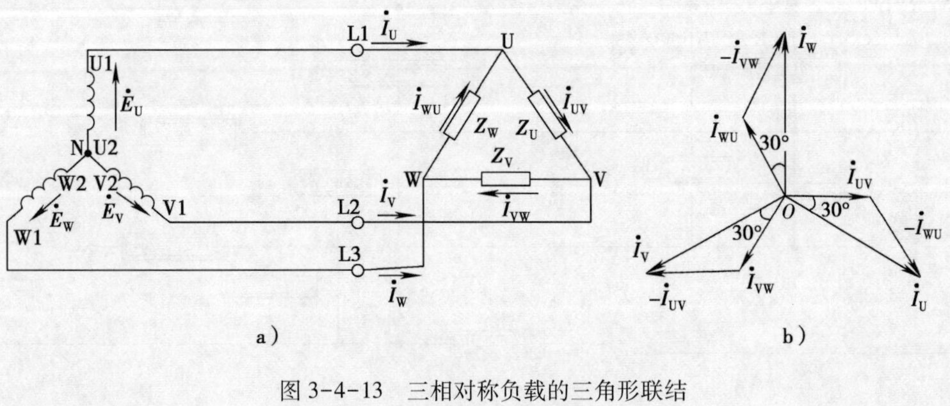

a）

b）

图 3-4-13　三相对称负载的三角形联结

a）三角形联结　b）相量图

下面仅讨论三相对称负载的情况。

当三相对称负载作三角形联结时，由于各相负载是接在两根相线之间，因此负载的相电压和电源的线电压大小相等，即

$$U_{线}=U_{\triangle 相}$$

图 3-4-13 中所标 $\dot{I}_U$、$\dot{I}_V$、$\dot{I}_W$ 为线电流，$\dot{I}_{UV}$、$\dot{I}_{VW}$、$\dot{I}_{WU}$ 为相电流。由图 3-4-13b 所示相量图可以看出，三个相电流和三个线电流都是大小相等且相位互差 120°的三相对称电流，线电流和相电流的关系为

$$I_{\triangle 线}=\sqrt{3}I_{\triangle 相}$$

各线电流在相位上比与它相对应的相电流滞后 30°。

任务实施

一、运行 EWB 仿真软件

双击桌面上的图标，运行 EWB 仿真软件。

二、三相负载星形联结实验

1. 准备并连接实验电路

按照图 3-4-14，在电路工作区中放置由三个独立的交流电源进行星形联结组成的三相交流电源，设置电源电压有效值均为 220 V，频率均为 50 Hz，初相分别为 0°、-120°(240°)、120°。放置六个电压表，其中 PV-UV、PV-VW、PV-WU 用于测量电源的线电压；PV-U、PV-V、PV-W 用于测量负载上的相电压。放置四个电流表，用于测量流过负载的相电流和中线电流。星形联结的三相对称负载均由 $R=10\ \Omega$ 的电阻和 $L=1$ mH 的电感串联而成。从基本元件库中选择一个开关，拖至电路工作区，然后连接实验电路。

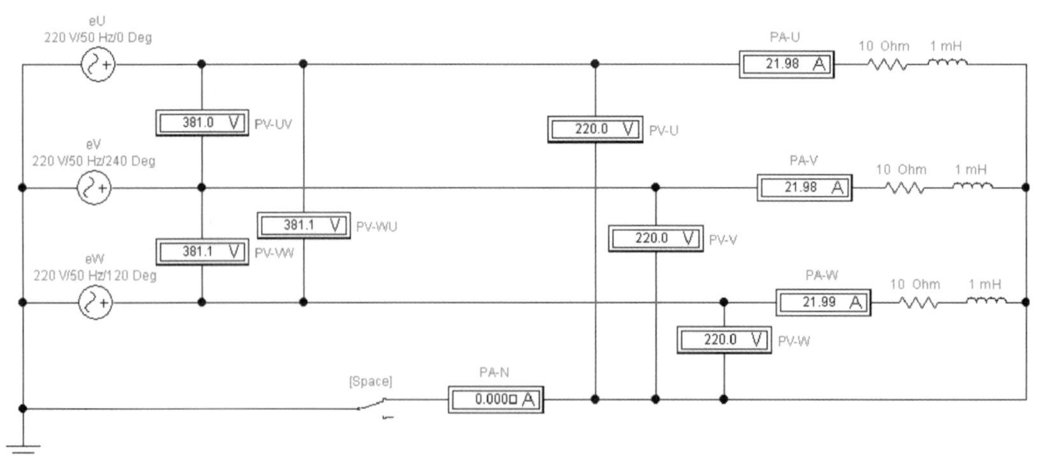

图 3-4-14　三相对称负载星形联结仿真实验电路

2. 运行电路

单击仿真电源开关，电路开始运行，电路中电压、电流值如图 3-4-14 所示。由电压

表的指示值可以看到 $U_{线}=\sqrt{3}\,U_{Y相}$；流过三相负载的相电流相等，且 $\dot{I}_{N}=\dot{I}_{U}+\dot{I}_{V}+\dot{I}_{W}=0$，中线中的电流为零。此时，断开或删除中线，观察对电路的正常工作有没有影响。

3. 不对称负载的实验

更改电路中 U 相负载为 $R=15\ \Omega$ 的电阻和 $L=1\ \text{mH}$ 的电感串联，V 相负载为 $R=5\ \Omega$ 的电阻和 $L=1\ \text{mH}$ 的电感串联，W 相负载不变，如图 3-4-15 所示。仿真运行该电路，由四个电流表的指示值可以看到：当负载不对称时，负载上的相电流也不再相等，且中线电流不再为零。

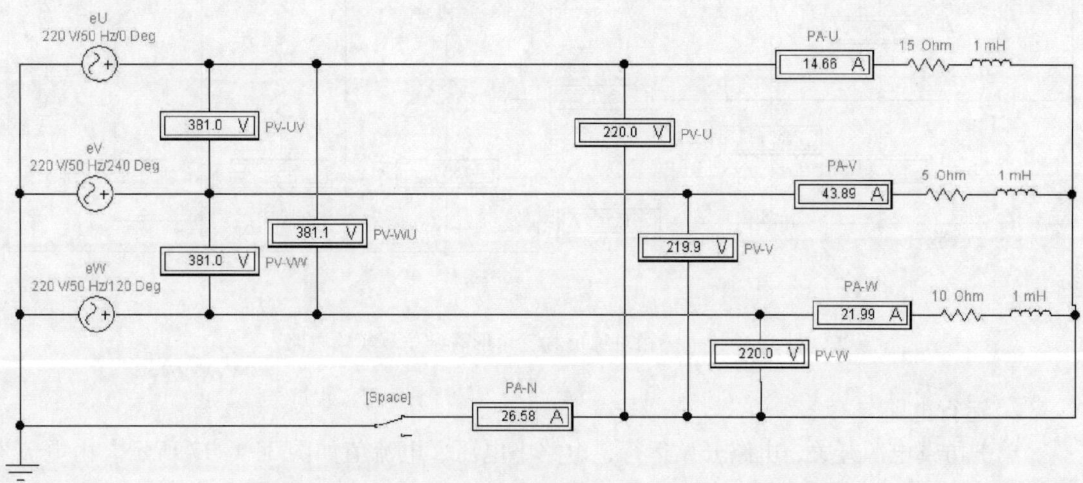

图 3-4-15　三相不对称负载星形联结仿真实验电路（中线接通）

此时，若断开电路中的中线，各相负载的电压不再相等，这时阻抗较小负载的相电压低于其额定电压，阻抗较大负载的相电压高于其额定电压，如图 3-4-16 所示。这样会造成严重的事故。

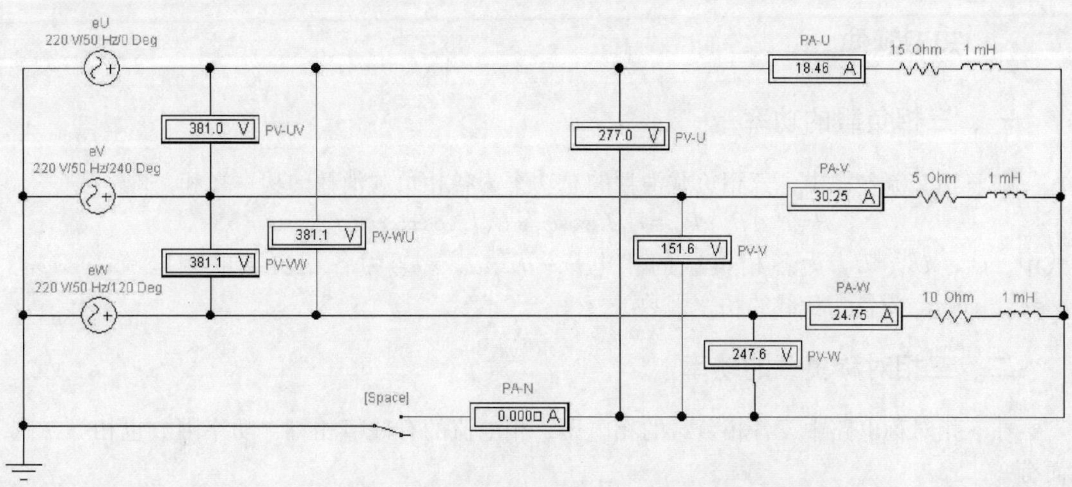

图 3-4-16　三相不对称负载星形联结仿真实验电路（中线断开）

三、三相对称负载三角形联结实验

1. 准备并连接实验电路

按照图 3-4-17，在电路工作区中放置实验元件和仪器仪表，设置三角形联结的对称负载均为 $R=5\ \Omega$ 的电阻与 $L=2$ mH 的电感串联而成，连接实验电路。

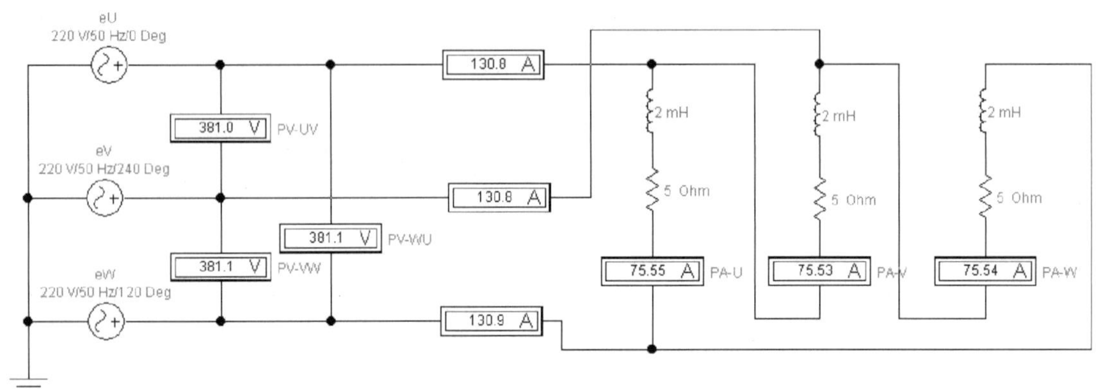

图 3-4-17　三相对称负载三角形联结仿真实验电路

2. 运行电路

单击仿真电源开关，电路开始运行，电路中电压、电流值如图 3-4-17 所示。由电流表的指示值可以看到：$I_{\triangle线}=\sqrt{3}I_{\triangle相}$。

四、保存仿真电路文件

单击“File”菜单中的“Save As...”选项，可以保存各仿真电路文件到指定的文件夹中。

知识延伸

一、三相负载的功率

在三相交流电源中，三相负载消耗的总功率为各相负载消耗的功率之和，即

$$P=P_U+P_V+P_W=U_UI_U\cos\varphi_U+U_VI_V\cos\varphi_V+U_WI_W\cos\varphi_W$$

式中，U_U、U_V、U_W 为各相负载的相电压；I_U、I_V、I_W 为各相负载的相电流；$\cos\varphi_U$、$\cos\varphi_V$、$\cos\varphi_W$ 为各相负载的功率因数。

二、三相对称负载的功率

在三相对称电路中，各相负载的相电压、相电流的有效值相等，功率因数也相等，因而有

$$P=3U_{相}I_{相}\cos\varphi=3P_{相}$$

在实际工作中，测量线电流比测量相电流要方便些，因此，三相功率的计算式通常用线电流、线电压来表示。

当三相对称负载作星形联结时，有功功率为

$$P=3U_{\text{Y相}}\ I_{\text{Y相}}\ \cos\varphi=3\frac{U_{\text{线}}}{\sqrt{3}}I_{\text{Y线}}\ \cos\varphi=\sqrt{3}\,U_{\text{线}}\ I_{\text{Y线}}\ \cos\varphi$$

当三相对称负载作三角形联结时，有功功率为

$$P=3U_{\triangle\text{相}}\ I_{\triangle\text{相}}\ \cos\varphi=3U_{\text{线}}\frac{I_{\triangle\text{线}}}{\sqrt{3}}\cos\varphi=\sqrt{3}\,U_{\text{线}}\ I_{\triangle\text{线}}\ \cos\varphi$$

即三相对称负载不论是连成星形还是连成三角形，其总有功功率均为

$$P=\sqrt{3}\,U_{\text{线}}\ I_{\text{线}}\ \cos\varphi$$

要注意，上式中的 φ 仍是负载相电压与相电流之间的相位差，也就是阻抗角，而不是线电压与线电流间的相位差。

同理，可得三相对称负载的无功功率和视在功率的计算式，它们分别为

$$Q=\sqrt{3}\,U_{\text{线}}\ I_{\text{线}}\ \sin\varphi=3U_{\text{相}}\ I_{\text{相}}\ \sin\varphi$$

$$S=\sqrt{3}\,U_{\text{线}}\ I_{\text{线}}=3U_{\text{相}}\ I_{\text{相}}$$

【例 3-8】将一台三相电动机接在线电压为 380 V 的三相电源上，其中每相绕组的电阻为 6 Ω，感抗为 8 Ω。试分别计算该负载作星形联结和三角形联结时的相电流、线电流及有功功率，并将计算结果进行对比。

解：（1）当负载作星形联结时，有

$$U_{\text{Y相}}=\frac{U_{\text{线}}}{\sqrt{3}}=\frac{380\ \text{V}}{\sqrt{3}}=220\ \text{V}$$

$$Z_{\text{相}}=\sqrt{R_{\text{相}}^2+X_{\text{相}}^2}=\sqrt{6^2+8^2}\ \Omega=10\ \Omega$$

$$I_{\text{Y线}}=I_{\text{Y相}}=\frac{U_{\text{Y相}}}{Z_{\text{相}}}=\frac{220}{10}\ \text{A}=22\ \text{A}$$

$$\cos\varphi=\frac{R_{\text{相}}}{Z_{\text{相}}}=\frac{6}{10}=0.6$$

$$P_{\text{Y}}=\sqrt{3}\,U_{\text{线}}\ I_{\text{线}}\ \cos\varphi=\sqrt{3}\times380\times22\times0.6\ \text{kW}=8.7\ \text{kW}$$

（2）当负载作三角形联结时，有

$$U_{\triangle\text{相}}=U_{\text{线}}=380\ \text{V}$$

$$I_{\triangle\text{相}}=\frac{U_{\triangle\text{相}}}{Z_{\text{相}}}=\frac{380}{10}\ \text{A}=38\ \text{A}$$

$$I_{\triangle\text{线}}=\sqrt{3}I_{\triangle\text{相}}=\sqrt{3}\times38\ \text{A}=66\ \text{A}$$

$$P_{\triangle}=\sqrt{3}\,U_{\text{线}}\ I_{\text{线}}\ \cos\varphi=\sqrt{3}\times380\times66\times0.6\ \text{kW}=26\ \text{kW}$$

（3）两种接法的比较

$$\frac{I_{\triangle\text{相}}}{I_{\text{Y相}}}=\frac{38}{22}=\sqrt{3}$$

$$\frac{I_{\triangle线}}{I_{Y线}}=\frac{66}{22}=3$$

$$\frac{P_{\triangle}}{P_{Y}}=\frac{26}{8.7}\approx 3$$

通过以上比较可以看出：在同一个三相对称电源的作用下，相同的三相对称负载作三角形联结时的线电流是作星形联结时线电流的 3 倍，作三角形联结时的三相总功率也是作星形联结时三相总功率的 3 倍。因此，实际中较大功率的三相电动机大多采用三角形联结，而在启动时可采用星形联结，以减小电动机启动时的电流，待启动后再切换成正常的三角形联结。

任务 3　验证提高功率因数的方法

学习目标

1. 理解提高功率因数的意义。
2. 掌握提高功率因数的方法。
3. 通过仿真验证提高功率因数的必要性。

工作任务

企业所用交流设备多数为感性负载，如电动机、变压器、电磁铁、高压汞灯等。它们的有功功率为

$$P=UI\cos\varphi$$

式中，$\cos\varphi$ 为功率因数，它是用电设备的一个重要指标。感性负载的功率因数 $\cos\varphi<1$，这就意味着在感性电路中，存在着与电源之间反复进行能量交换的现象，即无功功率，它占用了电源的部分容量。中小容量交流电动机在从空载到满载的运行过程中，其功率因数仅在 0.2 至 0.88 的范围内变化，而它们的用电量，占全国总发电量的 50%以上。

提高用电器的功率因数，对于提高电网运行的经济效益、节约电能以及降低电费都具有重要意义。

本任务的内容是通过 EWB 仿真实验，验证提高功率因数的具体方法，从而认识提高功率因数的必要性。

相关知识

一、提高功率因数的意义

电力系统通常要求有较高的功率因数，其意义如下。

1. 充分利用电源设备的容量

如果一个电源的额定电压为 U_N、额定电流为 I_N，那么它的额定容量即额定视在功率为

$$S_N = U_N I_N$$

设电源容量 $S_N = 40$ kV·A，其可带 40 W（$\cos\varphi = 0.4$）的荧光灯 400 盏，如果是带 40 W（$\cos\varphi = 1$）的白炽灯，就能带 1 000 盏。

又如，某用户所需有功功率为 100 kW，当负载平均功率因数为 0.5 时，需容量不小于 200 kV·A 的变压器；如果将功率因数提高到 0.9，则变压器的容量只需稍大于 110 kV·A。

2. 减小供电线路的功率损耗

在电源电压一定的情况下，对于相同功率的负载，功率因数越低，电流越大，供电线路上电压降和功率损耗也越大。

例如，220 V/40 W 的白炽灯电流为 0.18 A；而 220 V/40 W 的荧光灯，因其 $\cos\varphi = 0.4$，电流为 0.455 A，比前者大得多，因此经过线路电阻带来的电压降和功率损耗也要大得多。

如果供电线路上的电压降过大，就会造成电网末端的用电设备长期处于低压运行状态，影响其正常工作。为了减少电能损耗、改善供电质量，就必须提高功率因数。

二、提高功率因数的方法

1. 提高自然功率因数

用电设备正常运行中的功率因数称为**自然功率因数**。异步电动机和变压器是占用无功功率最多的电气设备，当电动机的实际负荷比其额定容量低许多时，功率因数将急剧下降，造成电能的浪费。要提高功率因数就要合理选用电动机，使其容量与被拖动的机械负载匹配，避免“大马拉小车”的现象。

此外，应尽量避免电动机长期空转；对于负载有变化且经常处于轻载运行状态的电动机，可在空载运行过程中，采用△-Y接线的自动转换，从而使电路的功率因数提高。

2. 并联电容器补偿

如图 3-4-18a 所示，将电力电容器与感性负载并联，设感性负载原功率因数为 $\cos\varphi$，当并联上电力电容器后，由于电容器电流抵消掉一部分电感电流，从而使总电流由 I 减小到 I'，电路的功率因数也由 $\cos\varphi$ 提高到 $\cos\varphi'$。

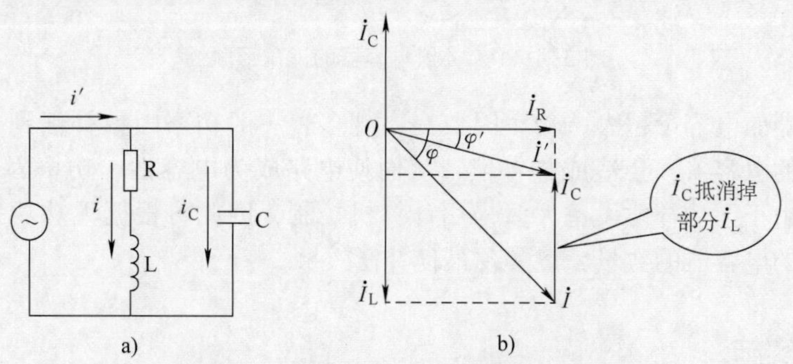

图 3-4-18　电容器与感性负载并联

a）电路图　b）相量图

并联电容器的电容量可按下式进行计算：

$$C=\frac{P}{\omega U^2}(\tan\varphi-\tan\varphi')$$

式中，φ 是并联电容器前总电压与总电流之间的相位差，φ' 是并联电容器后总电压与总电流之间的相位差。

在工厂供配电系统中，可采用个别补偿、分组补偿、集中补偿（图 3-4-19）等不同的补偿方式。电力电容器并联补偿有星形联结和三角形联结两种方式。如果电容器的额定电压与电网电压相同，应采用三角形联结，如图 3-4-20 所示。

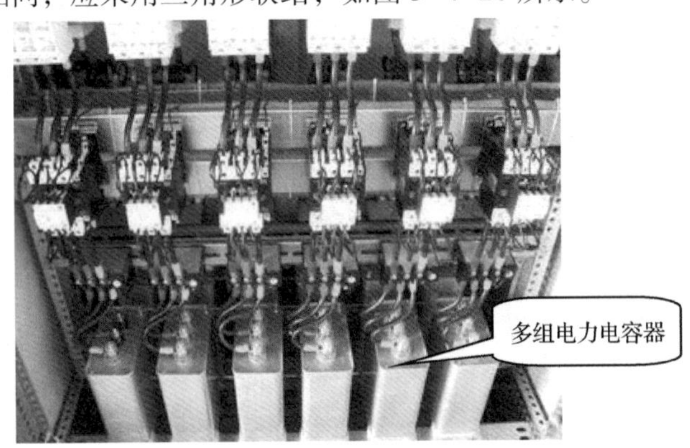

图 3-4-19　集中补偿

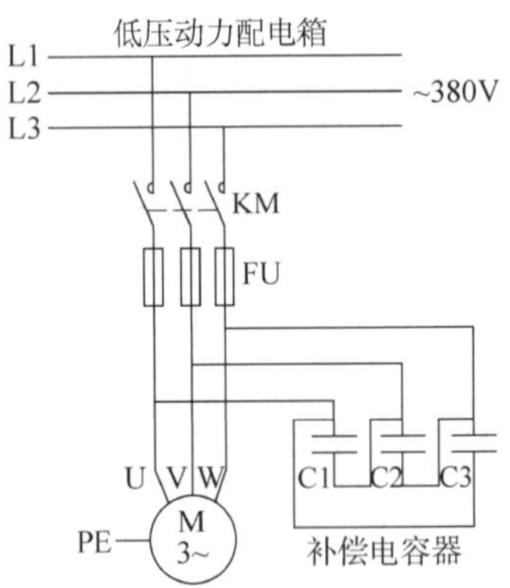

图 3-4-20　补偿电容器的三角形联结

并联电容器的电容量越大，功率因数提高越多。一般功率因数补偿到 0.9 以上即可，因为并联过大的电容器，会造成过补偿，从而使电路成为电容性，功率因数 $\cos\varphi$ 反而降低了。目前，由于无功补偿设备大多采用计算机控制，因此可根据无功功率的变化情况，自动控制投入的电容器的数量，以实现最佳补偿效果。

任务实施

为了简化问题，本实验以正弦单相交流电路为例验证提高功率因数的具体方法，三相交流电路情况与此相似。

一、运行 EWB 仿真软件

双击桌面上的图标，运行 EWB 仿真软件。

二、准备并连接实验电路

按照图 3-4-21，在电路工作区中放置 220 V、50 Hz 交流电源和感性负载（L=5 mH、R=2 Ω）。

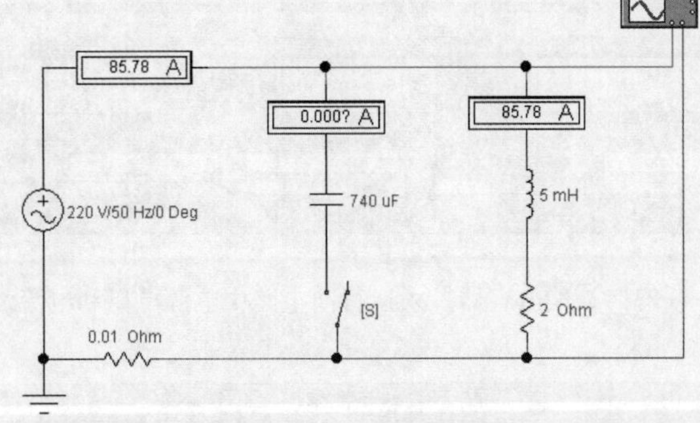

图 3-4-21　仿真实验电路（补偿电容器投入运行前）

并联补偿电容器（C=740 μF）由控制开关控制。示波器的两个通道分别测量电源电压和电流的波形，分别设置为红色和蓝色。三个交流电流表分别测量电源提供的总电流、流过负载的电流以及流过补偿电容器的电流。

三、运行电路

单击仿真电源开关，电路开始运行。补偿电容器投入运行前后电路中电流情况如图 3-4-21 和图 3-4-22 所示。补偿电容器投入运行前后电路中电源电压和电流波形如图 3-4-23 和图 3-4-24 所示。图 3-4-23 中示波器 A 通道的 Y 轴衰减设置为 200 V/DIV，B 通道的 Y 轴衰减设置为 1 V/DIV，调节时间基准至 5 ms/DIV。为了更清晰地显示电压和电流波形过零点的细节，在图 3-4-24 中，调节时间基准至 1 ms/DIV。

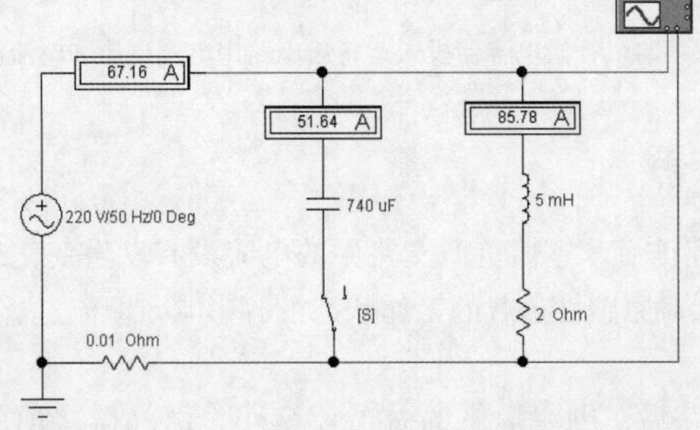

图 3-4-22　仿真实验电路（补偿电容器投入运行后）

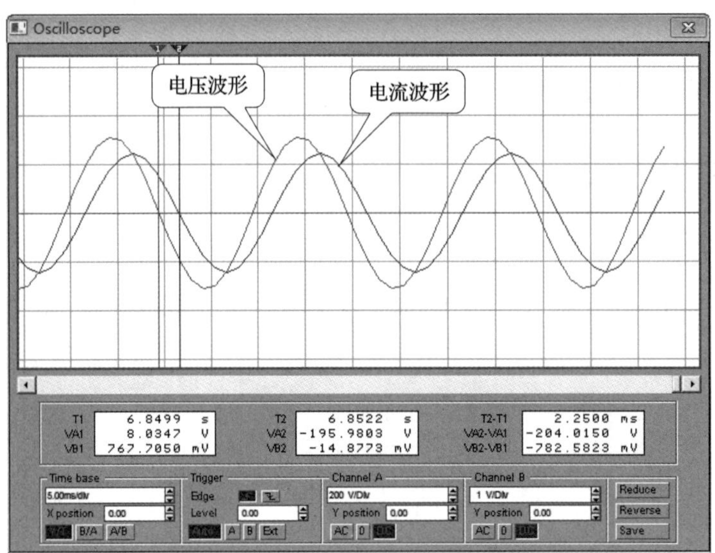

图 3-4-23　补偿电容器投入运行前电路中电源电压和电流波形

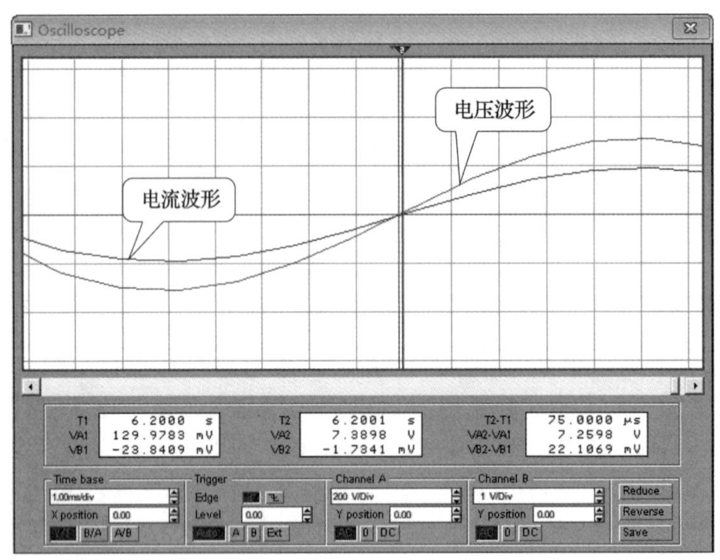

图 3-4-24　补偿电容器投入运行后电路中电源电压和电流波形

四、补偿情况分析

1. 电容器接入电路前后，感性负载支路中的电流没有发生变化，均为＿＿＿＿＿＿。这说明，电容器的接入对原感性负载的工作状态没有影响，即流过感性负载的电流和它的功率因数均未改变。

2. 电容器接入电路后，电源提供的总电流变小，由补偿之前的＿＿＿＿＿＿＿，减小为________。电流减小，一方面，会降低线路损耗；另一方面，电源提供的视在功率也降低了，提高了电源的利用率以及带负载能力。

3. 在电容器接入前后，分别用读数指针测量波形图中电压和电流的相位差，得到如下结论：补偿前 $T_2-T_1=$________，$\cos\varphi=$________；补偿后 $T_2-T_1=$________，$\cos\varphi'=$________。由此可知，电路中的功率因数得到了提高。

这里所谓的功率因数提高，是指包括电容器和感性负载在内的整个电路的功率因数比单独的感性负载的功率因数提高了。

例如，一个企业采用并联电容器的方法后，企业里所有的电动机等感性负载本身的工作状态都没有变化，各自的功率因数没有变化，但就整个企业而言，总的功率因数却提高了。因为这时感性负载和电容器之间在进行能量转换，感性负载所需要的无功功率一部分或大部分可以由并联的电容器供给。能量的吸收和释放原来只在负载与电源之间进行，现在一部分或大部分改在感性负载与电容器之间进行，从而减小了因能量交换而在外部线路上流通的这部分电流，降低了电路损耗，从而提高了电源的带负载能力。

五、保存仿真电路文件

单击“File”菜单中的“Save As...”选项，可以保存仿真电路文件到指定的文件夹中。

【例 3-9】有一感性负载，其额定功率 $P=1.1\ \text{kW}$，功率因数 $\cos\varphi=0.5$，接在 50 Hz、220 V 的电源上。现要使功率因数提高到 0.8，试求需并联的电容器的电容量。

解：已知 $\cos\varphi=0.5$，故 $\varphi=60°$。

又因 $\cos\varphi'=0.8$，$\varphi'=36.9°$，故所需并联的电容器的电容量为

$$C=\frac{P}{\omega U^2}(\tan\varphi-\tan\varphi')$$

$$=\frac{1100}{2\pi\times50\times220^2}(\tan60°-\tan36.9°)\ \text{F}$$

$$\approx71\ \mu\text{F}$$

思考与练习

1. 若三相负载的阻抗值相等，那么它们一定是对称负载吗？为什么？

2. 在图 3-4-25 所示电路中，线电压 $U_{线}=380\ \text{V}$，三只 220 V/40 W 的白炽灯作星形联结，若将开关 S 闭合和断开，对灯泡 HL2 和灯泡 HL3 的亮度有无影响？如果取消中线 N，将开关 S 闭合和断开，各灯泡的亮度将如何变化？

3. 指出图 3-4-26 中各负载的接法和供电方式。

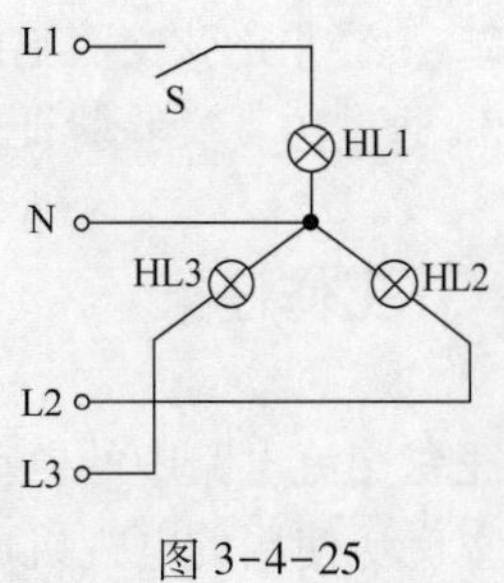

图 3-4-25

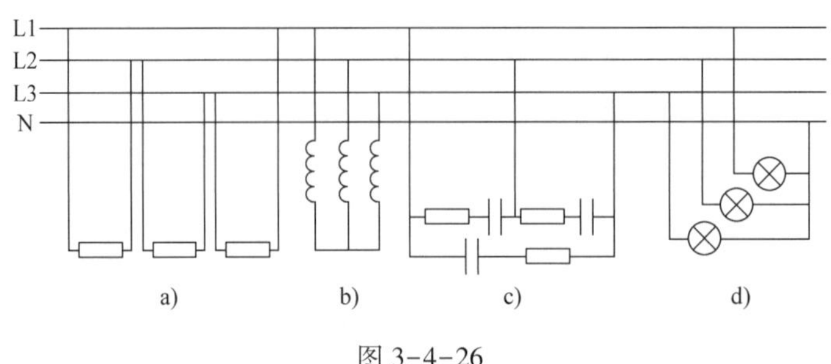

图 3-4-26

4. 已知一组三相对称负载，每相负载的电阻 $R=40\ \Omega$，感抗 $X_L=30\ \Omega$，接在线电压为 380 V 的三相对称电源上，求负载分别为Y联结和△联结时各相负载的相电流、线电流的值。

5. 一台发电机额定电压为 220 V，输出的总功率为 4 400 kV · A。

（1）用该发电机为额定电压为 220 V、有功功率为 4.4 kW、功率因数为 0.5 的用电器供电，能供多少个这样的用电器正常工作？

（2）当功率因数提高到 0.8 时，发电机能供多少个这样的用电器正常工作？

6. 一座发电站以 220 kV 的高压给用户输送 4.4×10^5 kW 的电力，如果输电线路总电阻为 10 Ω，求当负载的功率因数由 0.5 提高到 0.8 时，输电线路上一天可少损失多少电能。

课题五　周期性非正弦交流电

任务 1　认识非正弦交流电

学习目标

1. 了解非正弦交流电产生的原因。
2. 熟悉非正弦交流电的合成与分解。
3. 通过仿真实验验证非正弦交流电的产生、合成与分解。

工作任务

正弦交流电路中的电动势、电压和电流都是按照正弦规律变化的。但是在计算机以及家庭里广泛使用的电视机、电磁炉等许多电子设备中，传递的多是非正弦交流电信号，如矩形波、锯齿波、三角波等，如图 3-5-1 所示。它们虽然也是周期性变化的，但是变化的规律却并不遵循正弦规律。这种不是按正弦规律周期性变化的交流电统称为**周期性非正弦交流电**。

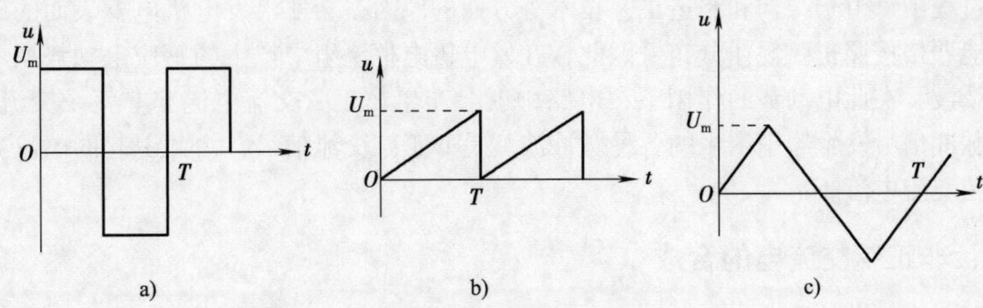

图 3-5-1　常见的非正弦波形

a）矩形波　b）锯齿波　c）三角波

本任务的内容是通过 EWB 仿真实验，验证非正弦交流电的产生、合成与分解的规律。

相关知识

一、非正弦交流电的产生

电路中周期性非正弦交流电产生的原因通常有以下几种。

1. 电路中多种电动势共同作用

例如，放大器中的正弦交流信号与直流信号相叠加，就能够得到图 3-5-2b 所示的非正弦交流信号。

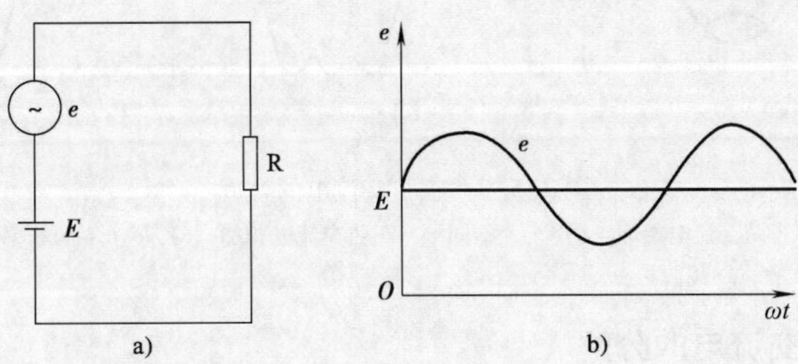

图 3-5-2　非正弦交流电的产生

a）电路图　b）波形图

2. 电路中有非线性元件

当电路中有非线性元件时，这种元件的参数将随电压和电流的变化而发生改变，即使在其上面加正弦交流电压，其电流随电压也不成正比变化，从而导致电路中的电流是非正弦变化的。例如，二极管、三极管就属于非线性元件，它们的阻值也不是固定的，即使在正弦交流电压作用下，电路中的电流也是非正弦的。

3. 电源的电动势本身就是非正弦交流电

例如，发电厂的交流发电机在制造时，总是希望它产生的电动势是正弦量。但是在实际生产过程中，由于结构和制造工艺技术等方面的原因，会使沿发电机电枢表面的磁感应强度不能严格按照正弦规律分布。因此，在发电机电枢绕组中产生的感应电动势就不是理想的正弦波。在此电动势的作用下，电路中就会产生非正弦交流电流和非正弦交流电压。又如，脉冲信号发生器中产生的各种脉冲波就是非正弦交流信号，由此引起的电流当然也是非正弦交流电流。

二、非正弦交流电的合成

由前面已知，两个同频率的正弦交流电相加后，其和仍然是正弦交流电，且频率不变。但是若将两个不同频率的正弦交流电相加，其和会是什么波形呢？

例如：设 $u_1=U_m\sin\omega t$，$u_2=\dfrac{1}{3}U_m\sin 3\omega t$，求 $u=u_1+u_2$。

不同频率的正弦交流电不能用相量法求解，但可以用图解法来求得两个正弦交流电的和，如图 3-5-3a 所示。两个不同频率的正弦交流电相加后，其波形已经不是正弦波了。如果把更高频率的正弦交流电压波形再叠加上去进行合成，合成后的波形就会越来越接近于方波，如图 3-5-3b 和图 3-5-3c 所示。

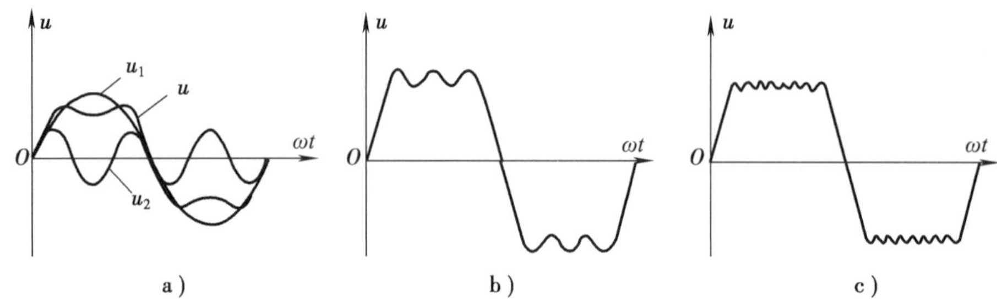

图 3-5-3　正弦交流电的合成

a）两个不同频率正弦交流电相加　b）三个不同频率正弦交流电相加　c）多个不同频率正弦交流电相加

三、非正弦交流电的分解

由以上非正弦交流电的合成结果可以看出，不同频率正弦交流电的合成是一个周期性的非正弦交流电。反过来可以推出，**任何一个周期性的非正弦交流电，只要满足一定条件，都可以分解成许多不同频率的正弦分量**，分解后的不同频率正弦分量可以用数学函数式表达出来，称为**谐波分量表达式**。**把非正弦波的每一个正弦分量叫作它的一个谐波分量，**简称**谐波**。与非正弦波频率相同的谐波称为基波或一次谐波，以后各项称为**高次谐波**，它们的频率都是基波频率的整数倍。谐波频率是基波频率的几倍，就称为几次谐波。如果非正弦波中还含有直流分量，由于直流分量的频率是零，也称为零次谐波。对于方波

来说，它的谐波分量表达式为

$$u=\frac{4}{\pi}U_m\left(\sin\omega t+\frac{1}{3}\sin3\omega t+\frac{1}{5}\sin5\omega t+\cdots\right)$$

式中，$\frac{4}{\pi}U_m\sin\omega t$ 称为基波，$\frac{4}{3\pi}U_m\sin3\omega t$ 称为三次谐波，$\frac{4}{5\pi}U_m\sin5\omega t$ 称为五次谐波等。

表 3-5-1 所列是几种常见周期性非正弦交流电的波形和谐波分量表达式。

表 3-5-1　几种常见周期性非正弦交流电的波形和谐波分量表达式

名称	波形	谐波分量表达式
方波		$u=\frac{4}{\pi}U_m\left(\sin\omega t+\frac{1}{3}\sin3\omega t+\frac{1}{5}\sin5\omega t+\cdots\right)$
锯齿波		$u=\frac{U_m}{2}-\frac{U_m}{\pi}\left(\sin\omega t+\frac{1}{2}\sin4\omega t+\frac{1}{3}\sin6\omega t+\cdots\right)$
三角波		$u=\frac{8}{\pi^2}U_m\left(\sin\omega t-\frac{1}{9}\sin3\omega t+\frac{1}{25}\sin5\omega t-\cdots\right)$
全波整流波		$u=\frac{2}{\pi}U_m\left(1-\frac{2}{3}\cos2\omega t-\frac{2}{15}\cos4\omega t-\frac{2}{35}\cos6\omega t-\cdots\right)$
半波整流波		$u=\frac{U_m}{\pi}\left(1+\frac{\pi}{2}\sin\omega t-\frac{2}{3}\cos2\omega t-\frac{2}{15}\cos4\omega t-\cdots\right)$

注：表中的谐波分量表达式中都含有无穷多项，并且频率越高的项最大值越小。一般情况下只取前 3~7 项，而把后面的更高次谐波忽略不计。

任务实施

一、运行 EWB 仿真软件

双击桌面上的图标，运行 EWB 仿真软件。

二、验证非正弦交流电的产生

按照图 3-5-4a 所示的半波整流仿真实验电路，在电路工作区中放置 20 V、50 Hz 交流电源，二极管库中的二极管和基本元件库中 $R=1\ \text{k}\Omega$ 的负载，并连接实验电路。接通仿真电源开关后，示波器的 A 通道测量负载电阻上的电压波形，如图 3-5-4b 所示。示波器 A 通道的 Y 轴衰减设置为 10 V/DIV，调节时间基准至 5 ms/DIV。

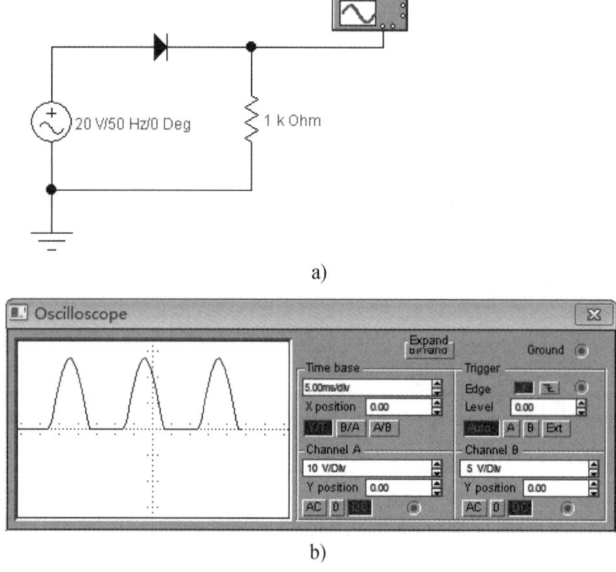

图 3-5-4　半波整流仿真实验电路和示波器的显示波形

a）半波整流仿真实验电路　b）示波器的显示波形

由图 3-5-4b 可以看出，正弦交流电源在经过电路中的非线性元件——二极管之后，在负载电阻上的电压波形已经变成了非正弦波形。

三、验证非正弦交流电的合成

参照表 3-5-1 中方波的谐波分量表达式，按照图 3-5-5a 所示方波合成仿真实验电路，在电路工作区中依次放置 20 V、50 Hz 正弦交流电源（基波），6.67 V、150 Hz 正弦交流电源（三次谐波），4 V、250 Hz 正弦交流电源（五次谐波），2.86 V、350 Hz 正弦交流电源（七次谐波），并将输出电压进行相加，也就是各电动势串联相接。接通仿真电源开关后，示波器的 A 通道测量相加后的电压波形，如图 3-5-5b 所示。示波器 A 通道的 Y 轴衰减设置为 20 V/DIV，调节时间基准至 5 ms/DIV。

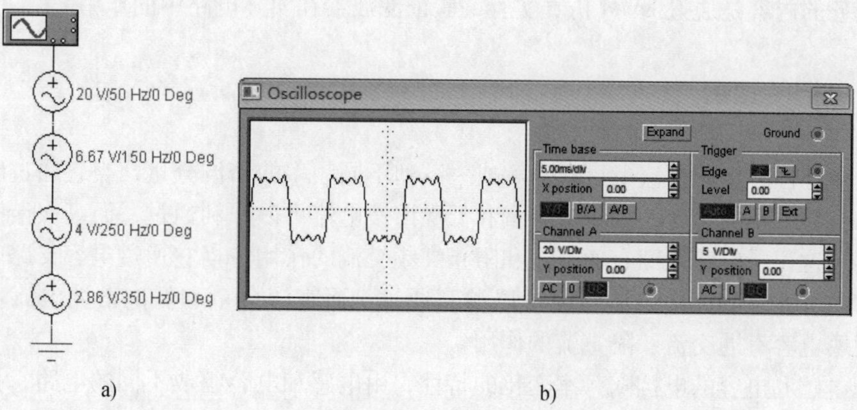

图 3-5-5　方波合成仿真实验电路和示波器的显示波形
a）方波合成仿真实验电路　b）示波器的显示波形

由图 3-5-5b 可以看出，参照方波的谐波分量表达式取前四项进行合成，得到的波形已经非常接近方波了。同理，方波波形同样可以分解为不同频率的正弦分量。

四、保存仿真电路文件

单击“File”菜单中的“Save As...”选项，可以保存仿真电路文件到指定的文件夹中。

任务 2　认识滤波器

学习目标

1. 了解滤波器的分类方法。
2. 了解各类滤波器的原理与应用。
3. 通过仿真实验验证滤波器的作用。

工作任务

电子电路处理的电量大多是周期性非正弦交流电压、电流，由于外界或电路在工作中本身所产生的电磁干扰，会使有用信号和各种不同频率的干扰信号掺杂在一起。这就需要一种电路，它可以让有用的频率信号顺利通过，而抑制某些不需要的频率信号，电路的这种功能叫作**滤波**，实现这种功能的电路叫作**滤波器**，它被广泛地应用于电子、电信工程中。

本任务的内容是通过 EWB 仿真实验，验证滤波器在实际电路中的作用。

相关知识

一个周期性非正弦交流电可以分解成一系列不同频率的谐波分量，当它通过电感支路时，因感抗与频率成正比，故直流分量和低次谐波电流可以顺利通过，而高次谐波电流则受到抑制，这说明电感线圈有通直流和阻止高频交流的作用；当它通过电容支路时，因容抗与频率成反比，故高次谐波电流可以顺利通过，而直流分量和低次谐波电流均受到抑制，这说明电容有通交流、隔直流的作用。

利用电感和电容的电抗随频率变化的特性，由电感和电容组成不同的电路，把它接在输出与输入之间，就可以达到滤波的作用。对于一个滤波器，能通过它的频率范围称为该滤波器的**频率通带**，简称**通带**。被它抑制的频率范围称为**频率阻带**，简称**阻带**。

根据能通过滤波器的频率范围，可将滤波器分为**低通滤波器**、**高通滤波器**、**带通滤波器**和**带阻滤波器**。

一、低通滤波器

图 3-5-6 所示电路具有抑制高频分量而让低频分量通过的作用。因为串联电感线圈能阻止高频分量而允许直流分量和低频分量通过，并联电容则对高频分量起旁路作用，从而使输出端高频分量大为减少，这种滤波器叫作低通滤波器。低通滤波器的通带范围是从零到截止频率 f_C。

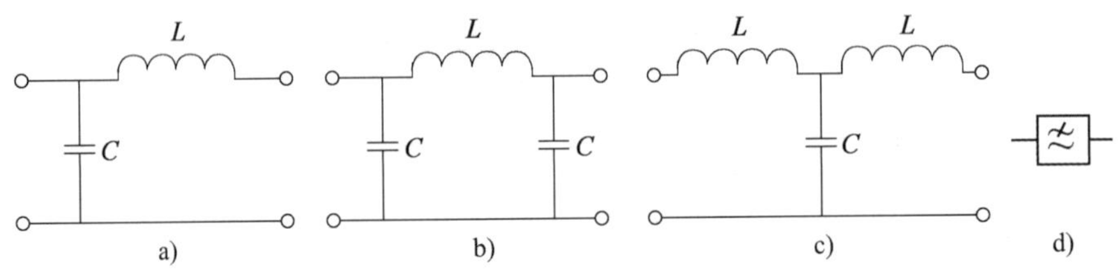

图 3-5-6　低通滤波器

a）L 型低通滤波器　b）π 型低通滤波器　c）T 型低通滤波器　d）符号

二、高通滤波器

图 3-5-7 所示电路的作用与上述情况相反。其中，串联电容阻止直流分量和低频分量而让高频分量顺利通过，并联电感则对直流分量和低频分量起旁路作用，从而使输出端低频分量大为减少，这种阻止直流分量和低频分量而让高频分量通过的滤波器叫作高通滤波器。高通滤波器的通带范围是从截止频率 f_C 到无穷大。

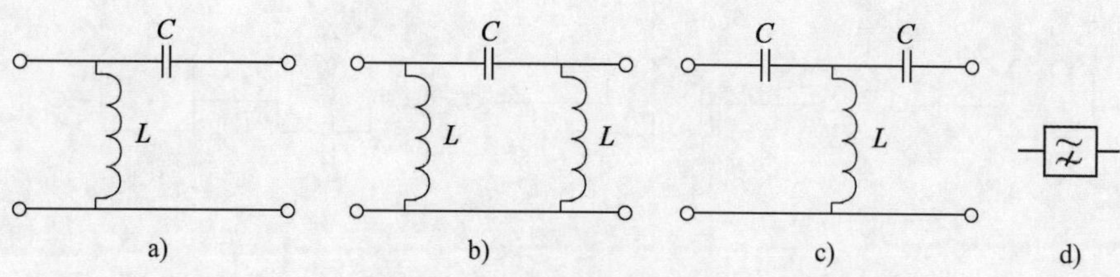

图 3-5-7 高通滤波器

a）L 型高通滤波器 b）π 型高通滤波器 c）T 型高通滤波器 d）符号

三、带通滤波器

图 3-5-8 所示为带通滤波器，其作用是让频带内的谐波分量顺利通过，而阻止频带以外的谐波分量通过。它的工作原理是基于串、并联谐振的特性来实现的。为了使 ω_0 附近频带的信号通过，选择 $L_1C_1=L_2C_2$，使 $\omega_0=\frac{1}{\sqrt{L_1C_1}}=\frac{1}{\sqrt{L_2C_2}}$。此时，串联支路达到串联谐振，谐振阻抗最小，且接近于零；并联支路达到并联谐振，谐振阻抗最大，且接近于无穷大。这样，在 ω_0 附近频带的信号很容易通过串联支路到达输出端，而并联支路恰好把频带以外的信号滤掉，这就完成了带通滤波器的功能。带通滤波器的频率范围在两个截止频率之间。

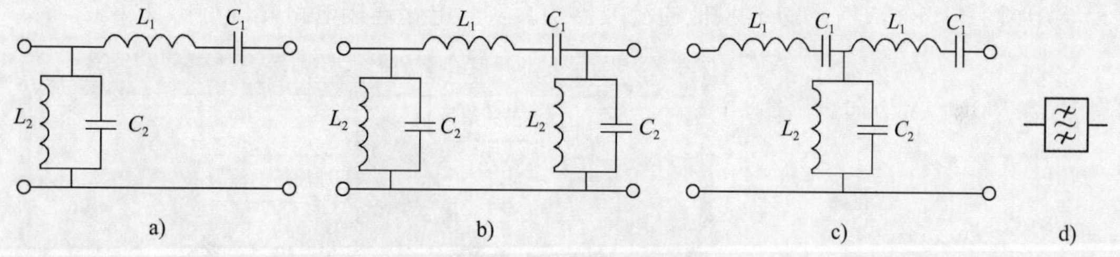

图 3-5-8 带通滤波器

a）L 型带通滤波器 b）π 型带通滤波器 c）T 型带通滤波器 d）符号

四、带阻滤波器

图 3-5-9 所示为带阻滤波器。带阻滤波器的作用是阻止一定频带的信号，而允许频带以外的信号通过。为了阻止 ω_0 附近频带的信号通过，仍选择 $L_1C_1=L_2C_2$，使 $\omega_0=\frac{1}{\sqrt{L_1C_1}}=\frac{1}{\sqrt{L_2C_2}}$。此时，并联支路达到并联谐振，因此谐振阻抗最大；串联支路达到串联谐振，谐振阻抗最小。在这种情况下，ω_0 附近频带的信号恰好被并联支路所阻止，并由串联支路旁路掉，从而保证带阻滤波器的阻带范围在两个截止频率之间。

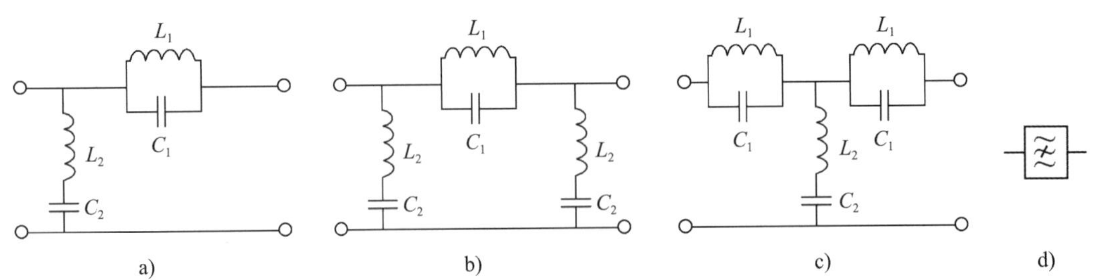

图 3-5-9　带阻滤波器

a）L 型带阻滤波器　b）π 型带阻滤波器　c）T 型带阻滤波器　d）符号

任务实施

一、运行 EWB 仿真软件

双击桌面上的图标，运行 EWB 仿真软件。

二、验证低通滤波器的作用

按照图 3-5-10a 所示的 π 型低通滤波器仿真实验电路连接电路并进行仿真实验。

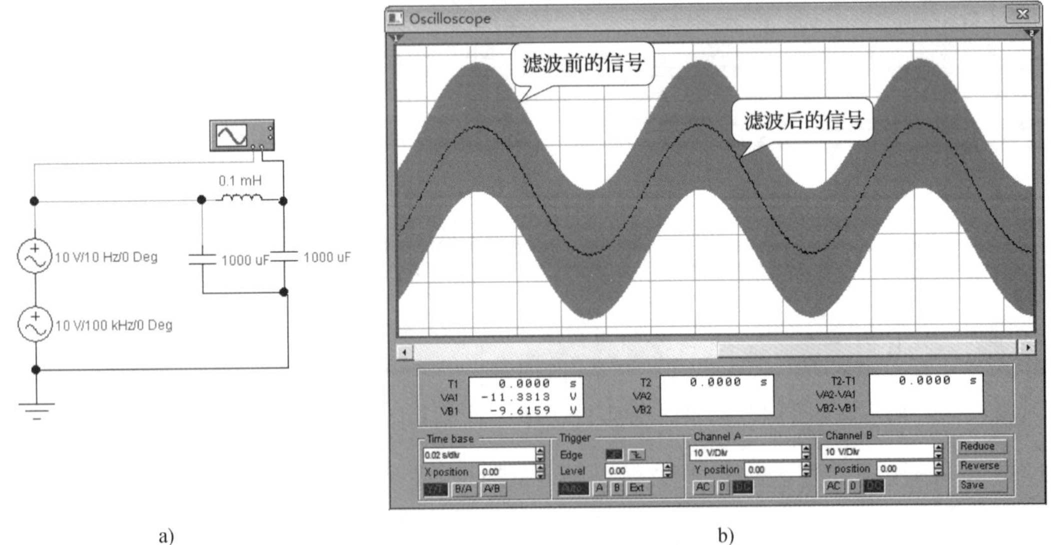

图 3-5-10　π 型低通滤波器仿真实验电路和示波器的显示波形

a）π 型低通滤波器仿真实验电路　b）示波器的显示波形

信号源为 10 V、10 Hz 和 10 V、100 kHz 的信号相叠加形成的周期性非正弦交流信号。π 型低通滤波器的滤波电容均设置为 1 000 μF，滤波电感设置为 0.1 mH。示波器的两个通道分别测量滤波前和滤波后的信号电压波形，分别设置为绿色和黑色。示波器 A 通道和 B 通道的 Y 轴衰减均设置为 10 V/DIV，调节时间基准至 0. 02 s/DIV。

由图 3-5-10b 可以看出：滤波前的信号是包含了低频和高频信号的周期性非正弦交流信号，经过 π 型低通滤波器滤波后高频信号已经基本滤除，只保留了频率为 10 Hz 的正弦交流低频信号。

三、验证高通滤波器的作用

按照图 3-5-11a 所示的 π 型高通滤波器仿真实验电路连接电路并进行仿真实验。

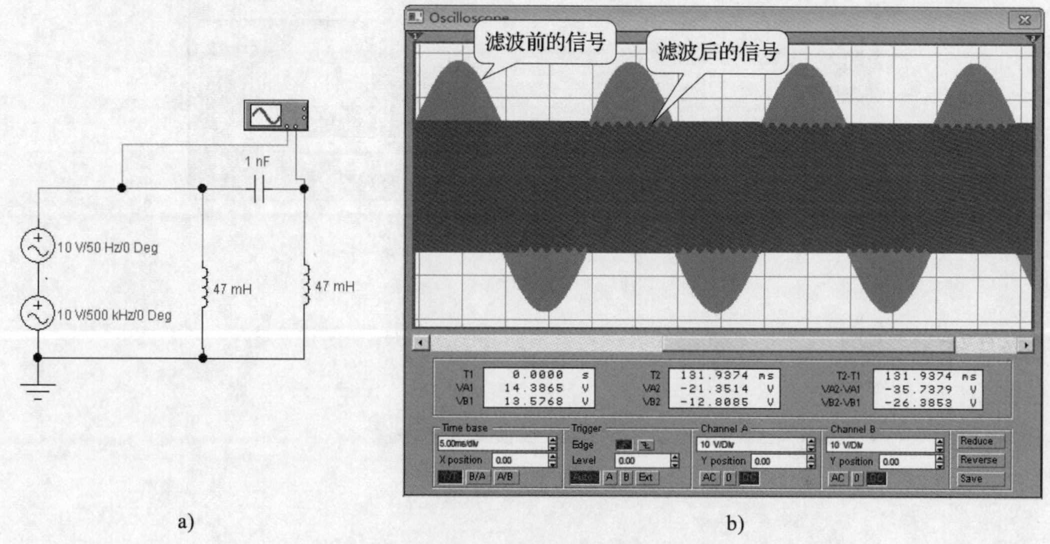

a)　　　　b)

图 3-5-11　π 型高通滤波器仿真实验电路和示波器的显示波形

a）π 型高通滤波器仿真实验电路　b）示波器的显示波形

信号源为 10 V、50 Hz 和 10 V、500 kHz 的信号相叠加形成的周期性非正弦交流信号。π 型高通滤波器的滤波电容设置为 1 nF，滤波电感均设置为 47 mH。示波器的两个通道分别测量滤波前和滤波后的信号电压波形，分别设置为绿色和红色。示波器 A 通道和 B 通道的 Y 轴衰减均设置为 10 V/DIV，调节时间基准至 5 ms/DIV。

由图 3-5-11b 可以看出：滤波前的信号是包含了低频和高频信号的周期性非正弦交流信号，经过 π 型高通滤波器滤波后低频信号已基本滤除，只保留了频率为 500 kHz 的正弦交流高频信号。为了更清晰地观察滤波后信号的波形可以把波形进行展宽，调节时间基准至 2 μs/DIV，展宽后的信号波形如图 3-5-12 所示。

四、保存仿真电路文件

单击“File”菜单中的“Save As...”选项，可以保存仿真电路文件到指定的文件夹中。

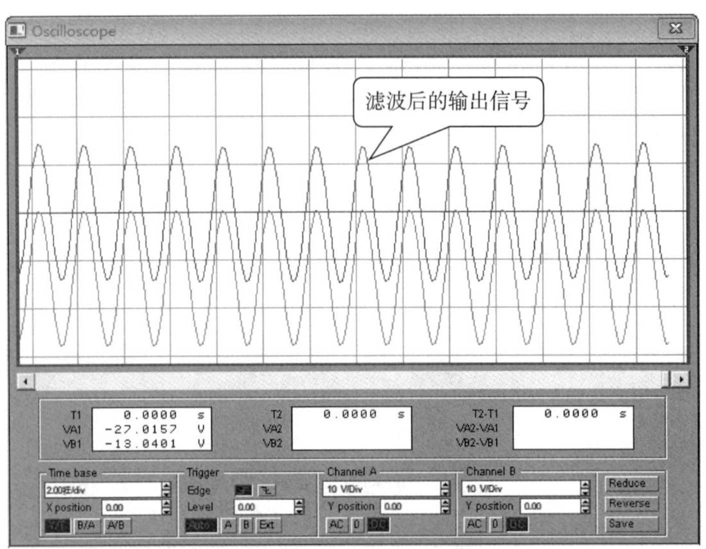

图 3-5-12　展宽后的信号波形

思考与练习

1. 电路中产生周期性非正弦交流电的原因主要有哪些？
2. 用 EWB 仿真软件验证带通滤波器的工作情况。

附　录

附表 1　常用电气元件的图形符号和文字符号

名称	图形符号	文字符号	名称	图形符号	文字符号
单刀单掷开关		S	电流表		PA
单刀双掷开关		S	电压表		PV
电池		GB	理想电流源		G（I_S）
电阻器		R	理想电压源		G（U_S）
滑动变阻器		RP	交流电压源		G（u_S）
电容器		C	连接导线		
电感器，线圈		L	不连接导线		
铁芯线圈		L	接地		
灯泡		HL	接机壳		

附表 2　构成十进倍数单位和分数单位的词头

名称	符号	代表的因数	名称	符号	代表的因数
尧［它］	Y	10^{24}	分	d	10^{-1}
泽［它］	Z	10^{21}	厘	c	10^{-2}
艾［可萨］	E	10^{18}	毫	m	10^{-3}
拍［它］	P	10^{15}	微	μ	10^{-6}
太［拉］	T	10^{12}	纳［诺］	n	10^{-9}
吉［咖］	G	10^{9}	皮［可］	p	10^{-12}
兆	M	10^{6}	飞［母托］	f	10^{-15}
千	k	10^{3}	阿［托］	a	10^{-18}
百	h	10^{2}	仄［普托］	z	10^{-21}
十	da	10^{1}	幺［科托］	y	10^{-24}